国家林业和草原局普通高等教育“十三五”规划教材

植物学实验指导

主　编　关雪莲　张睿鹂

中国林业出版社

内 容 简 介

本教材是普通高等院校植物学实验的教学用书。内容包含：显微镜的使用，植物细胞、组织、种子、根、茎、叶、营养器官、生殖器官的形态结构，低等植物、颈卵器植物、被子植物的分类等17个实验以及8个相关附录。其中，每个实验均由实验目的、实验材料、实验用品、实验内容与方法、作业、思考题六部分组成。

本教材可供高等农林院校林学、园林、生物技术、农学、园艺、植保、农业资源与环境相关专业的本科生、研究生使用，也可供从事植物学相关的教学、科研人员参考使用。

图书在版编目(CIP)数据

植物学实验指导/关雪莲，张睿鹂主编．—北京：中国林业出版社，2019.6(2024.1重印)
国家林业和草原局普通高等教育“十三五”规划教材 ISBN 978-7-5219-0139-9

Ⅰ.①植… Ⅱ.①关… ②张… Ⅲ.①植物学—实验—高等学校—教学参考资料 Ⅳ.①Q94-33

中国版本图书馆CIP数据核字(2019)第127741号

国家林业和草原局生态文明教材及林业高校教材建设项目

中国林业出版社·教育分社

策划编辑：许 玮

责任编辑：许 玮 曹鑫茹

电 话：(010)83143576

出版发行 中国林业出版社(100009 北京市西城区德内大街刘海胡同7号)
http://www.forestry.gov.cn/lycb.html
经 销 新华书店
印 刷 河北京平诚乾印刷有限公司
版 次 2019年7月第1版
印 次 2024年1月第4次印刷
开 本 787mm×1092mm 1/16
印 张 15
字 数 328千字
定 价 32.00元

《植物学实验指导》

编写人员名单

主　编：关雪莲　张睿鹂

副主编：王瑞云　李　明

编写人员(按姓氏笔画排序)：

王文和　(北京农学院)

王瑞云　(山西农业大学)

田晔林　(北京农学院)

丛靖宇　(内蒙古农业大学)

李　明　(河北农业大学)

关雪莲　(北京农学院)

张睿鹂　(北京农学院)

武春霞　(天津农学院)

黄春国　(山西农业大学)

前 言

本教材是王文和、关雪莲主编的全国普通高等教育“十二五”规划教材——《植物学》的配套实验课程教材，也可以单独作为植物学实验教材使用。

本教材涵盖了植物学最基础的17个实验，包括植物细胞的结构、植物组织、植物营养器官和生殖器官以及植物大类群和植物分类等内容。在全部实验的后面还有8个实用的附录，这些附录拓展了实验内容，也有助于相关实验技能的培养。

教材编写力求内容丰富、文字简洁，注重学生使用的实用性，以达到验证所学、掌握技能和巩固理论知识的目的。在每个实验的后面设置了思考题，让学生能结合理论学习和实验操作总结归纳所学的知识。使用本教材时，各学校可以根据自身植物学教学大纲的要求、实验条件的不同及所在地植物种类的特点，增减实验内容或者选择其他本地更容易找到的实验材料完成实验，部分内容也可以前后予以调整。

本教材具有如下编写特色：第一，遵循目前多数植物学教材的内容体系，按照植物形态解剖和系统分类的顺序进行实验，对与人类关系密切及在植物演化上占重要地位的被子植物予以重点实验；第二，实验部分图文并茂，并且8个附录补充了17个实验中需要用到的具体知识与技术，从而增强了实验的可操作性；第三，对重要的名词术语均列出了英文，涉及的大部分植物给出了拉丁学名；第四,各实验后附“作业”和“思考题”，帮助学生复习归纳和总结。

本教材由多所高等农业院校具有丰富植物学实验教学经验的教师参与编写。具体分工如下：全书由关雪莲和张睿鹂统稿，实验一、实验二、实验十、附录5和附录8由关雪莲编写；实验四、实验十一、附录6由田晔林编写；实验三、实验十七、附录7由张睿鹂编写；实验五、实验十二由王文和编写；实验六、附录1、附录2由王瑞云编写；实验七、实验十五、实验十六、附录3由李明编写；实验八、附录4由黄春国编写；实验九由武春霞编写；实验十三、实验十四由丛靖宇编写。

由于编者水平有限，教材难免存在不足之处，恳请广大师生在使用过程中发现不足，批评指正。

编 者

2018. 8. 31

目 录

实验一　光学显微镜的构造及使用

一、实验目的

1. 了解光学显微镜和体视显微镜的基本构造。

2. 掌握规范使用光学显微镜和体视显微镜的步骤和方法。

3. 掌握植物顶端分生组织的细胞特点及分生区细胞有丝分裂的特点。

二、实验材料

1. 新鲜材料

夏至草(*Lagopsis supina*)具花的植株，蒲公英(*Taraxacum mongolicum*)、抱茎苦荬菜(*Ixeridium sonchifolium*)花序等。

2. 永久制片

洋葱(*Allium cepa*)根尖纵切制片、丁香(*Syringa* sp.)叶片横切制片等。

三、实验用品

显微镜、体视显微镜、尖头镊子、解剖针、载玻片、盖玻片等。

四、实验内容与方法

(一)显微镜

普通光学显微镜一般用于观察通过各种制片方法制作的临时制片或永久制片，其最高分辨率可达0.2μm。

1. 普通光学显微镜的构造

光学显微镜的种类虽然很多，繁简不同，但都包括光学系统和机械系统两大部分。光学系统利用光线形成被检物体的放大像，是显微镜的重要组成部分；但光学系统必须依靠机械装置的支持和运用才能发挥其作用。因此，两者的良好配合，才能发挥显微镜的最佳性能。

(1)机械系统

以教学和科研中常用的普通光学显微镜(图1-1)为例介绍机械系统。

①镜座：位于显微镜基部，用以支持显微镜的全部结构，使显微镜放置稳固。

②镜臂：下端连接镜座，上端通过镜筒固定物镜转换器和目镜。

③载物台：方形或圆形，为放置载玻片标本的平台，中部有通光孔，台上有

一对弹性夹用来固定载玻片标本。

④载玻片推进旋钮：位于载物台右下方的垂直杆，旋转其上的粗、细旋钮，可使载玻片横向或纵向移动。

⑤镜筒：显微镜上部圆形中空的长筒(可固定在镜臂的上端)，镜筒的标准长度一般为 160 mm，与水平面呈 35°~45°倾斜。镜筒上端插入目镜，下端连接物镜转换器。

⑥物镜转换器：连接于镜筒下端的圆盘，可以自由转动，上面有 4~5 个圆孔，为安装物镜的部位。

⑦调焦螺旋：位于镜臂两侧，旋转时可使载物台上下移动，大的叫作粗调焦螺旋，用低倍物镜粗调焦时用；小的叫作微调焦螺旋，用高倍物镜观察时细调焦时使用。

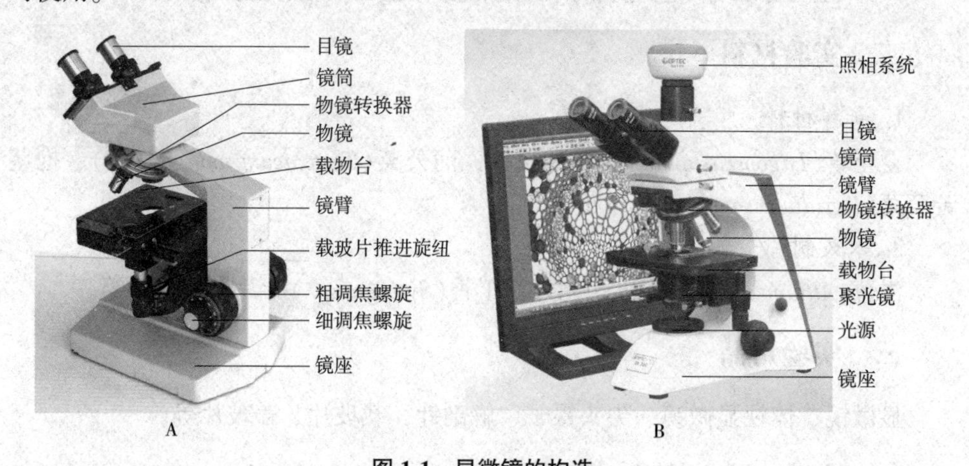

图 1-1 显微镜的构造

A. 没有照相系统 B. 有数码照相和液晶显示屏系统

(2)光学系统

①光源：显微镜的光源内置于镜座内，光强一般可以进行调解。老式的光学显微镜则采用反光镜来取光，反光镜一面是平面镜(一般观察时都用平面镜)，只具反光作用；一面是凹面镜，具反光和聚光作用，适于光线弱时使用反光镜聚光，可以翻转及各方向的转动。

②聚光镜/器：装于载物台下方的升降架上，由几片凸透镜组成，可把平行的光线集中于一点。聚光镜可以上下移动。用低倍物镜(如 4×)时，由于视场范围大，照明光源不能充满整个视场，这时可下移聚光镜。在聚光镜内有孔径光阑(俗称"光圈")，通过孔径光阑操纵杆，可以调节聚光镜的通光量和照明面积。

③物镜：是显微镜的重要光学部件，安装在物镜转换器上。短的物镜是低倍物镜，物镜外侧刻有放大倍率，用 4×、10×表示放大 4 倍、10 倍。长的物镜是高倍物镜，有 40×、100×等倍率。放大率为 100 的物镜也称为油镜，这是由于在使用这个物镜时，要在物镜与盖玻片之间加上香柏油(或甘油、液状石蜡)作为介质进行观察。

④目镜：装于镜筒上端，放大率为 10×、16×等。目镜内常装有一段头发，

在视场中则为一黑线，叫作“指针”，用以指示所要观察的部位。较早的显微镜只有一个目镜，现在的显微镜一般都有2个目镜。具有双筒目镜的显微镜，目镜的焦距可以单独调节，用来调整由于人的双眼视力不同导致在观察显微镜时出现的视差。另外，2个目镜之间的距离可以根据观察者的瞳距进行调节，以使两只眼睛观察的视野重叠。

⑤照相系统：较新的普通光学显微镜已配有照相系统，可与计算机相连，通过运行特定软件完成观察图像的采集及保存。

2. 普通光学显微镜的成像原理

光学显微镜是根据凸透镜的成像原理，要经过凸透镜的2次成像。第一次先经过物镜(凸透镜1)成像，这时候的物体应该在物镜的1倍焦距和2倍焦距之间。根据物理学的原理，成的应该是放大的倒立的实像。而后以第1次成的物像作为“物体”，经过目镜的第2次成像。由于我们观察的时候是在目镜的另外一侧，根据光学原理，第2次成的像应该是一个虚像，这样像和物才在同一侧。因此，第1次成的像应该在目镜的1倍焦距以内，这样经过第2次成像，第2次成的像是一个放大的正立的虚像。如果相对实物说的话，应该是倒立的放大的虚像(图1-2)。

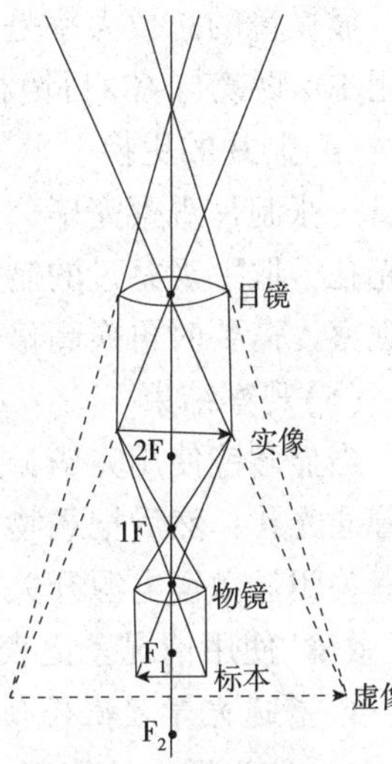

目镜
2F
实像
1F
物镜
F_1
标本
虚像
F_2

图1-2　光学显微镜的成像原理

(引自王丽，关雪莲)

3. 普通光学显微镜的使用步骤(以双筒显微镜为例)

(1)取镜与放置

取镜时应右手握住镜臂，左手平托镜座，保持镜体直立，不可歪斜。特别要禁止用单手提着显微镜走动，防止目镜从镜筒中滑出和反光镜掉落。放桌上时，动作要轻，一般在胸前左侧，镜座与桌边相距5~6 cm处。不用时，将显微镜放在桌面中央。

(2)对光

打开内置光源开关，并转动光强调节旋钮，调节好亮度，把聚光镜的孔径光阑开到最大，再把低倍镜转向中央，对准载物台通光孔位置；双眼由目镜向下观察，此时在目镜内看到一个圆形明亮区域，叫作“视场”。使用双筒显微镜时要根据自己的瞳距调整两个目镜之间的距离，使两个眼睛观察的视场重叠。视场中光线要均匀、明亮又不刺眼。在视场中可看到指针，转动目镜，指针的指向也随着变动。

(3)观察

①低倍物镜观察：取丁香叶片横切制片置于载物台上(盖玻片朝上)，放入弹性夹中，夹住载玻片的两端，并将所要观察的材料移到载物台通光孔的中央。然后两眼从侧面注视显微镜，转动粗调焦螺旋，使物镜距离制片5~6 mm。再通过目镜观察，同时慢慢转动粗调焦螺旋，使载物台徐徐下降，直至物像清晰为止。此时若光线太强，可调节孔径光阑。注意移动制片时，显微镜中物像的移动

方向与载片移动的方向是相反的。

②高倍物镜观察：用低倍镜观察时，视场范围较大，用高倍镜观察时则视场范围窄。因此，当使用高倍镜观察某一部分的细微结构时，首先需要在低倍镜下把所要观察的部分移到视场的中心，调节清晰图像，然后转换到高倍物镜下观察。如果在用高倍物镜观察时图像不清晰，则用细调焦螺旋调节。注意此时镜头与盖片之间的距离很短，操作时要十分仔细，以免镜头挤压制片。

显微镜的总放大率是用目镜与物镜的放大率的乘积来表示(在标准镜筒下)。如用10×物镜与10×目镜相配合，则物体放大100倍(10×10)。

(4)制片的更换

一张制片观察完毕，要更换另一张制片时，先旋转物镜转换器，将物镜移开通光孔，取下观察过的制片，换上要观察的制片，然后将低倍镜旋转至通光孔进行观察，需要时再换高倍镜观察。或者把载物台降下来，远离物镜再更换制片。

(5)观察结束

当显微镜使用完毕，旋转物镜转换器，使物镜离开通光孔或者让最短的物镜对着通光孔；然后把载物台降至最低；取下制片；把显微镜内光源的亮度调到最小，关闭显微镜电源开关；将显微镜放回镜箱中或加盖显微镜防尘罩；最后填写“显微镜”使用情况登记表。

4. 普通光学显微镜使用时注意事项

(1)调焦螺旋的使用

载物台的升降以及在低倍物镜下观察时可使用粗调焦螺旋；细调焦螺旋一般用于高倍物镜观察，用于调节物象的清晰度，以旋转半圈为度，不宜一直向同一个方向旋转，以免细调螺旋的机械系统磨损失灵。

(2)高倍物镜观察

使用高倍物镜观察时，必须先在低倍物镜观察清楚的基础上，再转换高倍物镜。而且此时只能徐徐旋转细调焦螺旋，勿使物镜前透镜接触制片，以免磨损、污染高倍物镜。如果观察的制片反差很好，在用高倍物镜观察制片时要把聚光镜升到最高位置，孔径光阑也要开得比较大；反之则需要降低内置光源的亮度，降低聚光镜的高度，孔径光阑也要开得较小，使观察的视场较暗一些，以增加制片的反差。

(3)制片更换

首先要先将高倍镜移开通光孔，然后取下或装上制片，严禁在使用高倍镜时取下或装上制片，否则可能会污染磨损物镜或碰碎制片。

(4)制片的要求

在观察临时制片时，标本要加盖盖玻片，并用吸水纸吸去盖玻片下多余的液体，擦去载玻片上的液体，再进行观察。严禁不加盖玻片或在载玻片和盖玻片上有染液或水的情况下进行观察。

(5)显微镜的清洁

显微镜机械部分上的灰尘，应随时用纱布擦拭。目镜、物镜、聚光镜和反光镜的清洁必须使用特制的擦镜纸擦拭；严禁用手指接触透镜。万一镜头上有油污，可用擦镜纸蘸取乙醚-酒精混合液或二甲苯擦拭，再用干擦镜纸擦拭。

(6)显微镜的维护

使用时不可随意拆卸显微镜的任何部分。如遇故障，必须报告指导教师解决或者请专业人员进行维修。

5. 制片观察

(1)根尖顶端分生组织及分生细胞有丝分裂各期特点的观察

取洋葱根尖纵切片，先在低倍镜下区分根冠、分生区、伸长区和成熟区(根毛区)(图1-3)，然后在分生区观察分生组织的细胞特点：细胞体积小，排列紧密，无细胞间隙，细胞壁薄，间期的细胞细胞核大等。然后换到高倍镜下进行观察，寻找分生区内正在处于有丝分裂前期、中期、后期及末期的典型细胞(图1-4)，尤其关注细胞核和染色体的变化特点。

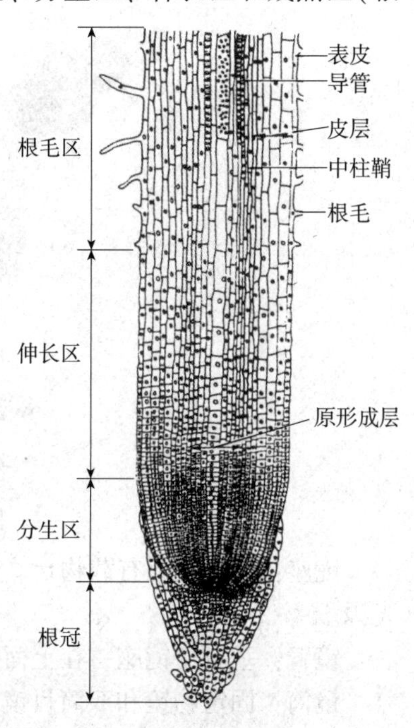

图1-3　根尖纵切片

(2)丁香叶片横切制片的观察

取丁香叶片横切制片，先后在低倍镜、高倍镜下观察，规范并熟练掌握制片更换，粗、细调焦螺旋的配合使用及视场亮度和制片反差的调节，使用照相系统拍摄不同放大倍数下各部分结构的图像。也可以用智能手机通过目镜进行拍照记录。

当前有些显微镜附加了特殊的软硬件设备，并在智能手机上下载安装专门的APP后，在显微镜下观察的图像就可以呈现在手机上，这样更方便学生保留观察的结果。

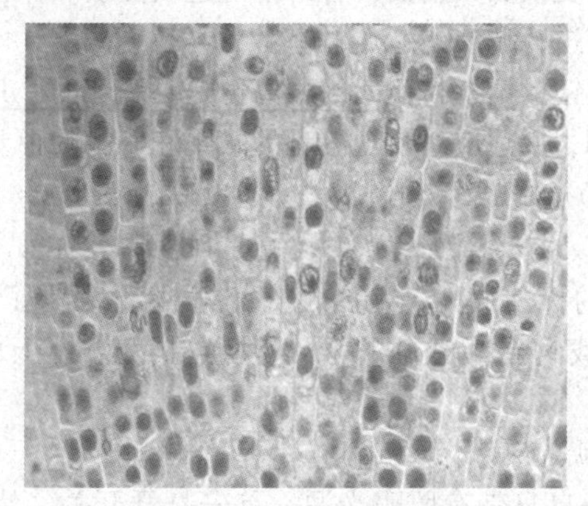
图1-4　洋葱根尖分生区细胞

(二)体视显微镜

体视显微镜(Stereo Microscope)又称“实体显微镜”或“解剖镜”，是一种具有正像立体感的显微镜。虽然它的最高放大率在200倍左右，但其工作距离长，焦深大，视场直径亦大，且图像是正立的，便于操作和解剖，可用来观察植物的根、茎、叶、花、果等器官表面的形态和解剖结构。

1. 体视显微镜的构造

体视显微镜的基本结构也分为机械系统和光学系统。机械系统由镜座、镜臂等构成；光学系统由物镜和目镜构成(图1-5)。

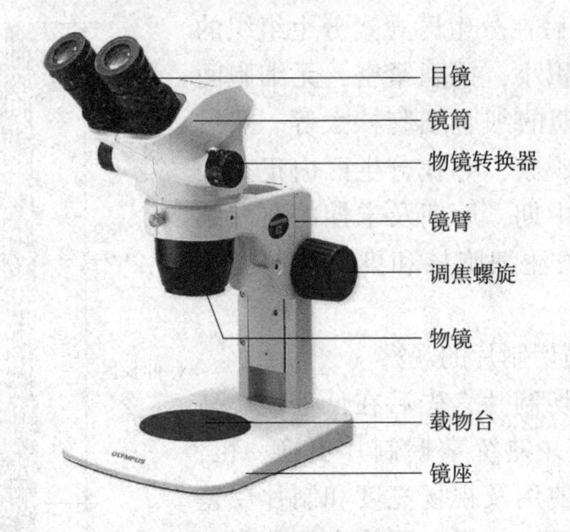

图1-5 体视显微镜

镜座：在镜座上有载物台。有些型号的体视显微镜在载物台下面安装有照明光源。

镜臂：垂直于镜座，在上面固定镜筒、调焦螺旋，以及照明光源。

镜筒：固定物镜和双筒目镜。

物镜：外观上看体视显微镜只有一个物镜，但物镜的放大倍数是可变的。有的体视显微镜能连续变换放大倍数，有的不能连续变换。体视显微镜的放大倍数是通过物镜上的螺旋进行调节的。

目镜：体视显微镜的两个目镜间的距离也是可调节的，其中一个目镜的焦距还可进行单独的微调，以适应每个观察者的瞳距和双眼的视差。

2. 体视显微镜的使用

(1)标本放置

把要观察解剖的标本放在载物台的中心位置上。为了防止在观察解剖材料过程中污染破损载物台，往往将材料放置在载物台上的培养皿中或载玻片上。

(2)照明光源的调节

如果体视显微镜自身带有照明光源，首先打开开关，然后调节照明灯的角度，使光线照在待观察解剖的标本上。

(3)焦距的调节

转动调焦螺旋，直到看清。

(4)解剖观察

首先用低倍物镜观察，然后把要观察的部位移动到载物台的中心，再转换到高倍物镜下观察。可用尖头镊子及解剖针边解剖边观察。

(5)注意事项

观察结束后把标本拿开，清洁载物台，关闭显微镜自带的照明开关。把显微镜放置到专用的盒中或放在桌面上加盖防尘罩。

3. 夏至草、蒲公英、抱茎苦荬菜花的解剖观察

分别取植株花序中的小花置于载物台上的培养皿或载玻片上，眼睛注视目镜，双手分别于载物台的左右用尖头镊子及解剖针边解剖边观察。

注意夏至草花的萼片，花瓣的数目，分离或联合雄蕊数目、长短是否一致，雌蕊的子房位置等特点。

观察蒲公英、抱茎苦荬菜的小花应注意其花萼变为白色毛发状(称为冠毛)，黄色5齿裂的舌状花冠，雄蕊花药联合成管包于花柱外围，花丝5个分离。

五、作业

1. 拍摄不同放大倍数的洋葱根尖各区细胞及有丝分裂各时期细胞的图像(或拍摄不同放大倍数的丁香叶片各部分结构图像)，标注各细胞或结构名称。

2. 总结洋葱根尖纵切制片中顶端分生组织的细胞特点及分生区细胞有丝分裂各时期的特点。

3. 绘夏至草花或蒲公英花的解剖图。

六、思考题

1. 光学显微镜的放大率是如何计算的?

2. 使用光学显微镜观察新鲜的没有染色的材料做成的制片时，调整显微镜的哪些部分会增加材料反差，得到较好的观察结果?

3. 普通光学显微镜与体视显微镜在结构和使用方面有哪些区别?

实验二　植物细胞的基本结构

一、实验目的

1. 学习掌握撕片、刮片、装片、徒手切片等临时制片方法。

2. 掌握光学显微镜下植物细胞的基本结构和细胞内 3 种质体的形态结构和分布特点。

3. 掌握植物细胞代谢过程中产生的后含物的形态结构、存在部位及细胞化学鉴定方法。

4. 了解植物细胞原生质运动的特点。

二、实验材料

1. 新鲜材料

洋葱的鳞茎；吊竹梅(*Zebrina pendula*)、紫鸭趾草(*Setcreasea pallida*'Purple')的叶和花；小油菜(青菜，*Brassica chinensis*)的叶，胡萝卜(*Daucus carota*)的根；红辣椒(*Capsicum frutescens*)、番茄(*Lycopersicon esculentum*)的果实；黑藻(*Hydrilla verticillata*)的植株；马铃薯(*Solanum tuberosum*)的块茎；花生(*Arachis hypogaea*)的种子；小麦(*Triticum aestivum*)的颖果；葱(*Allium fistulosum*)或蒜(*Allium sativum*)半干的鳞叶；不同色彩的月季(*Rosa chinensis*)、菊花(*Dendranthema* spp.)、三色堇(*Viola tricolor*)、非洲紫罗兰(*Saintpaulia ionantha*)的花；彩叶草(*Coleus blumei*)的叶；印度橡皮树(*Ficus elastica*)的叶片等。

2. 永久制片

油松(*Pinus tabulaeformis*)茎离析管胞制片、柿(*Diospyros kaki*)胚乳制片、蓖麻(*Ricinus communis*)种子制片、松茎三切面制片、夹竹桃(*Nerium Indicum*)叶片横切制片、小麦颖果纵切制片。

三、实验用品

显微镜、尖头镊子、载玻片、盖玻片、吸水纸、单/双面刀片、培养皿、纱布、I_2-KI 水溶液、苏丹Ⅲ溶液等。

四、实验内容与方法

(一)植物细胞的基本结构

取洋葱鳞叶表皮细胞观察。

先取洁净的载玻片，在上面加一滴清水。然后取新鲜洋葱鳞叶，用刀片在白色肉质化鳞叶向外的一面，即凸面(凹面也可以用，但常常不易见到细胞核)横切一条裂口，自裂口的上方或下方10 mm处与表面平行插入镊子夹取表皮，当撕至裂口时，表皮即从此处断开，而不至于撕下很长的一条。表皮撕下后，撕面朝下立即放入载玻片的水滴中。此时若撕下的表皮面积过大，可用刀片切成小块。若发生皱褶或重叠，可用镊子或解剖针将其铺平。使用镊子夹住盖玻片使盖片一个边先接触水滴，然后轻轻放下，目的是防止产生很多气泡。盖上盖玻片后如果观察到制片中有气泡，可用镊子轻轻敲打盖片，驱除气泡。

洋葱表皮有一层好像一网状结构，每一网眼即为一个细胞，网格为细胞壁，细胞排列紧密没有细胞间隙。选择最清晰的部分移到视场中央，用高倍镜对表皮细胞的内部结构及相邻细胞进行仔细观察(图2-1)。

在光学显微镜下，可以观察到洋葱表皮细胞的细胞壁、细胞核、细胞壁上的纹孔对。为了清晰地显示细胞结构，观察过新鲜材料之后，可以用I_2-KI溶液对切片进行染色后再观察：从显微镜上取下制片，从盖片的一侧慢慢滴上1～2滴I_2-KI溶液(滴在盖玻片边缘的载玻片上)，然后用吸水纸从盖片的另一端将染液引入盖片与载玻片之间，对材料进行染色。对比染色后与染色前的观察结果是否一致，细胞的哪些结构发生了变化?

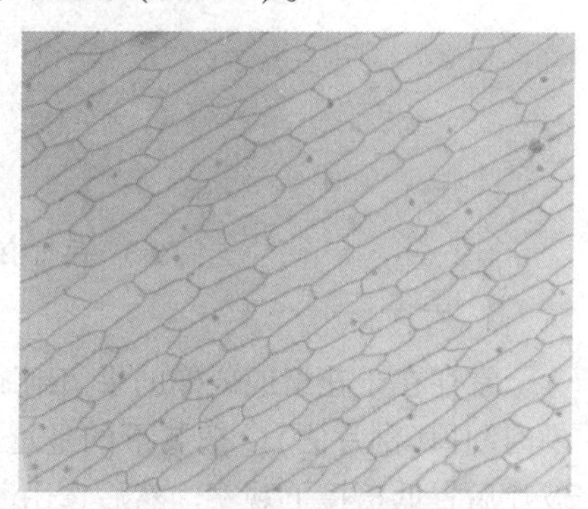

图2-1　洋葱鳞叶表皮细胞

(二)质体

1. 白色体

白色体是不含可见色素的质体，多存在于幼嫩细胞或贮藏细胞中，有些植物叶的表皮细胞中也有白色体。用撕片法撕取吊竹梅或紫鸭趾草叶下表皮，观察表皮细胞中的白色体(图2-2)或气孔器的副卫细胞。这些白色体呈圆球形、无色，多位于细胞核的周围。

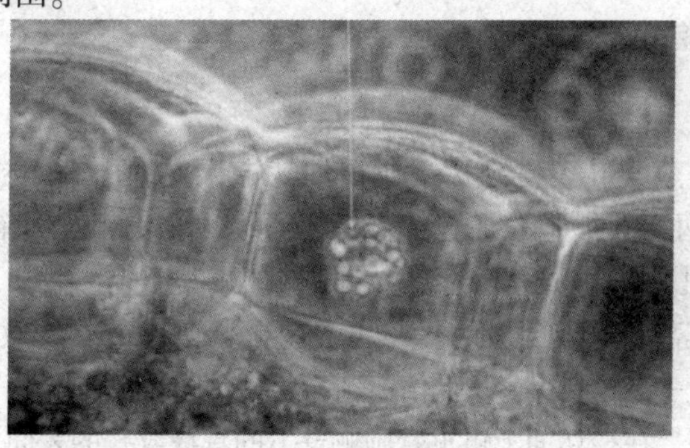

图2-2　吊竹梅叶下表皮细胞细胞核周围的白色体

2. 叶绿体

紫鸭趾草(或青菜)叶下表皮构成气孔器(图 2-3)的保卫细胞中的绿色颗粒，即为叶绿体；或撕取一片黑藻的叶片放在载片上，加一滴清水并盖上盖玻片后，在显微镜下观察到叶肉细胞中大量的绿色的小球就是叶绿体。

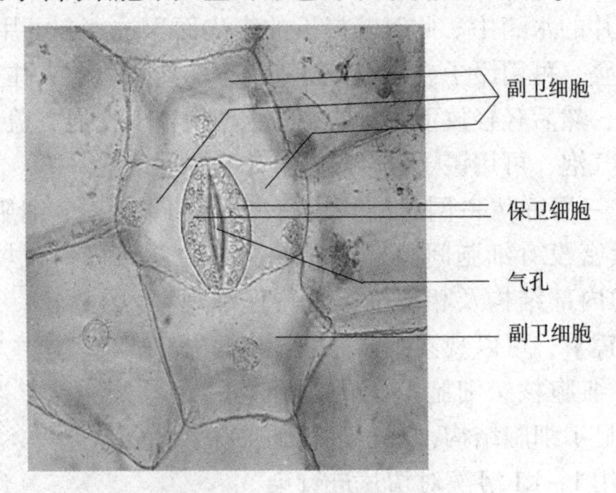

图 2-3 吊竹梅叶下表皮细胞上的气孔器

3. 有色体

常存在于花瓣或成熟的果实细胞中。切取一小块红辣椒果皮，用双面刀片把果肉刮掉(刮片法)，把剩下的呈透明的表皮放到载玻片上加一滴清水，盖上盖玻片后置低倍镜下观察。然后选用薄而清晰的区域换高倍镜下观察，可看到许多橘红色的小颗粒，即有色体(图 2-4)。

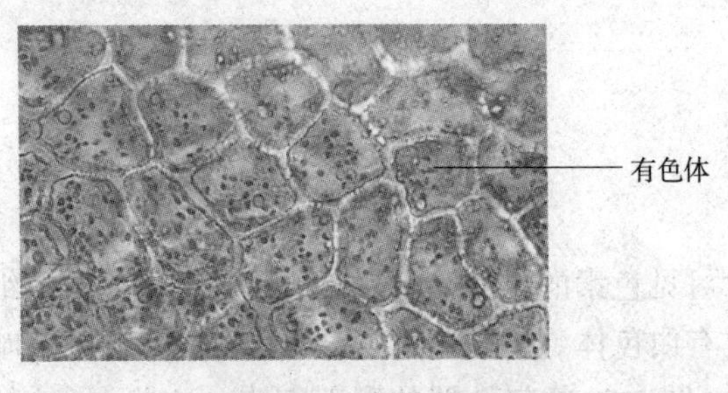

图 2-4 红辣椒果皮细胞

(三)纹孔与胞间连丝

1. 纹孔

(1)在上述洋葱鳞叶表皮制片中或在红辣椒果皮(图 2-4)制片中，均可在细胞侧壁上观察到两相邻细胞的细胞壁上呈念珠状、发生相对凹陷的地方即单纹孔对。注意观察纹孔对中有纹孔膜存在。

(2)取油松茎离析管胞制片，壁上可见呈同心圆状的具缘纹孔。

(3)取油松茎三切面制片，从低倍镜到高倍镜观察木质部的横切面和径切面上的具缘纹孔的剖面观。在径切面上可见管胞侧壁上的具缘纹孔的表面呈同心圆状。

2. 胞间连丝

观察柿胚乳切片制片，柿胚乳细胞呈多边形，胞间层较薄，颜色深，初生壁很厚，细胞腔很小，近圆形(有时在制片过程中，原生质体被洗掉呈空白透明状，有些没有洗掉的原生质体则呈深色凝聚团状)。在高倍镜下仔细观察，可见到相邻两个细胞壁上有许多胞间连丝穿过(图 2-5)。这些胞间连丝是经过特殊染色加粗后显示出来的。

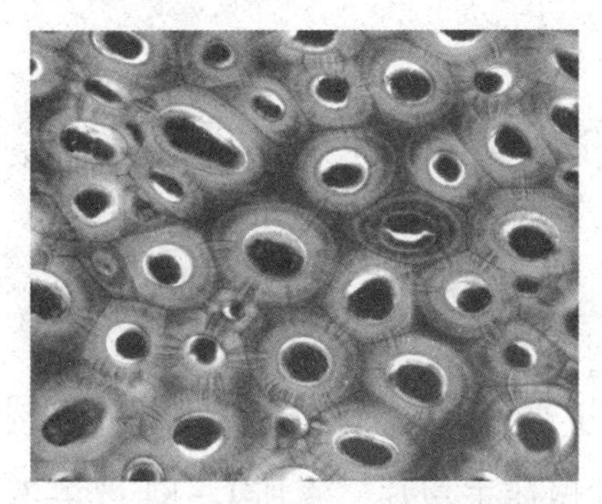

图 2-5　柿胚乳细胞，示胞间连丝

(四)后含物

1. 淀粉粒

取马铃薯块茎用徒手切片法(操作方法见附录 5)，制成临时制片。在低倍镜下可看到大小不同的卵圆形或圆形颗粒，即为淀粉粒。选择颗粒不稠密且互不重叠处换用高倍镜观察，可见淀粉粒的脐和轮纹。在完成上述观察后，用 I_2-KI 溶液进行染色观察(方法与上述洋葱鳞叶表皮细胞制片观察后再染色的方法一样)，淀粉粒被染成蓝色(图 2-6)，还可仔细观察辨别淀粉粒的类型(图 2-7)。

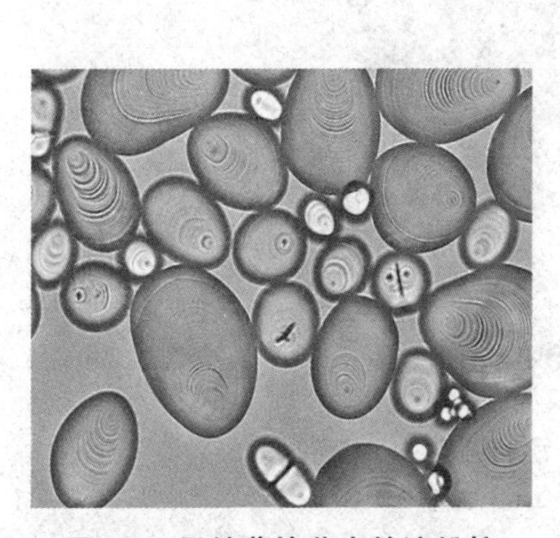

图 2-6　马铃薯块茎中的淀粉粒

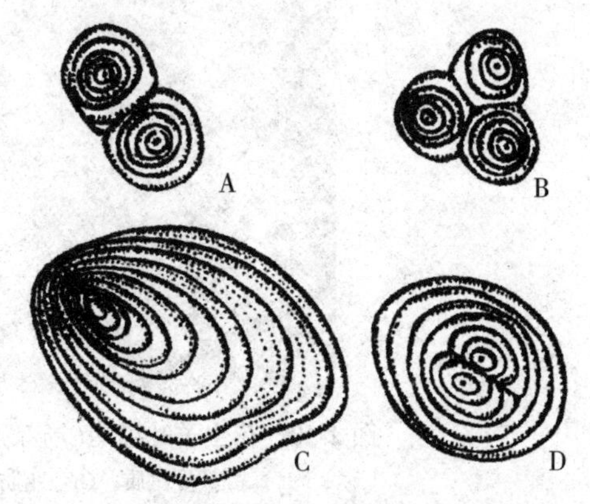

图 2-7　淀粉粒

A、B. 复粒　C. 单粒　D. 半复粒

2. 蛋白质

取蓖麻种子做永久制片，或其胚乳的徒手切片，制成临时制片后在显微镜下

观察。可见每个胚乳细胞中都含有多数近椭圆形的糊粉粒，每个糊粉粒外为无定形蛋白，中间有 1~2 个球晶体(图 2-8)。

取小麦颖果纵切制片，在低倍镜下观察种皮内侧胚乳的最外层。由方形细胞组成的糊粉层，其细胞中有很多小颗粒状的糊粉粒(图 2-9)，换高倍镜下仔细观察糊粉粒的结构。

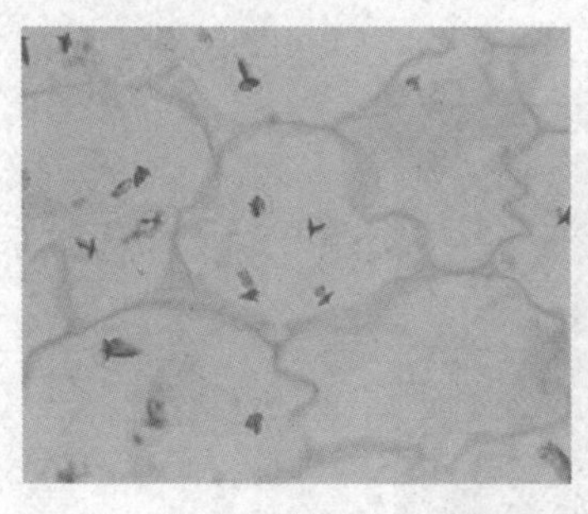

图 2-8　蓖麻胚乳细胞，示糊粉粒

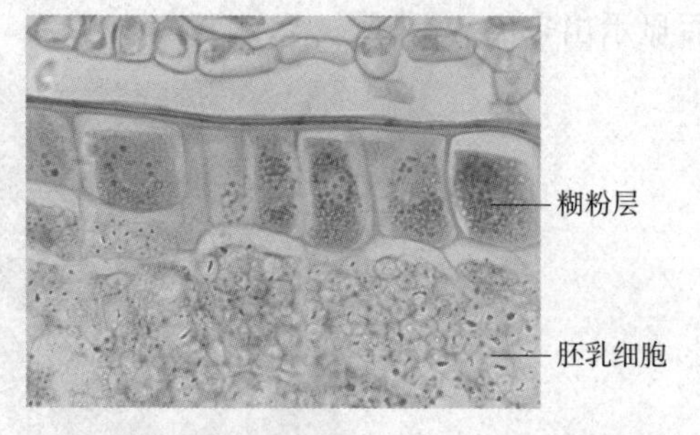

图 2-9　小麦颖果纵切(局部)，**示糊粉层**

将花生种子的子叶做徒手切片，滴加 I_2-KI 液溶液，在显微镜下观察到被染成淡黄色的球状颗粒为糊粉粒(图 2-10)，同时被染成蓝色的颗粒为淀粉粒。

3. 脂肪和油滴

取花生子叶做徒手切片。取较薄的切片放在载玻片上，加一滴苏丹Ⅲ溶液染色后，加上盖玻片后在显微镜下观察，可看到细胞中油滴呈现透明的橙红色，有些油滴会逸出细胞之外(图 2-10)。

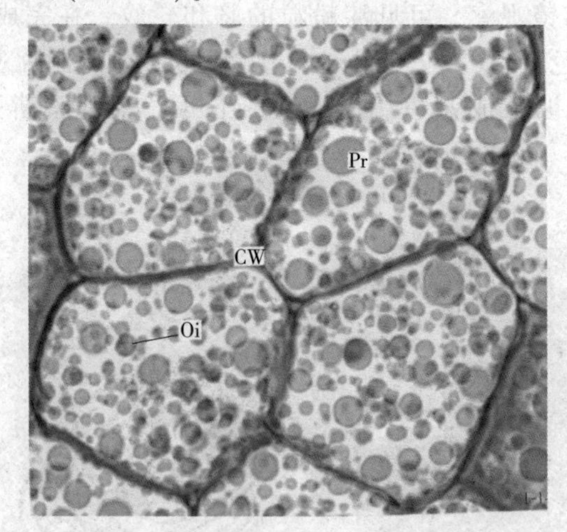

图 2-10　花生子叶纵切(局部)(引自冯燕妮，李和平)

Pr：蛋白质　Oi：脂肪　CW：细胞壁

4. 晶体

晶体(图 2-11)是细胞常见的代谢产物，从化学成分看主要有草酸钙和碳酸钙两类。草酸钙结晶有针晶(棱柱状晶体)、针形结晶体、晶簇和砂晶等。碳酸钙结晶不普遍，在少数植物的叶表皮细胞中呈现碳酸钙结晶悬挂的桑葚状膨大物，称钟乳体。

(1)单晶体

取一小片较薄的、半干的葱、洋葱或蒜的鳞叶，放在载玻片上的清水中并盖上盖玻片，做成临时制片。在高倍镜下可看到细胞中长方形或多边形的单晶体(图2-11A)。

(2)晶簇

观察夹竹桃叶片横切片制片，在有些叶肉细胞中具有漂亮的花朵似的晶簇(图2-11B)。

(3)针形结晶体

撕取紫鸭趾草叶片的下表皮，做临时制片。在低倍镜下即可见到针形的结晶体，这些针形结晶体常被挤压到细胞外(图2-11C)。

(4)钟乳体

取印度橡皮树叶片做徒手横切片，观察复表皮(表皮由多层细胞构成)细胞中的钟乳体(图2-11D)。

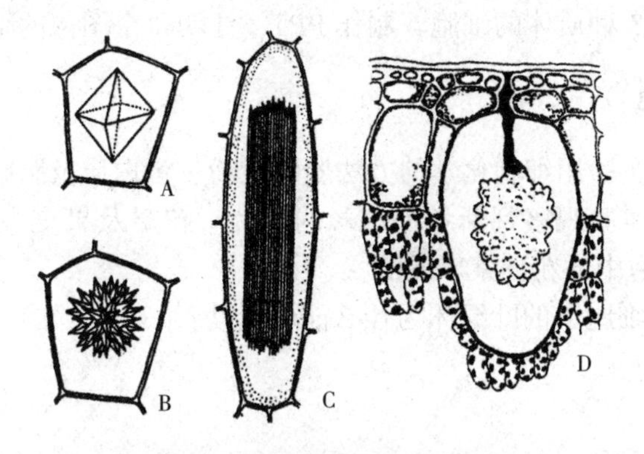

图2-11　植物细胞中的晶体

A. 菱形　B. 晶簇　C. 针形结晶体

D. 印度橡胶树叶片表皮细胞中的钟乳体

(五)原生质的运动

观察黑藻叶肉细胞中原生质运动。摘取一小片较幼嫩黑藻的叶片放在载片上，加一滴清水并盖上盖玻片后，在显微镜下观察到叶肉细胞中大量的呈绿色的叶绿体。仔细观察近叶缘或近中脉的叶肉细胞叶绿体，会发现叶绿体在细胞内沿一定的方向移动。叶绿体本身不具有主动运动的能力，它的移动是由于细胞的原生质的流动导致的。

注意：当实验室房间的温度较低时，叶绿体的移动不明显。为了改善观察效果，可以把室外采回来的黑藻放在温水中并用强光照射。另外，可将做好的叶片制片放在载物台上，把显微镜内置光源的亮度调到最大、聚光镜的孔径光阑也打开到最大，让强光穿透叶片，这样照射一段时间后也可以看到明显的叶绿体移动现象。

(六)叶片、花瓣或果皮色彩形成原因的观察及鉴定

选取带有不同颜色的叶片、花瓣或果皮，如吊竹梅、紫鸭跖草、彩叶草叶片，不同色彩的月季、菊花，三色堇、非洲紫罗兰的花及番茄的果皮等，通过各种临时制片方法做好制片，在显微镜下观察细胞内色素的颜色和存在部位特点，判断哪种植物和哪些细胞中含有数量较多的颗粒状等其他形状的有色体，哪些含有存在于液泡中的花青素。

注意：有些植物在同一细胞中有可能有色体与液泡中的花青素同时存在。

五、作业

1. 拍摄或绘制显微镜下观察到的洋葱表皮细胞，制作 PPT，注明每个图像的结构。

2. 拍摄具有胞间连丝的细胞、含淀粉的细胞、糊粉粒细胞、含有各种晶体的细胞，制作 PPT，注明每个图像的结构。

3. 拍摄含有 3 种质体的细胞，制作 PPT，注明每个图像的结构。

六、思考题

1. 如何通过实验用细胞化学的方法鉴定淀粉、蛋白质及脂肪？

2. 如何通过实验观察判断各种色彩的叶片、花瓣及果皮中颜色是由有色体形成的还是由液泡中的花青素形成的？

3. 黑藻叶肉细胞中的叶绿体为什么能够运动？

实验三　植物组织的类型

一、实验目的

1. 掌握植物体各种组织的类型及分布位置。
2. 掌握各种组织的细胞形态结构特征及与其功能的适应性。
3. 了解特定植物细胞的分化过程。
4. 进一步熟悉制作临时制片的一些方法。

二、实验材料

1. 新鲜材料

小油菜（青菜）、蚕豆（*Vicia faba*）、玉米（*Zea mays*）、小麦植株；芹菜（*Apium graveolens*）、芫荽（香菜，*Coriandrum sativum*）叶柄；梨属植物（*Pyrus* sp.）果实；番茄、烟草（*Nicotiana tabacum*）植株；桂花（*Osmanthus fragrans*）叶片及柑橘属植物（*Citrus* sp.）果皮；毛白杨（*Populus tomentosa*）、松属植物（*Pinus* sp.）茎；蚕豆种皮。

2. 永久制片

南瓜（*Cucurbita moschata*）茎的横、纵切制片；洋葱、玉米根尖纵切制片；椴树属植物（*Tilia* sp.）茎，棉花（*Gossypium hirsutum*）茎、老根及叶，桃（*Amygdalus persica*）叶，欧洲夹竹桃（*Nerium oleander*）叶，松茎横切制片；蚕豆根毛区、水稻（*Oryza sativa*）老根横切制片。

三、实验用品

显微镜、尖头镊子、载玻片、盖玻片、吸水纸、单/双面刀片、培养皿、纱布、I_2-KI 水溶液、苏丹Ⅲ染色液等。

四、实验内容与方法

(一)分生组织

1. 顶端分生组织：常位于根、茎的顶端

取玉米或洋葱根尖纵切片，观察顶端分生组织的细胞特征，区分原生分生组织和初生分生组织。注意观察原生分生组织细胞有无分层现象。

2. 侧生分生组织：常位于根、茎的外周

观察椴树茎（或花生老根）横切制片，在次生韧皮部和次生木质部之间的几层扁平细胞就是茎的维管形成层细胞；其周皮中，在木栓层和栓内层之间的几层也呈切向扁平的细胞为木栓形成层。维管形成层与木栓形成层细胞各排列成一圈，位于植物体的外侧，因此称为侧生分生组织。

(二)保护组织(结构)

1. 初生保护结构——表皮

(1)蚕豆叶表皮

撕取蚕豆叶下表皮，做临时制片(为了便于观察，可用稀 I_2-IK 溶液染色)。在高倍镜下观察，表皮细胞为不规则形状；排列紧密，没有细胞间隙；细胞内无叶绿体存在；细胞核位于细胞的边缘，细胞的中央常为中央大液泡占据。在表皮细胞之间还分布着许多气孔器。蚕豆的气孔器由一对肾形的保卫细胞和保卫细胞之间围成的孔——气孔构成。其中保卫细胞中含有大量的叶绿体，靠近气孔处的细胞壁较厚(图 3-1)。

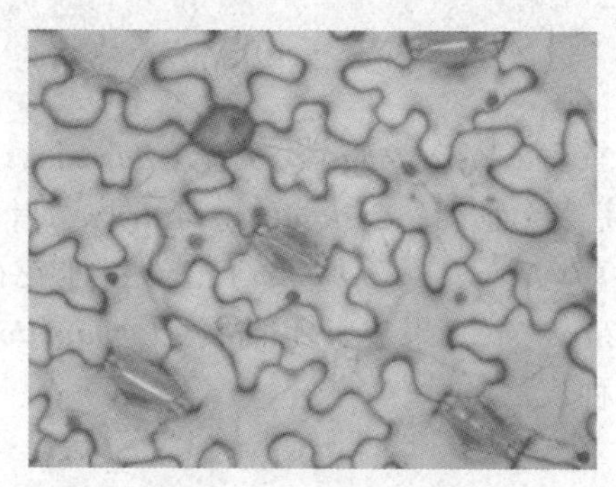

图 3-1　蚕豆叶下表皮

(2)玉米或小麦叶表皮细胞观察

取新鲜叶，用刀片将叶片一面的表皮、叶肉和叶脉刮掉，剩下无色透明的叶表皮。切取一小片表皮做成临时制片观察，可看到表皮细胞多为长条形细胞，称为长细胞；表皮细胞的侧壁常呈波纹状，相邻的表皮细胞镶嵌紧密，没有胞间隙。在纵列的长细胞之间夹有短细胞，有些短细胞的外壁向外突起形成表皮毛。气孔器是由一对哑铃形的保卫细胞和位于保卫细胞外侧的一对副卫细胞及保卫细胞之间的气孔构成(图 3-2)。

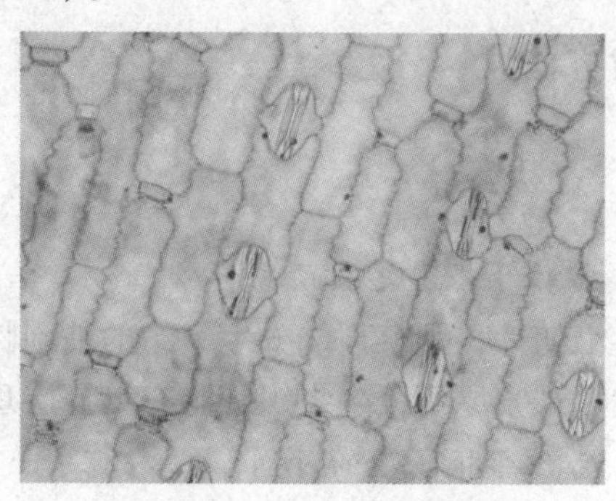

图 3-2　玉米叶下表皮

2. 次生保护结构——周皮

周皮为复合组织。观察椴树茎横切制片，在外方有几层被染成褐色的细胞就是木栓层细胞，其特点是细胞排列紧密、细胞壁明显增厚，无胞间隙。木栓层具有不透气、不透水的特性，具有很好的保护作用。在木栓层内侧的蓝绿色扁平细胞，为木栓形成层(侧生分生组织)。在木栓形成层内侧的薄壁细胞，是栓内层。木栓层、木栓形成层及栓内层共同构成周皮。

(三)薄壁组织的类型及细胞特点

薄壁组织又称营养组织、基本组织，在植物体中分布最广。营养组织细胞具有以下特点：体积大，细胞壁薄，有较大的胞间隙，细胞内常有大液泡。根据营养组织行使功能的不同，营养组织又可划分为：

1. 通气组织

观察水稻老根横切制片(图 3-3)，在水稻老根的皮层中有一部分薄壁细胞解体，形成大的空腔(气腔)，具有通气的作用，属于通气组织。

2. 同化组织

观察夹竹桃(或棉花、桃)叶横切制片(图 3-4)，在叶的上下表皮之间的部分就是含丰富叶绿体的叶肉细胞，属于同化组织。同时观察夹竹桃复表皮(表皮细胞多层)及气孔窝的特点。

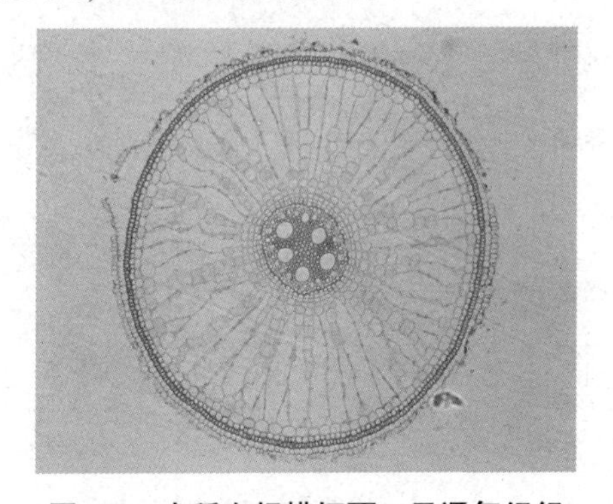

图 3-3　水稻老根横切面，示通气组织

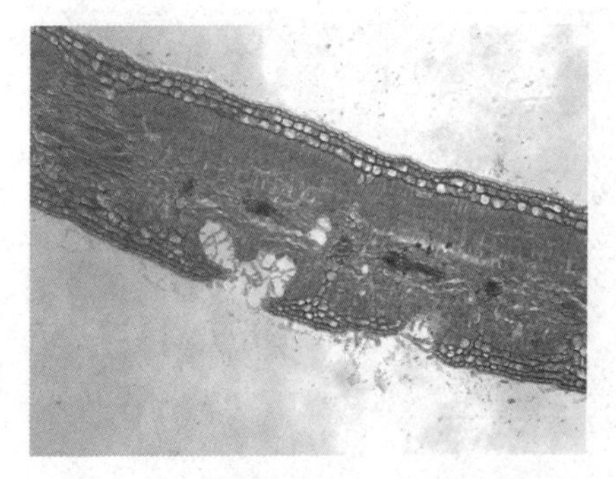

图 3-4　夹竹桃横切面，示同化组织

3. 贮藏组织

马铃薯块茎中含有淀粉粒的薄壁细胞、蓖麻种子胚乳中含有糊粉粒的薄壁细胞，它们均属于贮藏组织。

观察棉花茎、椴树茎横切片中的皮层与髓的薄壁细胞，其均属于贮藏组织。

4. 吸收组织

位于根尖的根毛区，包括表皮细胞和根毛，其功能是吸收水分和溶于水中的无机盐。

观察新鲜的小麦根尖压片，有的表皮细胞向外突起形成管状结构——根毛。根尖上根毛大量着生的区域称为“根毛区”，属于吸收组织。

观察蚕豆根毛区横切制片，许多表皮细胞的外壁向外突起并延伸形成根毛。

(四)机械组织

1. 厚角组织

取芹菜或芫荽(香菜)叶柄，做横切徒手切片进行观察。在横切面上，厚角组织分布于叶柄外围突起的棱角处，紧接表皮内侧。其细胞特点是细胞壁透亮，胞间层可见，初生壁在角隅处加厚，看起来很像星芒状结构。其中暗灰色的“洞穴状”是细胞腔，里面充满原生质体(图 3-5)。

观察南瓜茎横切制片，其在表皮内侧也有厚角组织存在。

2. 厚壁组织

(1)纤维

观察南瓜茎的横、纵切制片，在皮层中染成红色的几层细胞即为厚壁组织：其横切面细胞口径小、多边形，细胞壁加厚均匀(图 3-6)；纵切面为纵向很长的细胞，称为纤维。

(2)石细胞

用镊子夹取梨果肉中近内果皮处砂粒状的一团细胞(石细胞群)，置于载玻片上，用镊子的背部将其压散开，加上一滴水制成临时制片观察，可见暗色石细胞群，石细胞的次生壁全面增厚，壁上有分枝或不分枝的“纹孔沟”，细胞腔小，原生质体消失(图 3-7)。

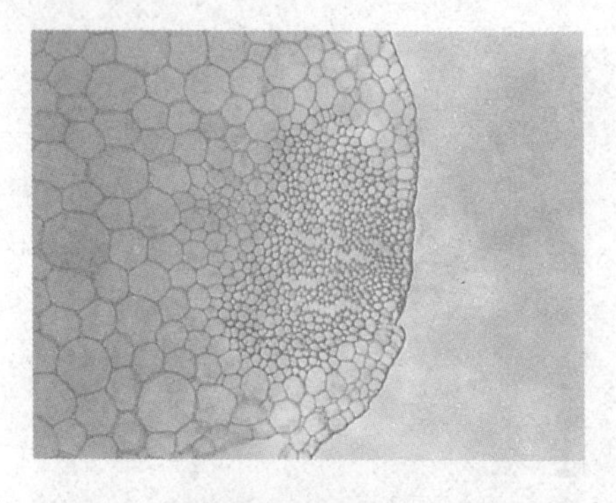

图 3-5　芹菜叶柄横切图，示表皮下的厚角组织

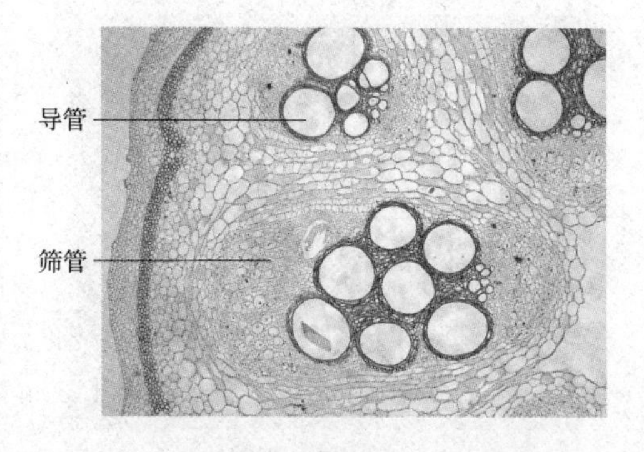

图 3-6　南瓜茎局部横切图，示输导组织

做蚕豆种皮的离析制片，观察种皮中两种形态的石细胞。取桂花老叶做徒手横切片，观察叶肉中的石细胞。

(五)输导组织

1. 导管、筛管及伴胞

观察南瓜茎中输导组织的结构。在横切片中可看到 5 ~ 7 个较小的维管束和 5 ~ 7 个较大的维管束相间排列。选择 1 个较大的维管束仔细观察，自外向内依次为外韧皮部、束中形成层、木质部和内韧皮部。在木质部中可见由于细胞壁木质化被染成红色近圆形的导管分子的横切面(图 3-6)。在纵切片中可见环纹、螺纹、梯纹、网纹和孔纹5种类型的导管分子(有的切片中只能观察到2或3种类型的导管分子，故应多观察几张制片)。在韧皮部横切面上，筛管与伴胞常相伴而生，它们是活细胞，细胞壁非木质化，被染成蓝绿色，筛管为多边形的细胞，其细胞壁较薄，常被染成蓝绿色；有些筛管中还可看见筛板和筛孔；在筛管旁边的四边形或三角形的较小的薄壁细胞，即为伴胞(图3-6)；纵切片中可观察到筛管是由许多长形的细胞——筛管分子连接而成，两个筛管分子连接处即为筛板的位置(注意能否观察到筛孔)，在筛管分子中，细胞核已解体，原生质体由于制片的影响，向中部收缩而呈束状；伴胞是在筛管分子旁边的小型的长细胞，比筛管分子短，具有细胞核；有时还能观察到筛管分子侧壁上的筛域(图3-8)。

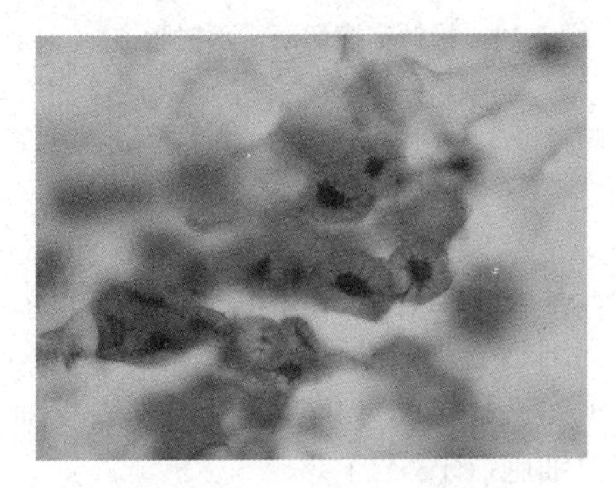

图3-7　梨果肉中的石细胞

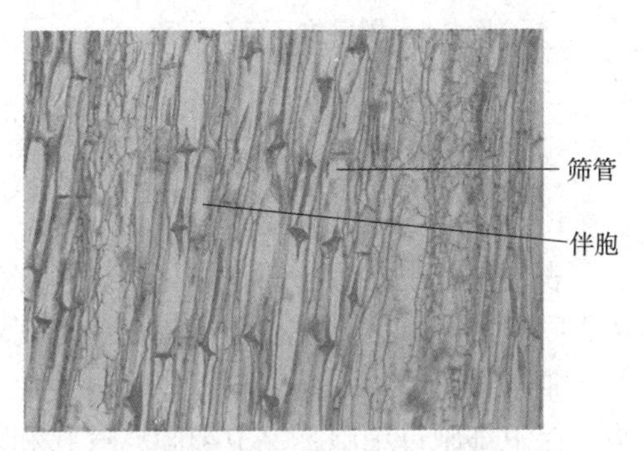

图3-8　南瓜茎纵切图，示筛管和伴胞

2. 管胞

取松茎离析制片(或松茎离析液1滴，置于载玻片上做成临时制片)进行观察。成熟的管胞分子为长梭形，端壁倾斜，细胞壁加厚木质化，上有具缘纹孔。管胞分子也有多种类型：螺纹管胞、环纹管胞、梯纹管胞、网纹管胞、孔纹管胞。

(六)分泌组织

1. 外分泌结构

腺毛：取番茄、烟草茎、叶柄等做横切临时制片(或在体视显微镜下观察番茄幼茎)，可见在表皮上有大量的表皮附属物，其中又长又尖的毛，是表皮毛；另外一种分为“头”和“柄”结构的是腺毛。

2. 内分泌结构

(1)分泌腔

取橘皮(外果皮)徒手切片观察，能看到一些透亮的区域或孔洞，即为分泌腔(图3-9)。

观察棉叶或棉茎横切制片，在茎及叶的外表均能看到腺毛；在叶肉或皮层中能看到分泌腔及异细胞等。

(2)树脂管(道)

观察松针茎横切制片，在皮层和木质部中可见裂生树脂道。树脂道由上皮细胞围成，其中充满上皮细胞分泌的树脂(图 3-10)。

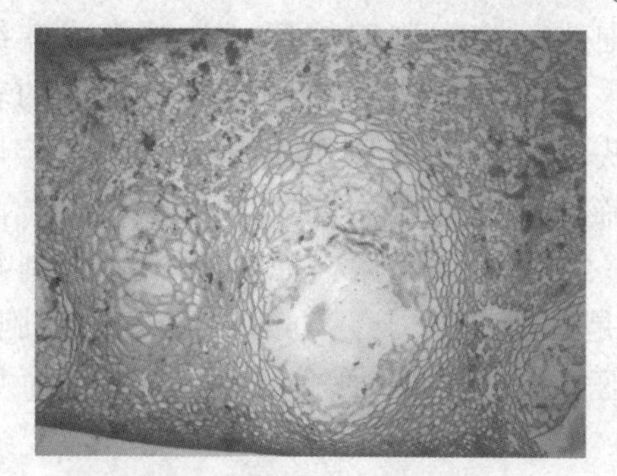

图 3-9　橘果皮，示分泌腔

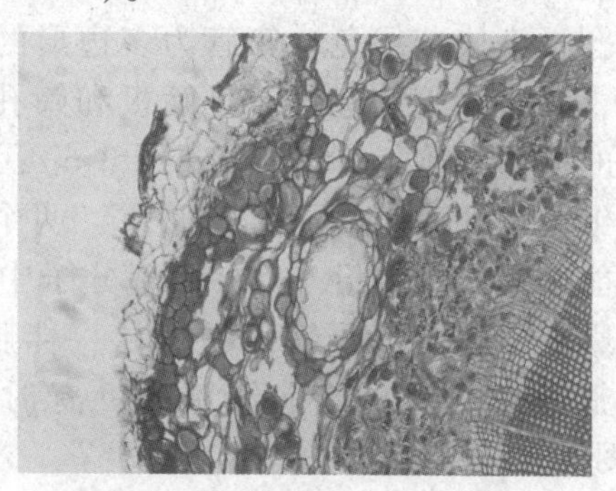

图 3-10　松针茎横切面，示树脂道

(七)综合观察

1. 细胞的分化与发育

表皮常是观察植物细胞分化的理想部位，某些植物叶片表皮几种细胞的分化并非同步进行，因此，在叶片表皮中可观察到细胞分化的过程。

撕取青菜叶片的下表皮制成临时装片，观察气孔器的分化过程，识别表皮细胞、保卫细胞母细胞、保卫细胞、气孔和副卫细胞(图 3-11)。

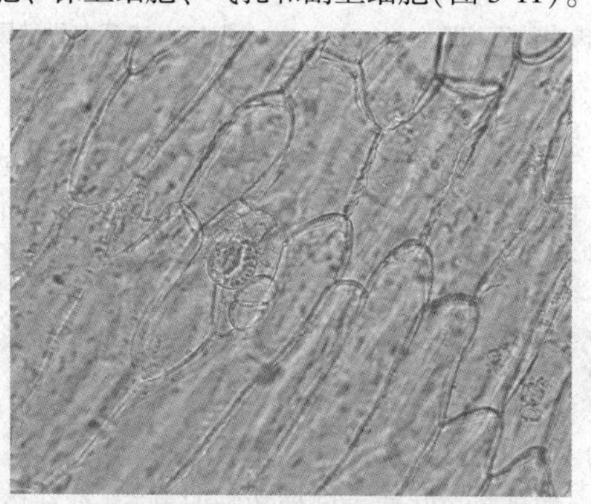

图 3-11　青菜叶片下表皮几种细胞的分化与发育

2. 植物器官中几种组织综合观察

植物器官由多种组织构建而成；不同组织的协调配合，使器官有效地行使功能。

取南瓜茎横、纵切面制片观察(图 3-12)，注意对照从外到内表皮、厚角组织、厚壁组织、薄壁细胞、外韧皮部、束中形成层、木质部、内韧皮部及髓腔等结构在横切面及纵切面的分布位置和细胞特征，建立不同组织细胞的三维立体构象；并指出这些结构分别属于或包含哪些组织，各执行什么功能(图 3-13)。

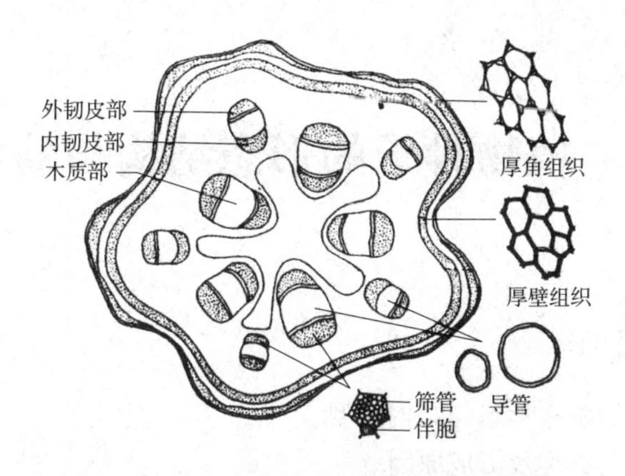

图 3-12　南瓜茎横切面示意图(引自王丽等)

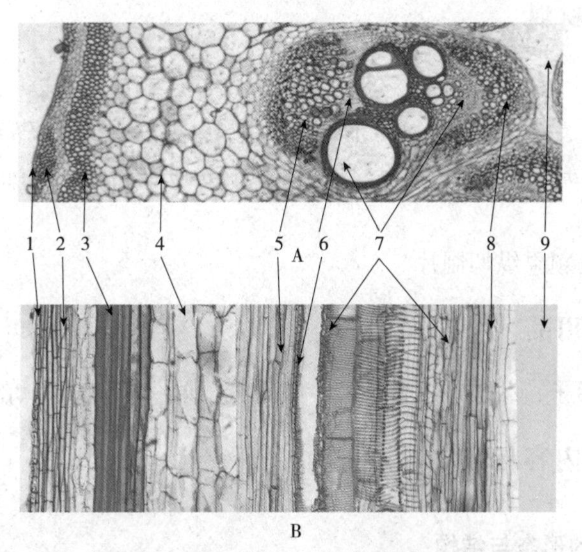

图 3-13　南瓜茎部分横 A、纵 B 切面图(引自王丽等)

1. 表皮　2. 厚角组织　3. 厚壁组织　4. 薄壁细胞　5. 外韧皮部　6. 束中形成层　7. 木质部　8. 内韧皮部　9. 髓腔

五、作业

1. 拍摄实验中观察到的组织类型图像，制作 PPT，注明组织名称，并在图像下方说明各组织的存在部位、结构特征及其功能。

2. 从结构和功能上比较下列组织的异同：①分生组织与成熟组织；②表皮与周皮；③厚角组织与厚壁组织；④导管与筛管。

六、思考题

1. 分析植物体中各种组织发生、分化和发育成熟的过程。

2. 分析植物成熟组织中，哪些组织的细胞具有脱分化能力？哪些次之？哪些无脱分化能力？

实验四　植物种子的形态结构与幼苗类型

一、实验目的

1. 掌握种子的基本形态与结构类型。
2. 掌握幼苗的类型及形成原因。

二、实验材料

1. 新鲜材料

大豆、蚕豆、蓖麻等种子；玉米、小麦颖果；大豆或菜豆(*Phaseolus vulgaris*)、蚕豆或豌豆(*Pisum sativum*)、蓖麻、玉米、向日葵(*Helianthus annuus*)等幼苗。

2. 永久制片

玉米、小麦颖果纵切制片。

三、实验用品

显微镜、镊子、载玻片、盖玻片、吸水纸、单/双面刀片、培养皿、纱布等。

四、实验内容与方法

(一)种子的形态与结构

植物种子一般由种皮、胚及胚乳(有些种子无胚乳)组成，胚由胚芽、胚轴、子叶及胚根4部分组成。被子植物种子根据胚乳的有无分为有胚乳或无胚乳种子，因此被子植物的种子分为双子叶无胚乳种子、双子叶有胚乳种子、单子叶无胚乳种子及单子叶有胚乳种子4种类型。

观察大豆、蚕豆、蓖麻种子及玉米、小麦颖果，并判断种子的类型。

1. 蚕豆种子

取浸泡过的蚕豆种子，最外棕色革质部分为种皮。种脐黑色、眉条状，位于种子宽阔的一端。种脊短，不明显，是种柄脱落留下的疤痕。种脐的一端有一小孔，为种孔(挤压种子，可见有水自种孔逸出)。剥去种皮，可见种子的胚，无胚乳。蚕豆种子的胚由2片子叶、胚芽、胚轴和胚根组成，为双子叶无胚乳种子(图4-1)。

2. 大豆种子

取浸泡过的大豆种子一枚观察其外形，识别其各部分结构组成，并判断其种子类型。

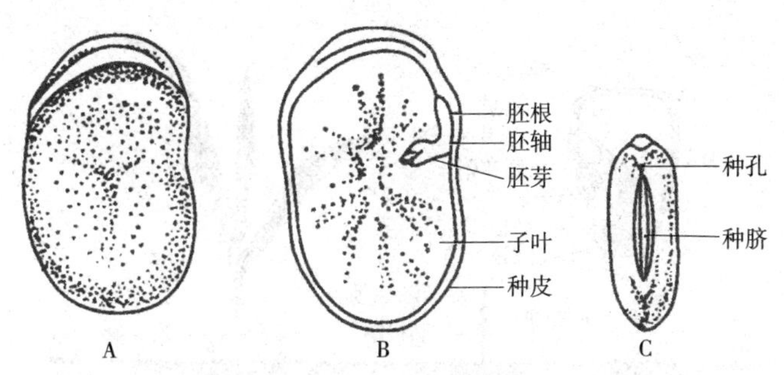

图 4-1　蚕豆种子的外形和结构(引自胡正海等)

A. 种子外形侧面观　B. 种子纵切面　C. 种子外形顶面观

3. 蓖麻种子

观察蓖麻种子的外形：蓖麻种皮坚硬，上有花纹；在种子的一端具有浅色海绵状的突起物，称为种阜，它可以帮助种子吸水；种孔被种阜遮盖；在种子较平坦的一面中央有长条状隆起为种脊，种脐位于种脊一端与种阜交界处(图 4-2)。

剥去坚硬种皮，其内大部分为白色胚乳所充满，沿胚乳窄面一侧，用刀片纵向划一缝隙，然后顺势掰开，可见夹在胚乳之间 2 片极薄而大型的子叶，子叶间的胚芽极小，胚根则比较明显，胚轴是子叶、胚芽、胚根连接的部位。蓖麻种子是双子叶有胚乳种子。

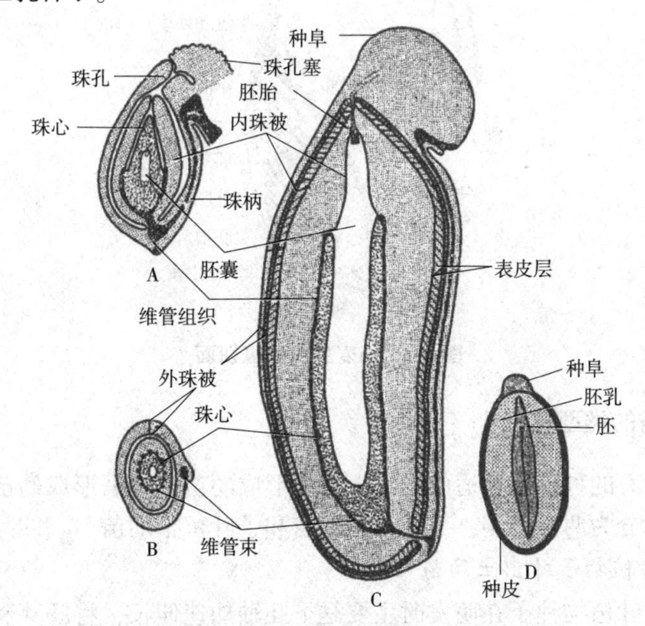

图 4-2　蓖麻种子的发育与结构(引自胡正海等)

A. 蓖麻的胚珠　B. 胚珠内的维管束　C. 正在发育的胚珠　D. 成熟的种子

4. 玉米的颖果

玉米由于种皮与果皮愈合不能分开，通常将它的颖果叫作“种子”。通过观察浸泡 2~3 天的玉米的颖果，判断它的种子类型(图 4-3)。

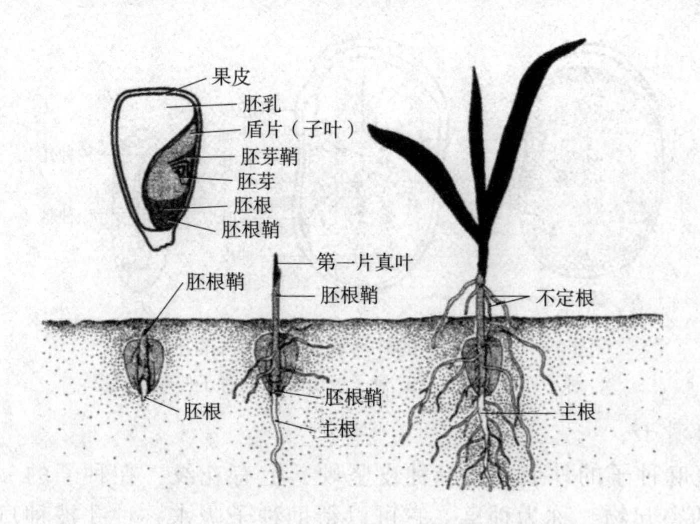

图 4-3 玉米颖果的纵剖面结构及幼苗类型(引自胡正海等)

5. 小麦的颖果

一般所说的小麦的"种子"也是指颖果，取浸泡过的小麦颖果观察，其背面隆起，腹面有纵沟，顶端有茸毛，背面基部是胚所在之处，胚的结构组成与玉米相似(图 4-4)。判断小麦种子的类型。

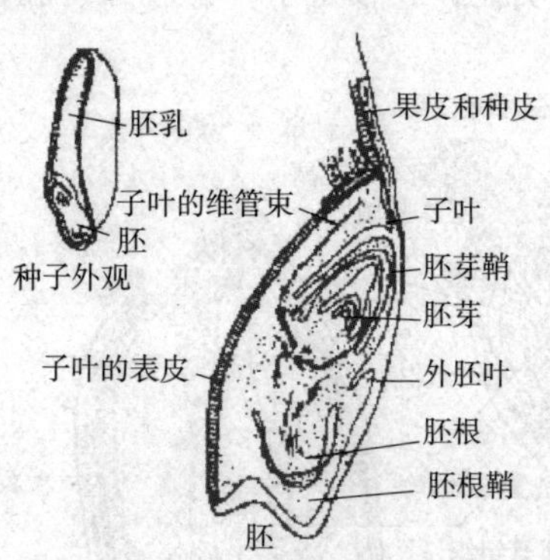

图 4-4 小麦果实的纵切面

(二)幼苗的类型

具有生命力的种子在合适的条件下萌发形成幼苗，根据形成幼苗时子叶是否出土，将幼苗分为两种类型：子叶出土幼苗和子叶留土幼苗。

1. 双子叶植物子叶出土幼苗

有些双子叶植物种子在萌发时主要是下胚轴加速伸长，将胚芽和子叶一起推出土面，子叶见光变绿，在胚芽的幼叶展开前，可暂行光合作用，此类幼苗类型为子叶出土幼苗。

通过观察菜豆的幼苗，找到其已变绿的子叶及其所在位置，子叶一般在胚轴的中部，由子叶着生部位至侧根长出位置的胚轴为下胚轴，子叶与第一片真叶之间的一段胚轴为上胚轴(图 4-5)。

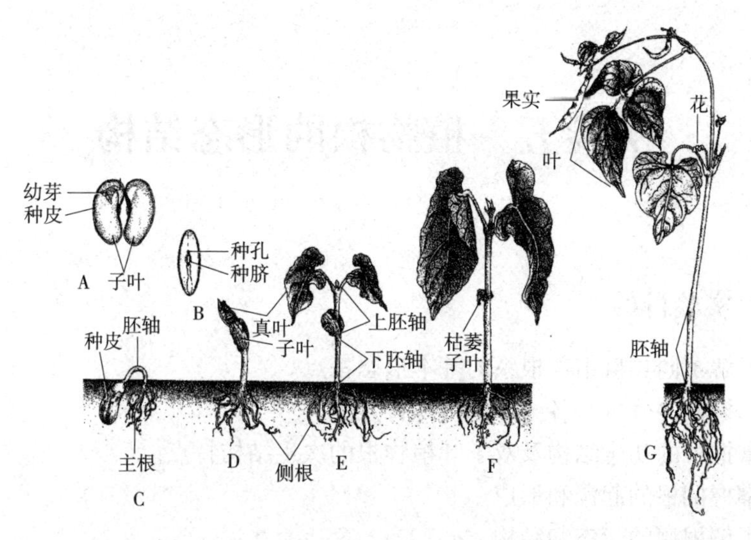

图 4-5　菜豆种子萌发过程(引自胡正海等)

A. 菜豆种子的结构　B. 菜豆种子外形　C. 菜豆幼苗(示源于胚根的主根)　D. 菜豆幼苗(示长出第一对真叶)　E. 菜豆幼苗(示上胚轴和下胚轴)　F. 菜豆植株(示第一对真叶为单叶)　G. 成熟植株(示叶为复叶)

2. 双子叶植物子叶留土幼苗

有些双子叶植物种子在萌发时下胚轴不伸长或伸长有限，只是上胚轴或胚芽迅速向上生长，形成幼苗的主茎，而子叶始终留在土壤中，此类幼苗类型为子叶留土幼苗。

观察生长在解剖盘中的豌豆的幼苗，它们的子叶还留在土中，颜色未变绿，下胚轴基本看不到有伸长，而上胚轴伸长明显。

3. 禾本科植物幼苗

禾本科植物种子萌发时与双子叶植物的一样，也是胚根先突破种皮向下生长，然后下胚轴基本不伸长，子叶(盾片)留在土中；胚芽鞘套在胚芽外，随胚芽一起出土向外生长，然后胚芽再突破胚芽鞘继续生长，形成幼苗的地上部分，为子叶留土幼苗。

在禾本科植物幼苗上，将盾片节(子叶节)至胚芽鞘的这一段称为中胚轴。

观察玉米幼苗的形态，找出子叶、胚芽鞘、中胚轴及真叶等所在部位(图 4-3)。

五、作业

1. 绘制蚕豆或大豆种子结构图。
2. 绘制小麦或玉米胚的结构简图，并注明各部分的名称。
3. 总结实验中观察过的种子的类型。
4. 总结实验中观察过的幼苗各是哪种类型。

六、思考题

1. 什么是上胚轴、下胚轴及中胚轴？
2. 子叶出土幼苗与子叶留土幼苗分别是由于哪个部位伸长与否引起的？

实验五　植物根的形态结构

一、实验目的

1. 了解不同类群植物根系的基本形态特点。
2. 掌握根尖分区和各分区的结构特点。
3. 掌握根的初生结构及双子叶植物根的次生结构特点。
4. 掌握侧根的起源和形成。
5. 了解根瘤的形态和结构。

二、实验材料

1. 新鲜材料

大豆(*Glycine max*)、蚕豆、向日葵、蓖麻等双子叶植物幼苗；小麦、玉米等单子叶植物幼苗；培养皿中培养2~3天的新鲜小麦根尖。

2. 永久制片

玉米、洋葱根尖纵切制片；蚕豆、棉根毛区横切制片(根初生结构横切制片)；小麦、玉米、韭菜(*Allium tuberosum*)、鸢尾(*Iris tectorum*)和水稻根的横切制片；蚕豆根具形成层横切制片；棉花、花生或南瓜老根横切制片(根次生结构横切制片)；蚕豆、桑(*Morus alba*)具侧根横切制片；花生具根瘤制片。

三、实验用品

显微镜、镊子、载玻片、盖玻片、吸水纸、刀片、培养皿、吸水纸等。

四、实验内容与方法

(一)根系的类型

1. 直根系

取大豆等双子叶植物幼苗观察：根系有一条自胚根发育而来的明显的主根，其上有多条逐级分枝的侧根。

2. 须根系

取小麦等单子叶植物幼苗观察：根系没有明显的主根，主要由粗细相差不多的不定根组成，不定根上也有逐级分枝的侧根。

总结直根系与须根系有何区别？如何判断主根与侧根、定根与不定根？

(二)根尖的外形及分区

取培养皿中培养的小麦幼根，截取根尖观察其外形。根尖最先端略透明的部分为根冠，由根冠包围的乳黄色的部分为分生区(生长点)，分生区上部较光滑透明的部分为伸长区，再往上部，生有根毛的部分为成熟区(根毛区)。

(三)根尖的内部结构

取洋葱根尖纵切制片，观察根尖各区的结构及细胞特点(图 5-1)。

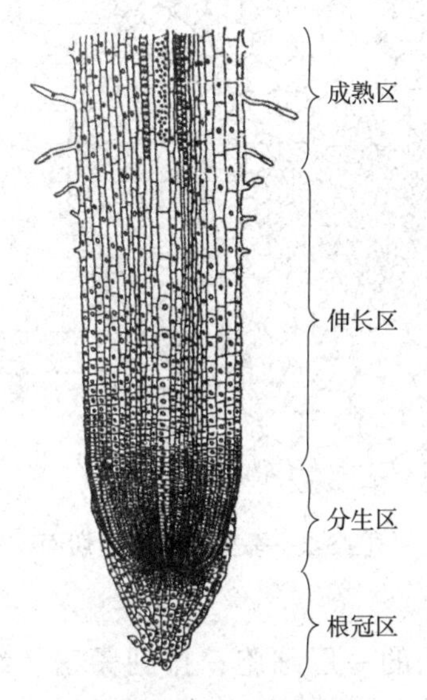

图 5-1　根尖分区模式图

1. 根冠

根冠位于根的最先端，由薄壁细胞(营养组织)组成，呈帽状，套在分生区的外方，保护分生区的幼嫩细胞。

2. 分生区(生长锥)

分生区位于根冠的上方(内侧)。细胞体积很小，排列整齐紧密，细胞壁薄、核大质浓，具有强烈的分生能力，为顶端分生组织。在高倍镜下可观察到处于不同分裂时期的分生组织细胞。

3. 伸长区

伸长区位于分生区与成熟区之间，为初生分生组织，其特点为：细胞沿纵轴方向伸长，向成熟区方向细胞分裂能力逐渐减弱，并出现初步分化，由外到内分化为原表皮、基本分生组织和原形成层，它们以后分别发育为根的表皮、皮层和中柱，组成根的初生结构。

4. 成熟区(根毛区)

成熟区位于伸长区之后，最明显的标志就是表皮上有根毛(洋葱根尖成熟区表面无根毛)，同时内部各种组织已分化成熟，根中央部分可见口径小而纵向生长的环纹、螺纹导管。

(四) 根的初生结构

1. 双子叶植物根的初生结构

取蚕豆(或毛茛)成熟区的横切制片(图 5-2)从外向内观察，根的初生结构可分为表皮、皮层、中柱(维管柱)三部分：

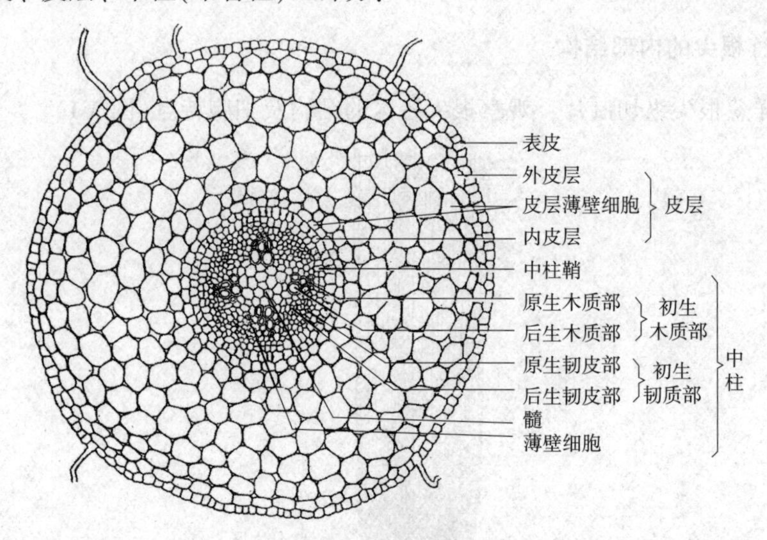

图 5-2　蚕豆成熟区横切面

(1) 表皮

表皮是成熟区最外面的一层细胞，排列紧密，细胞略呈长方体形，其长轴与根的长轴平行，在横切面上则近于方形。许多表皮细胞的外壁向外突起并延伸形成根毛，成熟区的表皮为初生保护组织。在制片中是否能观察到完整的根毛？

(2) 皮层

皮层位于表皮之内，所占比例较大，可分为三部分：

①外皮层：是皮层最外面的一层到数层薄壁细胞，细胞排列紧密，无明显的细胞间隙。请思考：外皮层执行何种功能？

②皮层薄壁细胞：多层细胞，细胞体积较大，细胞壁薄，排列疏松，有明显的细胞间隙，细胞内含有大量的淀粉粒。请思考：皮层薄壁细胞为何种组织？执行何种功能？

③内皮层：是皮层最内的一层细胞。细胞排列紧密，早期内皮层细胞的径向壁与上下横壁上有一条木质化、栓质化的带状加厚部分，称为凯氏带。在番红-固绿染色的双子叶植物幼根横切面上，常可见径向壁上被染成红色的凯氏点(图 5-3)，后期部分细胞的细胞壁可能全部加厚。请思考：内皮层细胞的生理功能是什么？

(3) 中柱(维管柱)

中柱是内皮层以内的中央部分，分为以下几部分：

①中柱鞘：中柱的最外层，与内皮层相邻，为一层或数层排列紧密的薄壁细

胞，具有潜在的分裂能力，随着根的发育以后可脱分化形成侧根原基，维管形成层的一部分以及第一个木栓形成层。

②初生木质部与初生韧皮部：它们辐射相间排列。初生木质部(包括原生木质部和后生木质部)4~5束，呈星芒状，主要由导管、管胞组成。根据初生木质部束的数目称为几原型根，靠近中柱鞘的初生木质部细胞分化较早，直径较小，为原生木质部，靠近轴心的初生木质部细胞分化较晚，直径较大，为后生木质部。请思考：初生木质部发育方式为外始式，这种发育方式有何生理意义？初生木质部主要执行什么生理功能？初生韧皮部位于每两束初生木质部之间，染色较浅，主要由筛管、伴胞等组成，发育方式亦为外始式。请思考：初生韧皮部主要执行什么生理功能？

③薄壁细胞：位于初生木质部和初生初皮部之间及中柱的中央部分(如蚕豆根)，其中在初生木质部和初生初皮部之间有一部分为原形成层保留的细胞，在根次生生长时能形成维管形成层的一部分。

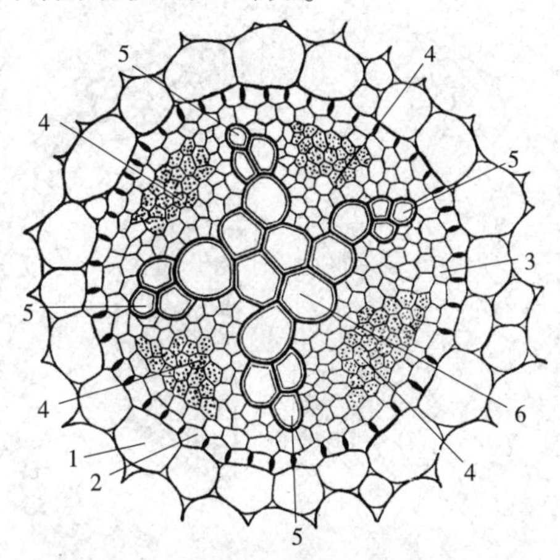

图 5-3　双子叶植物根横切模式图，示中柱与内皮层的结构

1. 薄壁组织　2. 内皮层(其上有凯氏点)　3. 中柱鞘
4. 初生韧皮部　5. 原生木质部　6. 后生木质部

2. 单子叶植物根的结构

观察小麦、韭菜根横切制片(图 5-4)，从外向内也分为表皮、皮层和中柱(维管柱)三部分，但它与棉花、毛茛等双子叶植物根的初生结构(图 5-5)不同。主要区别是：

①内皮层细胞五面加厚并木质化、栓质化，只有外切向壁是薄的，所以内皮层细胞在横切面常呈“马蹄”形，只有在对着原生木质部角处的内皮层细胞仍保持原有未加厚的薄壁状态，这种细胞称为通道细胞，它是皮层和中柱之间物质交换的通道。在根发育后期外皮层细胞壁常加厚木栓化。请思考：这种变化有何生理意义？

②初生木质部、初生韧皮部多束，根为多原型。根的中心细胞在发育后期，细胞壁会加厚木质化。

③没有形成层，无次生生长。

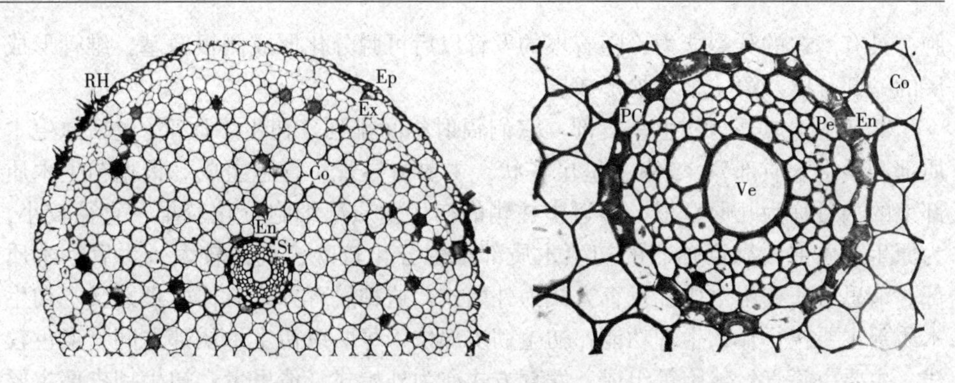

图 5-4　韭菜根横切面大部分(左)和中央部分放大(右)(引自冯燕妮，李和平)

RH：根毛　Ep：表皮　Ex：外皮层　Co：皮层薄壁细胞　En：内皮层　St：中柱

Pe：中柱鞘　PC：通道细胞　Ve：导管

另观察韭菜、玉米和水稻根的横切制片，掌握其共同特征。

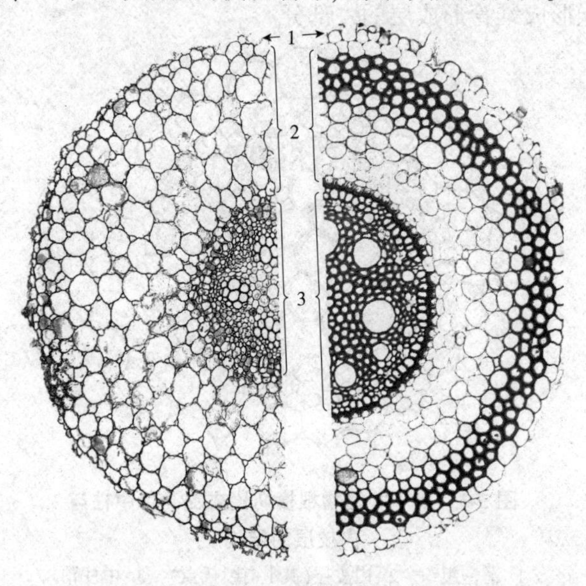

图 5-5　双子叶植物棉花幼根横切(左)与单子叶植物小麦

根横切(右)比较(引自冯燕妮，李和平)

1. 表皮　2. 皮层　3. 中柱

(五)侧根的形成

观察棉花或蚕豆植株的直根系，主根上生长着侧根，这些侧根发生的位置对着初生木质部，初生木质部为几原型，侧根一般就有几纵列。

取蚕豆(或桑)具侧根的制片，观察侧根的发生与细胞组织特点(图 5-6)：

1. 侧根起源于正对着初生木质部的中柱鞘细胞，因此侧根为内起源。观察侧根原基细胞特点，其属于哪种类型的分生组织？

2. 侧根的发育和主根一样，经历伸长、分枝和加粗等形态建成过程。在制片中主根是横切面，侧根则是纵切面。主根的木质部与侧根的木质部相连。

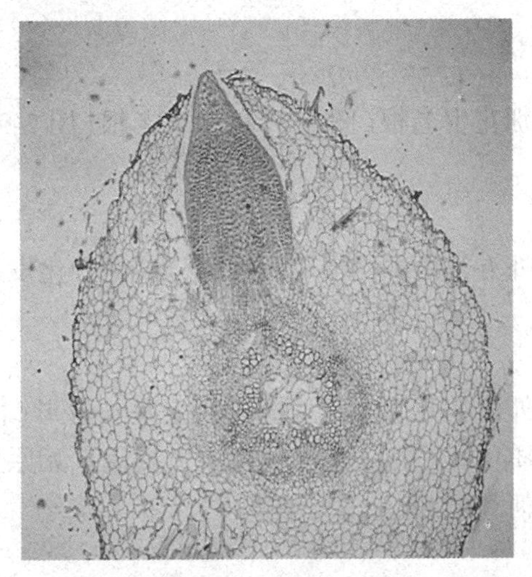

图 5-6　蚕豆侧根的发生(关雪莲拍摄)

(六)维管形成层的发生

维管形成层也简称为形成层，取蚕豆根具形成层的横切制片观察(图 5-7)，注意初生韧皮部内侧保留的原形成层细胞首先分裂，形成扁平细胞，构成排列较整齐的几个弧形形成层片段；接着原生木质部顶端的中柱鞘细胞脱分化，成为形成层的另一部分，并与先形成的弧形片段连接，这时形成层为波浪状环。波浪状形成层的细胞分裂速度不均等，凹陷部分分裂速度较快并逐渐向外凸起；而正对着木质部辐射角的形成层的分裂速度相对较慢，最后形成一个形成层环。

你能否从几张不同切片中看到形成层从弧形片段发展为形成层环的过程？如何识别维管形成层？总结根的维管形成层的形成过程。维管形成层由几种类型细胞构成？

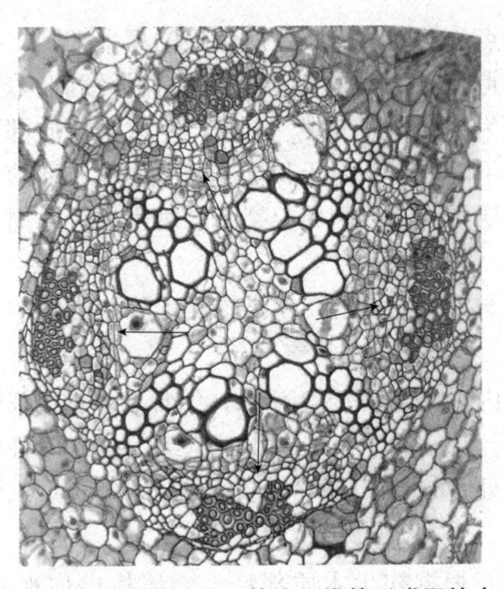

图 5-7　蚕豆根横切面，箭头示维管形成层的产生

(七)根的次生结构

从外向内观察识别花生老根(图 5-8)和南瓜老根(图 5-9)的横切制片，识别以下结构：

1. 周皮

周皮位于老根最外方，由木栓形成层细胞分裂、分化发育而来。周皮包括三部分：

(1)木栓层

木栓层为周皮最外面的几层细胞，横切面上呈长方形(径向壁短于切向壁)，排列紧密，细胞壁栓质化，往往染色时被染成黄褐色；无原生质体。请思考：它属于什么组织？执行何种功能？

(2)木栓形成层

由一层细胞构成，位于木栓层内侧，它主要进行平周/切向分裂。请思考：它属于什么组织？执行何种功能？

(3)栓内层

栓内层位于木栓形成层内侧，由 1 ~ 2 层细胞构成。请思考：它属于什么组织？如何区分栓内层与其内侧相邻的细胞？

2. 初生韧皮部

位于周皮之内，为分散的束状。请思考：如何找出它的位置，其组成成分是什么？

3. 次生韧皮部

紧邻初生韧皮部，由筛管、伴胞、韧皮纤维和韧皮薄壁细胞等组成，一部分韧皮薄壁细胞形成韧皮射线。请根据各类细胞的结构特点进行识别，请思考每类细胞组织执行何种功能？

4. 维管形成层

形成层细胞的特点为切向壁长，径向壁短的扁平细胞。在次生韧皮部与次生木质部之间，可见由形成层和其刚分裂的几层扁平细胞组成的“形成层区”，形成层细胞以平周分裂为主，向内分裂、分化产生次生木质部；向外分裂、分化产生次生韧皮部，使根不断加粗，由于其形成的次生木质部的积累，维管形成层的位置逐渐外移。形成层细胞进行平周分裂的同时也进行垂周分裂，扩大维管形成层本身的周径。

根形成层的出现与活动对根的初生结构产生哪些影响？

5. 次生木质部

在维管形成层以内，由导管、管胞、木纤维、木薄壁细胞等组成。请根据各类细胞的结构特点进行识别，请思考每类细胞组织执行何种功能？找到木射线了吗？它从何处通往何处？

6. 初生木质部

位于老根的中央，根据初生木质部特点，请找出你观察的制片是几原型的根。少数双子叶植物由于后生木质部向心发育未达到中心，形成了由薄壁细胞构

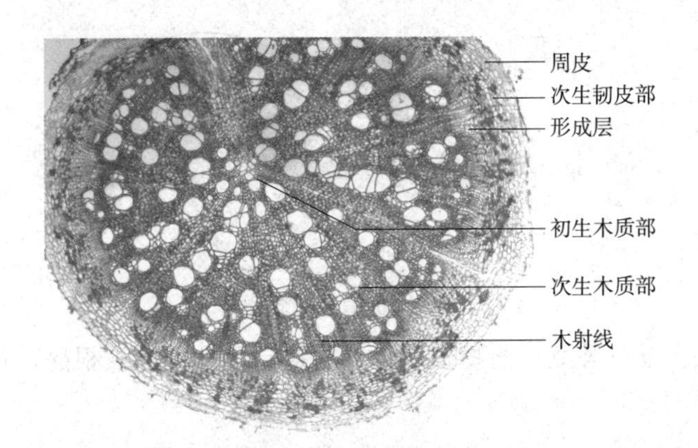

图 5-8　花生老根(部分)横切面，示双子叶植物根的次生结构(关雪莲拍摄)

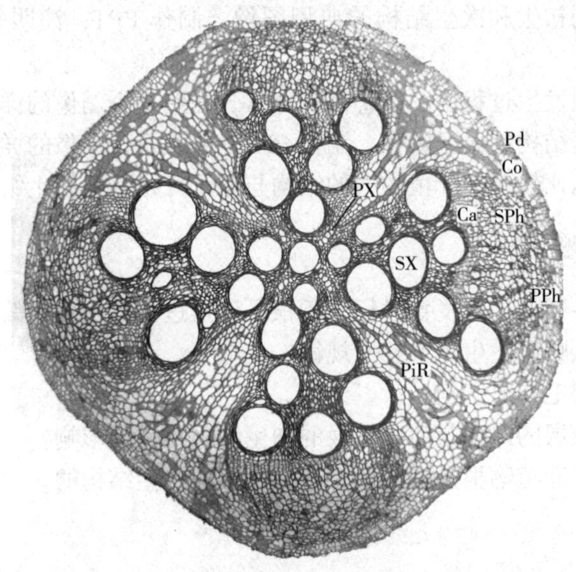

图 5-9　南瓜老根横切面(引自冯燕妮，李和平)

Pd：周皮　Co：皮层　PPh：初生韧皮部　SPh：次生韧皮部

Ca：形成层　SX：次生木质部　PX：初生木质部　PiR：髓射线

成的髓(如花生)。

选做：取蚕豆、向日葵、蓖麻等双子叶植物根做连续徒手横切临时制片，观察根的初生、次生结构，总结双子叶植物根的初生及次生结构特点。

(八)根瘤

观察花生根具根瘤的制片，可见根瘤是根的皮层细胞受根瘤菌刺激迅速分裂所形成的瘤状突起。由于受刺激的细胞强烈分裂和体积的增大，部分皮层畸形生长，结果使根的本体以相当小的比例偏在一边(图 5-10)。根瘤中央的薄壁细胞被感染，细胞中有大量的根瘤菌(染色较深处)，根本体与根瘤间有维管束相连。请思考：根瘤菌与根是如何共生的？

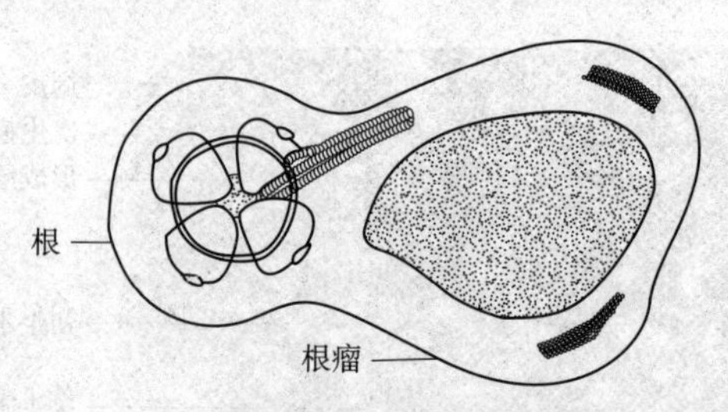

图 5-10 根瘤简图

另取大豆、蚕豆等豆科植物根系上的根瘤，压片观察被根瘤菌侵染的细胞和根瘤菌的特征。

五、作业

1. 拍摄根的初生和次生结构的典型图像，制作 PPT，注明每个图像的详细结构。
2. 拍摄侧根发生过程的图像，制作 PPT，注明每个图像的详细结构。
3. 拍摄根瘤结构的典型图像，制作 PPT，注明每个图像的详细结构。
4. 列表总结比较单子叶植物根的结构与双子叶植物根初生结构的异同。

六、思考题

1. 从根尖各区的动态发育过程分析根是怎样进行伸长生长的。
2. 侧根是从哪里发生的？有无规律？
3. 侧根和根毛有何区别？
4. 根的形成层的出现与活动对根的初生结构有哪些影响？
5. 总结双子叶植物根是如何加粗生长和形成次生结构的。

实验六　植物茎的形态结构

一、实验目的

1. 了解茎的基本形态特征、芽的类型和茎的分枝类型。
2. 掌握茎尖的结构、顶端生长及分化。
3. 掌握双子叶植物茎的初生结构、次生结构和禾本科植物茎的结构特点。
4. 了解裸子植物茎的结构及茎的三切面结构特点。
5. 了解根-茎结构的转换与连接。

二、实验材料

1. 新鲜材料

(1)枝条及幼苗：玉兰(*Magnolia denudata*)、毛白杨、香椿(*Toona sinensis*)、法国梧桐(*Platanus orientalis*)、紫丁香(*Syringa oblata*)、桃、苹果(*Malus pumila*)、核桃(*Juglans regia*)、枫杨(*Pterocarya stenoptera*)、连翘(*Forsythia suspensa*)、毛泡桐(*Paulownia tomentosa*)等的枝条；棉花的花、结果枝及营养枝；小麦全株；马铃薯块茎；大豆、蚕豆、向日葵和蓖麻的幼苗。

(2)木材离析材料：杨属(*Populus*)茎、松属茎的木材离析材料。

2. 永久制片

薄荷(*Mentha haplocalyx*)、玉兰茎尖纵切片；花生或棉花幼茎横切片；花生或棉花老茎横切片；玉米或高粱(*Sorghum bicolor*)茎横切片；小麦或水稻茎横切片；3年生椴树(*Tilia tuan*)茎横切片；松属茎横切片。

三、实验用品

显微镜、擦镜纸、纱布、镊子、解剖针、单面刀片、培养皿、载玻片、盖玻片、吸水纸、番红染液等。

四、实验内容与方法

(一)茎的基本形态

1. 木本植物枝条的观察(图6-1，图6-2)

观察毛白杨、香椿、玉兰、苹果、桃树、连翘等的枝条，区分顶芽、侧芽、节、节间、叶痕、叶迹、皮孔及芽鳞。

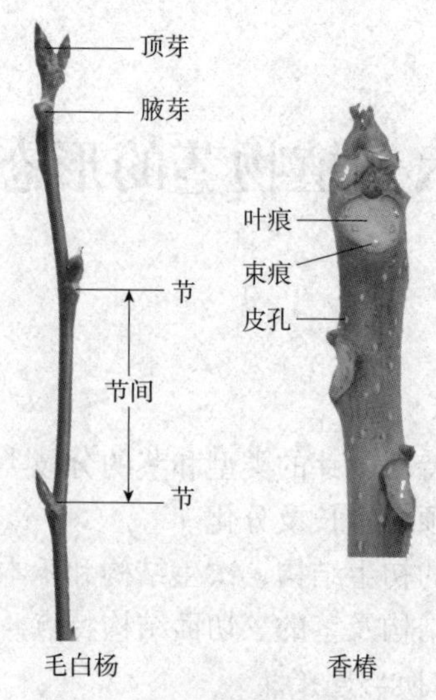

图 6-1　毛白杨和香椿枝条

图 6-2　法国梧桐、玉兰等的枝条

（1）顶芽、侧芽

着生于枝条顶端的芽为顶芽；着生于枝条侧旁的芽为侧芽，因位于叶腋，又叫腋芽。

（2）节与节间

茎上着生叶的部位叫节，相邻的节与节之间的部分为节间。

（3）叶痕与叶迹

叶脱落后在茎上留下的疤痕为叶痕；叶痕上的点状突起为叶迹，它是枝条与叶柄中的维管束断离后留下的痕迹，又叫束痕。

（4）皮孔

茎表面的圆形、椭圆形点状突起，为茎与外界气体交换的通道。

(5) 芽鳞痕

芽发育为幼茎时，芽外鳞片(芽鳞)脱落后留下的痕迹。根据芽鳞痕的数目，可以推断枝条的年龄。

2. 草本植物枝条的观察

观察大豆、蚕豆或蓖麻等植物的枝条，注意寻找它们的顶芽及叶腋的腋芽(均为裸芽)，节、节间及叶痕等特征，它们无芽鳞痕，叶迹、皮孔不明显。

(二) 芽的类型

观察各类枝条，识别各种芽的类型(图 6-2)。

1. 鳞芽、裸芽

观察毛白杨、桃、苹果、连翘等的芽，其外面包有鳞片，都叫鳞芽；而棉花、小麦等草本植物的花芽，没有芽鳞包被，为裸芽。

具鳞芽的植物还有＿＿＿＿＿＿＿＿＿＿＿＿＿＿＿。

具裸芽的植物还有＿＿＿＿＿＿＿＿＿＿＿＿＿＿＿。

2. 叶芽、花芽、混合芽

发育为枝条的芽为叶芽：解剖观察毛白杨顶芽或桃的并生芽中间的芽，除外面的芽鳞外，里面有多层幼叶，即为叶芽。

具叶芽的植物还有＿＿＿＿＿＿＿＿＿＿＿＿＿＿＿。

发育为花或花序的芽为花芽：解剖观察桃并生芽的边侧芽，可见芽内分化出花萼、花冠等部分；解剖观察毛白杨的侧芽，可见雌雄蕊等部分，说明它们都是花芽。

具花芽的植物还有＿＿＿＿＿＿＿＿＿＿＿＿＿＿＿。

混合芽可发育为既形成花或花序又长叶的枝条：解剖观察苹果枝条的混合芽，其中既包含叶又包含花。

具混合芽的植物还有＿＿＿＿＿＿＿＿＿＿＿＿＿＿＿。

3. 并生芽

观察桃的枝条，叶腋处并生 3 个芽，称并生芽。中间的瘦尖芽为叶芽/主芽，两侧较大的为花芽/副芽。

4. 柄下芽

观察法国梧桐枝条，其叶芽隐藏在膨大的叶柄基部内，称为柄下芽。

5. 不定芽

发生位置不固定(老根、老茎、叶缘等部位)的芽，如马铃薯发生在块茎上的芽。

具不定芽的植物还有＿＿＿＿＿＿＿＿＿＿＿＿＿＿＿。

(三) 茎的分枝与长枝、短枝

1. 茎的分枝

观察各类枝条，识别各种分枝类型。

(1) 单轴分枝

观察毛白杨等植物的枝条，它们的顶芽活动占优势，形成较直的主轴，发育为侧枝的叶芽较不发达，为单轴分枝。

(2)合轴分枝

观察具花、果的棉花枝条，其顶芽形成花，顶芽下面的侧芽代替顶芽活动使茎继续生长，然后此侧枝的顶芽又形成花……这样的枝条由各级侧枝联合形成，该分枝方式称为合轴分枝。

(3)假二叉分枝

观察紫丁香枝条，其顶芽形成花序或不发育，其下部的 2 个侧芽发育形成对生的 2 个枝条，称为假二叉分枝。

(4)分蘖

指禾本科植物近地面或地面以下几个节间基本不伸长的节上发生的分枝。观察具有分蘖的小麦植株，其分蘖是植株在生长初期时，近地面的茎的节间很短，这些相距很近的节上长有腋芽，腋芽抽出的枝条即为分蘖。

2. 长枝和短枝

某些植物同一植株上有长枝和短枝之分，节间较长的为长枝，节间较短的为短枝。

观察棉花的枝条有长枝和短枝之分，二者的分枝方式不同。长枝是营养生长的枝条，为单轴分枝；短枝是开花结果的枝条，为合轴分枝。

(四)茎尖的结构

取薄荷茎尖纵切片，置低倍镜下观察叶芽纵切面的基本组成：最顶端是生长锥，其下方两侧的小突起为叶原基，再向下则是长大的幼叶；在幼叶的叶腋内呈圆形突起的是腋芽原基，将来发展成腋芽(图 6-3)。

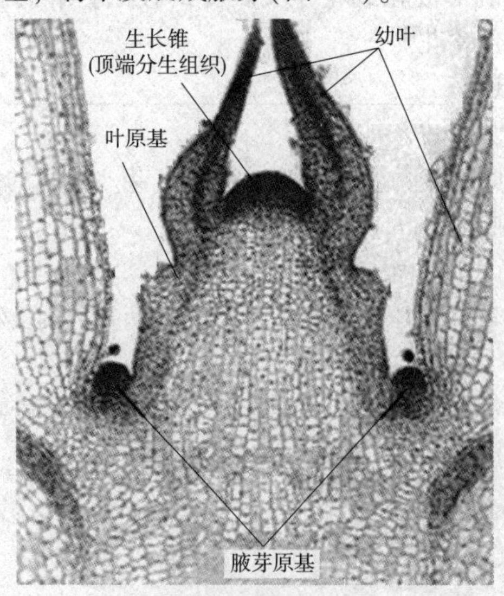

图 6-3　薄荷茎尖结构

转换高倍镜观察生长锥及其下方的细胞结构特点，区分茎尖的分区，自上而下可分为分生区、伸长区和成熟区三部分；在伸长区已经出现原表皮层、基本分生组织及原形成层的分化。

(五)草本双子叶植物茎的初生结构

1. 花生幼茎或棉花幼茎的观察

取花生或棉花幼茎横切片置于低倍镜下观察，区分表皮、皮层和维管柱三部分及其所占比例，再转换高倍镜观察各部分的细胞组成与结构特点(图6-4，图6-5)。

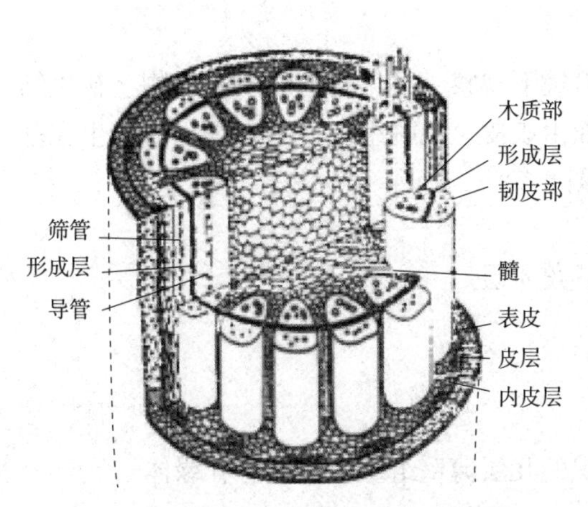

图6-4　双子叶植物茎初生结构立体图解

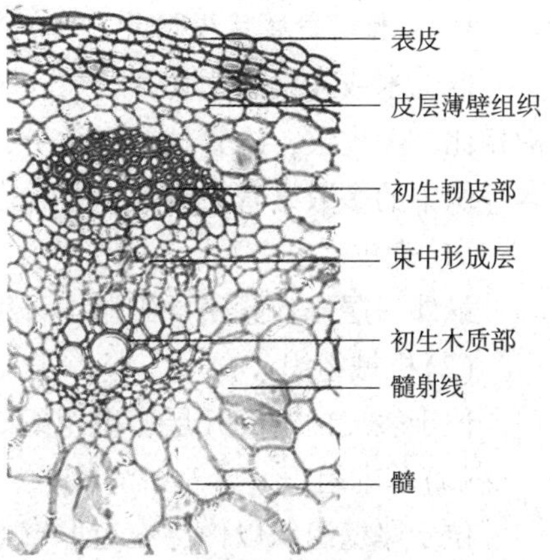

表皮
皮层薄壁组织
初生韧皮部
束中形成层
初生木质部
髓射线
髓

图6-5　花生幼茎横切面(部分)

(1)表皮

位于最外层，扁平状细胞排列紧密而整齐，外壁有角质层覆盖；有时能看到气孔器；属于保护组织。

(2)皮层

位于表皮内方，包括近表皮的2~4层厚角组织细胞和内方多层大型薄壁细胞。

(3)维管柱

皮层以内部分，占横切面绝大部分，由维管束、髓和髓射线组成。维管束由内方的初生木质部和外方的初生韧皮部及二者之间的束中形成层组成。维管束为外韧无限维管束；许多维管束排成一环。

① 初生韧皮部：由筛管、伴胞、韧皮薄壁细胞和韧皮纤维组成，韧皮纤维常成束排列于外侧。

② 束中形成层：位于初生木质部和初生韧皮部之间。在茎的横切面上，束中形成层为几层切向扁平且排列整齐的小型细胞。

③ 初生木质部：位于束中形成层内方，其比例大于初生韧皮部，由导管、管胞、木薄壁组织和木纤维(横切片上呈红色)组成，导管呈径向成串排列。原生木质部在内，木薄壁组织较发达；后生木质部在外，为内始式发育方式，木纤维较发达。

④ 髓：位于茎中央，主要由薄壁细胞组成，占维管柱的大部分。

⑤ 髓射线：位于相邻两维管束之间的薄壁细胞，呈径向排列；内接髓部，外连皮层。在草本植物茎中较宽，在木本植物茎中则较窄。

2. 大豆、蚕豆或向日葵幼苗的观察

取大豆、蚕豆或向日葵幼苗的茎做徒手切片，并制成临时玻片，置于显微镜下观察。

(六) 禾本科植物茎的结构

1. 玉米或高粱茎横切片

取玉米或高粱茎横切片，置于显微镜下观察，可见它与双子叶植物茎初生结构相比，无皮层、维管柱及髓之分，而由表皮、机械组织、基本组织与散生在基本组织中的多数维管束组成(图 6-6，图 6-7)。

(1) 表皮

最外一层排列紧密的细胞，外壁具角质层。

(2) 机械组织

位于表皮内方的几层厚壁组织。

(3) 基本组织

位于厚壁组织以内，在近厚壁组织的几层薄壁组织中常含有叶绿体。

(4) 维管束

散生于薄壁组织中，外围的维管束较小而多，内方的维管束较大而少。选一发育良好的维管束详细观察。

① 维管束鞘：为包围整个维管束的厚壁组织，在内外方向常较发达，左右两侧数量较少。

② 初生韧皮部：位于维管束外侧，外方的原生韧皮部常被挤破成一狭条；内方的后生韧皮部结构明显，由筛管、伴胞和韧皮薄壁细胞组成。

③初生木质部：位于韧皮部内方，呈 V 形。V 形基部为原生木质部，包括一个环纹导管、一个螺纹导管和少量木薄壁细胞；初生生长后期导管和木薄壁细胞常被撕破而形成气腔。V 形顶端各有一个大型孔纹导管，其间有厚壁细胞和管胞。

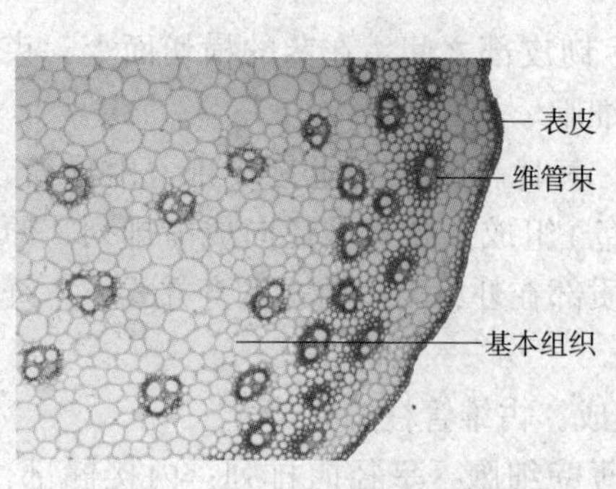

图 6-6　玉米茎横切面(部分)

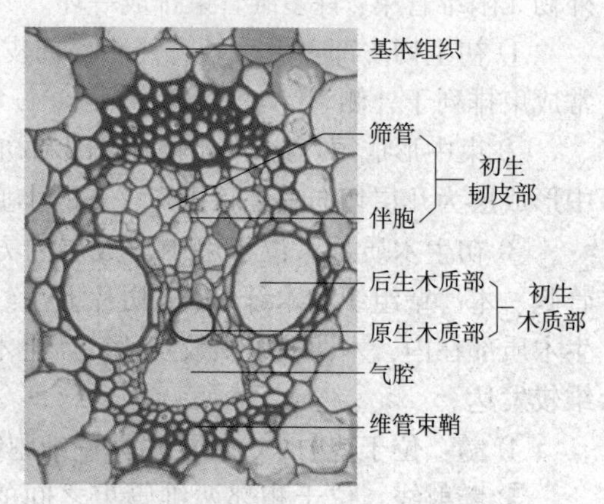

图 6-7　玉米茎的一个维管束放大

2. 小麦或水稻茎横切片的观察

取小麦或水稻茎横切片置于显微镜下观察，其结构和玉米、高粱茎大致相同（图 6-8，图 6-9）。主要区别为：

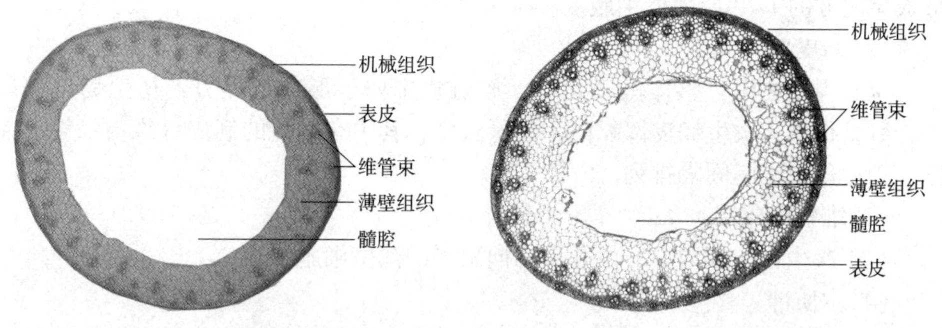

图 6-8　小麦茎横切面　　**图 6-9　水稻茎横切面**

(1) 表皮内侧有几层同化薄壁细胞，并被波形的机械组织所分隔。

(2) 维管束大致排为内外两环，内环数量较少、个体较大，外环数量较多、个体较小。

(3) 茎中央具中空的髓腔。

(七) 双子叶植物茎的次生结构

1. 棉花老茎横切片的观察

取棉花老茎横切片在显微镜下从外到里观察（图 6-10）。

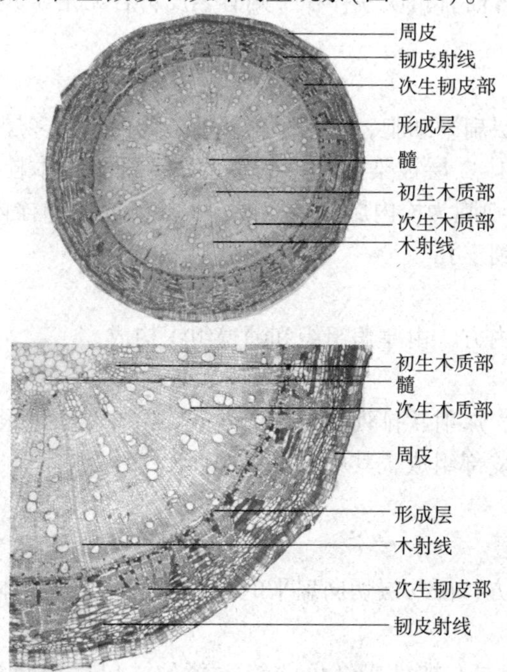

图 6-10　棉花老茎横切面（下图为上图的局部放大）

(1)周皮

位于最外层，包括木栓层、木栓形成层和栓内层。木栓层呈褐色，为多层栓化厚壁细胞，其内 1~2 层呈紫色的小型薄壁细胞为木栓形成层，栓内层为木栓形成层内方的 1~2 层薄壁细胞。

(2)韧皮部

位于周皮之内，整体呈三角形，放射状排列于形成层外方，初生韧皮部靠外，数量很少；次生韧皮部靠内，数量较多，其中有大量的韧皮纤维与筛管、伴胞、韧皮薄壁细胞间隔排列。

(3)维管形成层

位于次生韧皮部内方，由几层切向扁平的薄壁细胞组成。

(4)木质部

位于维管形成层内方的绝大部分，呈红色，包括大量次生木质部和少量的初生木质部。

(5)维管射线

包括木射线和韧皮射线，位于木质部中称木射线，位于韧皮部中则称韧皮射线。

(6)髓

位于茎的中央，由多数大型薄壁细胞组成。

3. 椴树茎的观察

取 3 年生椴树茎横切片置于显微镜下观察(图 6-11，图 6-12)。

(1)表皮

最外层细胞外表面有角质膜存在，则有表皮；若无角质膜存在，则表皮已损毁或脱落。

(2)周皮

表皮下方的数层扁平细胞，排列紧密。被染成褐色的多层栓化厚壁细胞为木栓层，紧接其内的 1~2 层被染成紫色的小型薄壁细胞为木栓形成层，木栓形成层内方 1~2 层薄壁细胞为栓内层。木栓层、木栓形成层和栓内层共同构成周皮。在周皮上有时可看到皮孔。

(3)皮层

位于栓内层的内方，由厚角组织和薄壁组织构成。

(4)韧皮部

整体呈三角形，放射状排列于形成层外方，由外侧数量很少的初生韧皮部和内侧较多的次生韧皮部组成，其中有大量的韧皮纤维与筛管、伴胞、韧皮薄壁细胞间隔排列。

(5)维管形成层

位于韧皮部内方，由几层切向扁平的薄壁细胞组成，整体呈圆环形。

(6)木质部

位于形成层内方，被染成红色的绝大部分，包括历年形成的大量次生木质部和数量很少的初生木质部。次生木质部中的同心圆环即为生长轮(年轮)。每一生长轮中的内侧细胞径大壁薄，为早材；外侧细胞径小壁厚，为晚材。

(7)维管射线

维管射线由木射线和韧皮射线构成，其构成细胞为薄壁细胞。在茎的次生生长过程中，随着形成层的活动，茎继续径向伸长，维管射线位于木质部中称木射线，常为1~2列细胞；位于韧皮部中则称韧皮射线，常加宽成漏斗状。

(8)髓

位于茎的中央，由多数大型薄壁细胞组成，其外圈是由小型薄壁细胞组成的环髓带。

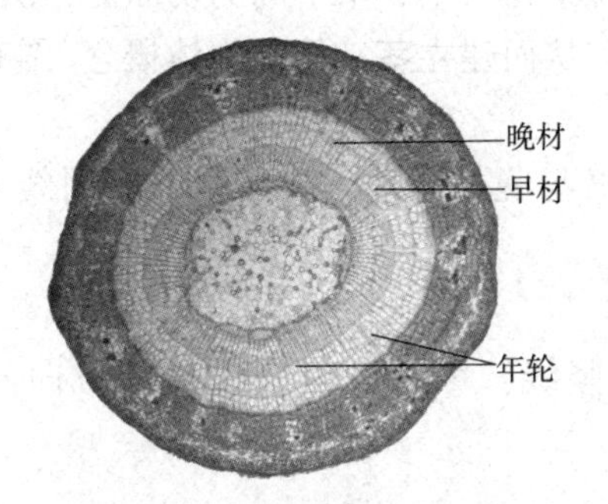

图6-11　椴树茎的横切面

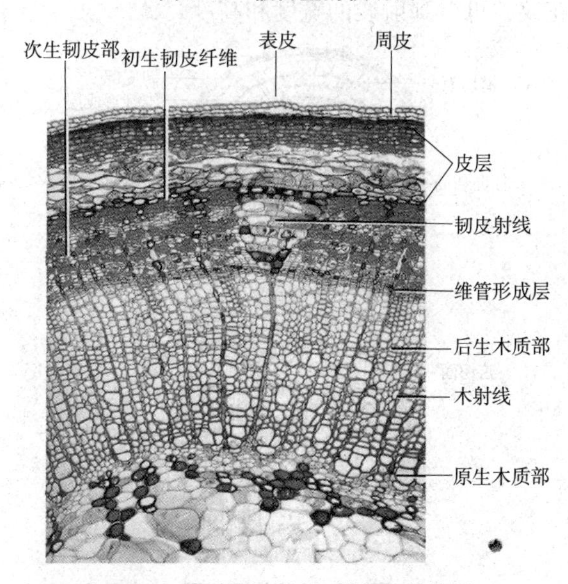

图6-12　椴树茎(局部)横切面结构图

(八)裸子植物茎的结构及木材三切面

1. 裸子植物茎的结构

观察松茎横切片，区分年(生长)轮、边材、心材，裸子植物的茎和双子叶木本植物的茎基本相似，主要区别有：

(1)具大量大而明显的圆形树脂道(横切面上)，其周围是一圈具分泌功能的生活细胞。

(2)韧皮部细胞排列紧密，由大口径的筛胞和小型的韧皮薄壁细胞组成，无筛管和韧皮纤维。

(3)木质部由大量排列均匀整齐的管胞和较少的木薄壁细胞组成。其中早材的管胞径大壁薄，晚材的管胞径小壁厚，排列紧密。无导管和典型的木纤维。

(4)射线由1列沿半径方向排列的长方形薄壁细胞或射线管胞组成。

2. 木材三切面

观察松茎三切面，观察在松茎3个不同的切面上，次生木质部(木材)中各种组织的分布和形态特征，从而建立茎结构的立体概念(图6-13)。

(1)横切面

年轮为同心圆，早材与晚材轮廓清楚。可看到射线的宽度和沿半径方向的长度。

(2)径向切面

年轮为相互平行的竖线，可看到射线沿纵轴方向的高度和沿半径方向的长度。

(3)弦切面

年轮为V形花纹，可看到射线的宽度和高度。

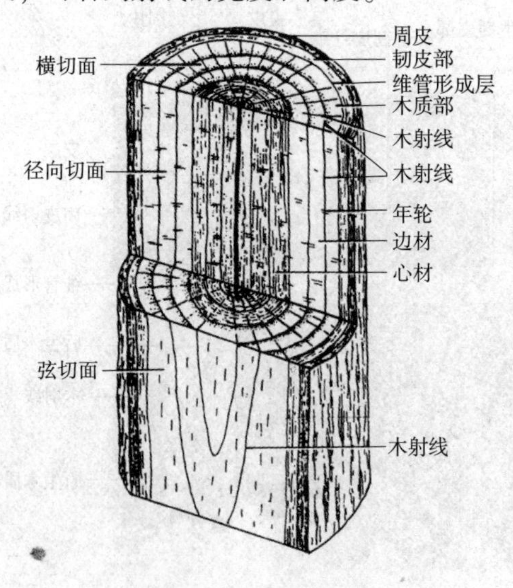

图6-13　茎的三切面

(九)综合观察(植物根-茎过渡区)

选取向日葵和大豆等任一植物的幼苗，观察幼苗的子叶、下胚轴、上胚轴和根。然后自根部开始，向上沿胚轴方向做连续徒手横切片。每隔1~5 mm取一切片，按序摆放于滴有蒸馏水的载玻片上。盖上盖玻片，置显微镜下按序逐片观察初生维管组织的结构变化，分辨切片中根、根-茎过渡区和茎的切片，着重观察后生木质部的分叉、倒转、移位和并合的过程(图 6-14)，从立体结构角度理解根-茎过渡区内的维管束变化。

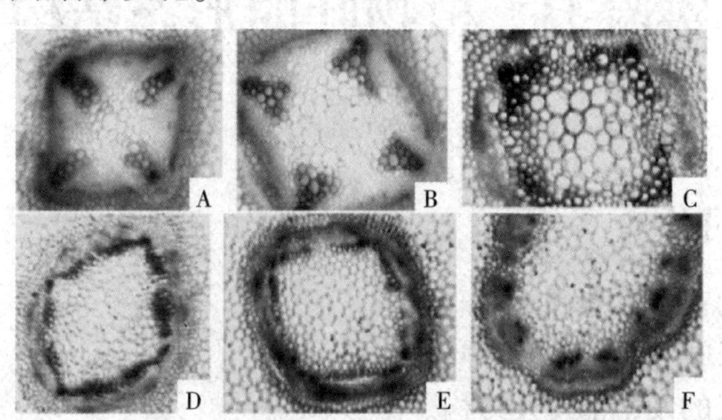

图 6-14　大豆幼苗根-茎过渡区的横切面结构

(示后生木质部的分叉、倒转、移位和并合过程)

五、作业

1. 拍摄茎尖纵切片，制作 PPT，注明各部分结构。
2. 拍摄棉花幼茎和椴树茎的横切面，制作 PPT，注明各部分结构。
3. 拍摄玉米(或小麦)茎的横切面及其中一个放大的维管束的横切面结构图，制作 PPT，并标注各部分名称。
4. 拍摄木材的 3 个切面，制作 PPT，注明各部分结构。

六、思考题

1. 双子叶植物茎与禾本科植物茎的结构有何区别？
2. 简述双子叶植物茎维管形成层的来源及活动。
3. 双子叶植物根与茎初生结构有何不同，根与茎是如何过渡的？
4. 木材的三向切面如何称谓，如何识别各个切面？

实验七　植物叶的形态结构

一、实验目的

1. 了解叶的基本形态和组成。
2. 掌握双子叶和单子叶植物叶片的解剖结构。
3. 了解离区的发生部位及结构。
4. 了解不同生境下植物叶片结构的特点。

二、实验材料

1. 新鲜材料

菠菜(*Spinacia oleracea*)、天竺葵(*Pelargonium hortorum*)、小麦等生活植株。

2. 永久制片

棉花叶横切片；蚕豆叶表皮制片；玉米叶横切片；小麦叶横切片；小麦叶表皮制片；夹竹桃叶横切片；杨属植物叶柄离区制片。

三、实验用品

显微镜、尖头镊子、载玻片、盖玻片、吸水纸、单/双面刀片、纱布等。

四、实验内容与方法

(一)叶的组成

1. 双子叶植物叶的组成(图 7-1A)

双子叶植物的完全叶由叶片、叶柄、托叶组成，三者缺一或缺二时为不完全叶。如木瓜、贴梗海棠为完全叶，菠菜缺少托叶。

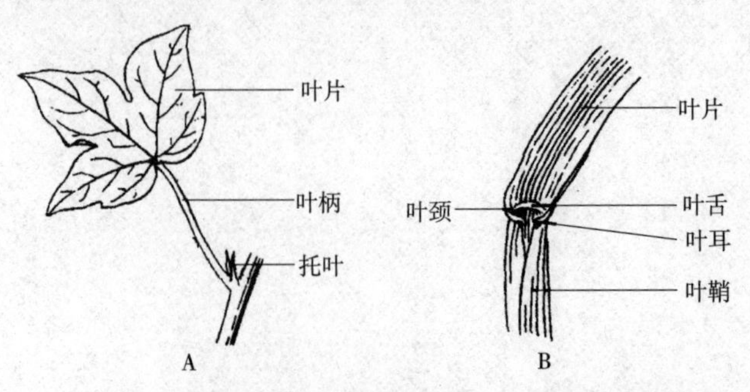

图 7-1　双子叶植物(A)和禾本科(B)植物叶的组成

2. 禾本科植物叶的组成(图 7-1B)

禾本科植物叶由叶片、叶鞘组成，有时还有叶颈(叶枕、叶环)、叶耳、叶舌等结构。叶片为条形，具平行脉。叶鞘为叶片下部包围茎秆的部分。叶片、叶鞘连接处的外侧有一个不同色泽的环，称叶颈。在叶片与叶鞘交界处内侧有膜质的叶舌；两侧的一对突起为叶耳。叶舌、叶耳的有无及形状，是禾本科植物的分类标志之一。

(二)双子叶植物叶片的解剖结构

取棉花叶横切制片观察。观察并注意区分上下表皮、叶肉和叶脉等基本结构(图 7-2)。

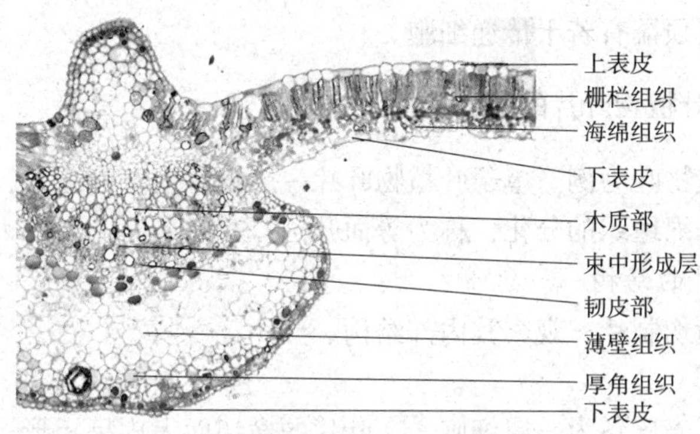

图 7-2　棉花叶的横切面(局部)

1. 表皮

表皮由一层长方形的生活细胞组成，有上、下表皮之分。细胞排列紧密，分布有表皮毛。在表皮细胞中，可观察到成对的小细胞及它们内方的空腔。这一对对小细胞就是构成气孔器的保卫细胞。一般下表皮的气孔数量多于上表皮。

取蚕豆叶表皮制片及菠菜叶表皮临时装片观察(图 7-3)。可见表皮细胞的正面观为不规则形状，彼此以波状壁紧密嵌合在一起；表皮细胞间不规则地分布有气孔，气孔由一对肾形保卫细胞围合而成；表皮细胞内无叶绿体，构成气孔器的保卫细胞内有叶绿体。

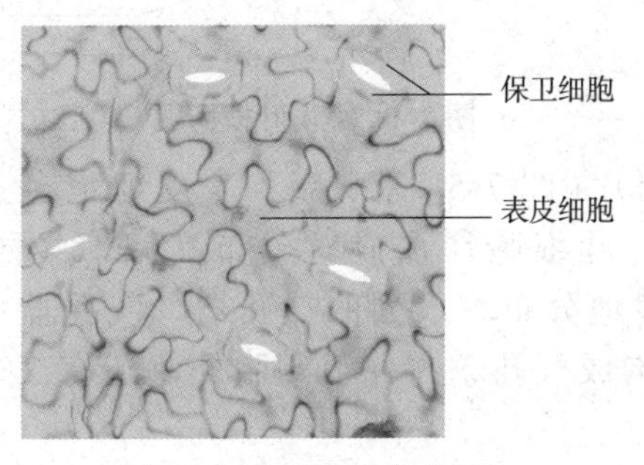

图 7-3　蚕豆叶下表皮结构

2. 叶肉

叶肉位于叶片上、下表皮之间，分化为栅栏组织和海绵组织。

栅栏组织紧接上表皮，由一至数层圆柱状细胞构成，其长轴与表皮垂直，排列紧密。细胞内含较多叶绿体，因此叶片上面绿色较深。栅栏组织是光合作用的主要场所。

海绵组织分布在栅栏组织和下表皮之间，由形状不规则、胞间隙大的细胞构成。在气孔器的内方常有一大而明显的气室，兼有光合作用和通气作用。

3. 叶脉

叶脉是贯穿叶肉组织之间的维管系统。叶片横切片中央为主脉（中脉），具有较大的维管束。维管束中木质部靠近上表皮，韧皮部靠近下表皮，二者之间为形成层（其活动微弱，故叶脉增粗生长不明显）。在维管束与上、下表皮之间则是薄壁细胞和厚壁细胞。主脉两侧可观察到侧脉和细脉，叶脉越细，结构越简单。在叶脉分支顶端有若干传递细胞。

（三）单子叶植物叶片的解剖结构

以禾本科植物叶为例。单子叶植物叶片一般没有上下面之分，解剖结构上没有栅栏组织和海绵组织的分化，称为等面叶。

1. 小麦叶片的结构

取小麦叶横切制片，观察其内部结构。

(1)表皮

叶片上、下表皮各为一层细胞，在叶片的横切面表皮呈矩形。上表皮靠近木质部，下表皮靠近韧皮部。在叶的上表皮有一些形态特殊、体积较大的细胞，叫泡状细胞或运动细胞。泡状细胞为薄壁细胞，常3~5个排列成扇形，分布于两个叶脉之间的上表皮上。除泡状细胞外，还可观察到表皮细胞间的气孔器及气孔内侧的孔下室（图7-4）。

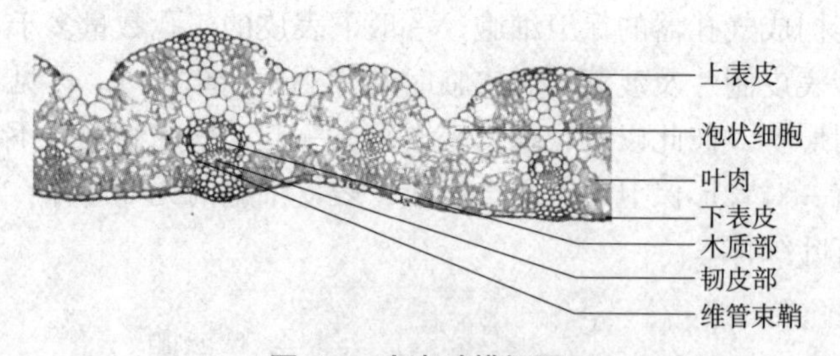

图7-4　小麦叶横切图

取小麦叶表皮制片（图7-5）并观察，表皮细胞多为近矩形、较长的细胞，短小的栓细胞、硅细胞往往成对分布其间，共同排列成较规则的纵列。表皮上还有规律地分布着成列的气孔器。气孔器由2个哑铃形的保卫细胞（含有叶绿体）构成气孔，在保卫细胞外侧还有2个近菱形的副卫细胞（无叶绿体）。

(2)叶肉

小麦的叶肉无栅栏组织和海绵组织之分，均是富含叶绿体的同化组织。小麦的叶肉细胞可分为峰、谷、腰、环的结构。

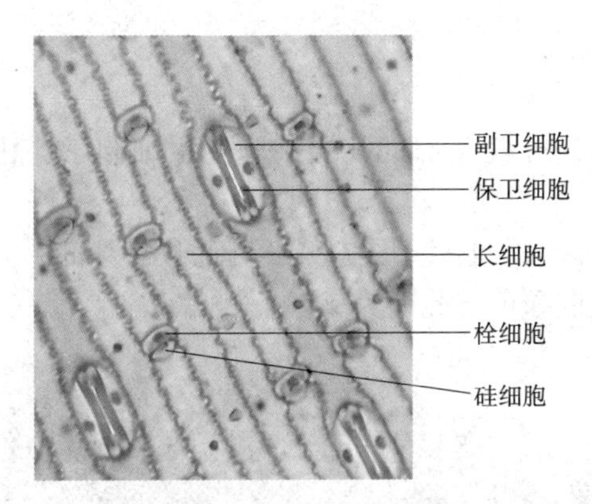

图 7-5　小麦叶下表皮

(3) 叶脉

小麦的叶脉里面的维管束为有限外韧维管束，木质部靠近上表皮，韧皮部靠近下表皮。小麦是 C_3 植物，其维管束鞘由两层细胞组成：外层为大型薄壁细胞，所含叶绿体较叶肉细胞中的少；内层为较小的厚壁细胞。在表皮以内、维管束的上下方，通常有厚壁细胞把叶肉细胞隔开，这些厚壁细胞称为维管束鞘延伸区，起机械支持作用。

2. 玉米叶片的结构

取玉米叶片横切制片观察，注意与小麦叶片进行比较，特别注意观察维管束鞘的结构及细胞特点(图 7-6)。

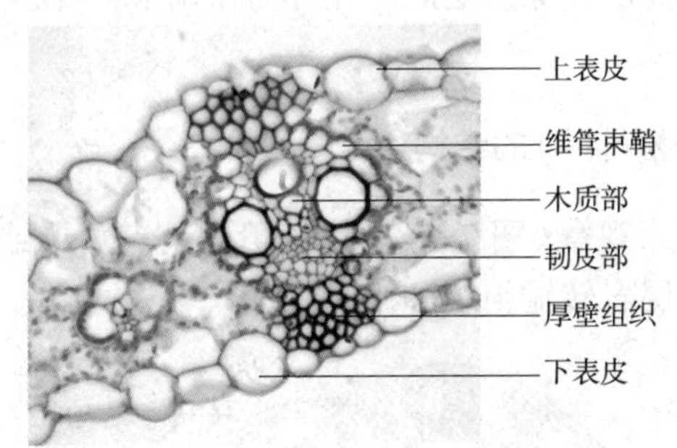

图 7-6　玉米叶片横切图

玉米叶片的结构与小麦叶片类似。但玉米为 C_4 植物，其维管束鞘只有一层大的薄壁细胞，内含较多大的叶绿体。在许多 C_4 植物中，紧挨维管束鞘外侧的一层叶肉细胞，常近环状排列，组成花环型结构，这是 C_4 植物的典型结构特征之一(图 7-7)。

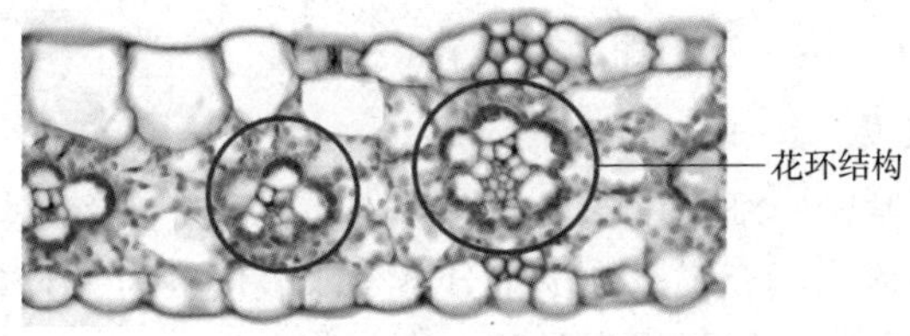

图 7-7　玉米叶横切示花环结构

(四) 叶的离区

木本植物落叶前，叶柄基部的几层细胞发生细胞学、化学上的变化，形成离区。

观察杨树叶柄离区永久制片(图 7-8)，可见叶柄基部有几层小型横向排列的扁平细胞，多被染成蓝绿色，此即为离区。

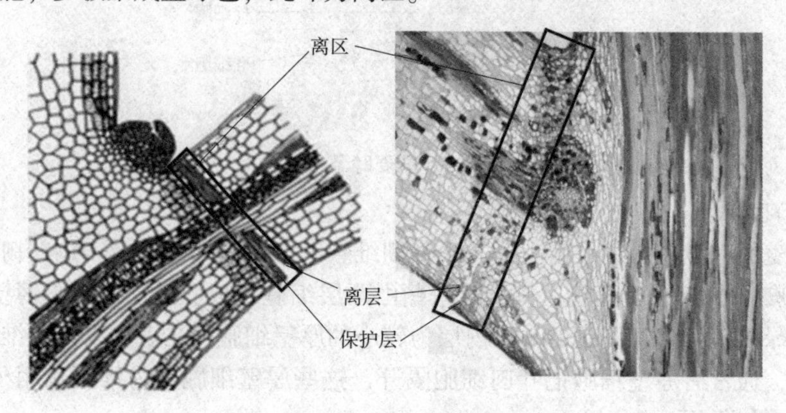

图 7-8　叶离层结构图

随着离区的继续发育，离区细胞的胞间层黏液化，解体消失，使离区细胞分成两部分，靠近茎的为保护层，远离茎的为离层。

当叶柄基部形成离层、保护层后，在外力作用下，叶柄将在离层处与枝条分离，使叶片脱落。

(五) 裸子植物(松针叶)的结构

取松针叶横切制片观察(图 7-9)，其横切面呈三角形或半圆形，分为表皮、下皮层、叶肉、内皮层、转输组织和维管束。

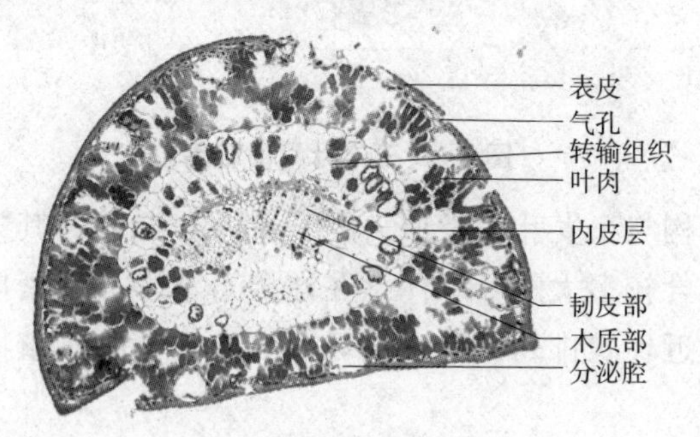

图 7-9　松针叶横切面

1. 表皮及下皮层

表皮细胞排列紧密，细胞壁普遍加厚，木质化，外壁形成厚的角质层。气孔明显下陷，冬季被树脂填充，以减少水分蒸发。表皮下为一至数层纤维状的硬化薄壁细胞，为下皮层，可增强硬度和防止水分蒸发。

2. 叶肉

叶肉位于下皮层以内，无栅栏组织和海绵组织的分化。叶肉细胞壁内折，形成不规则皱褶，含有大量的叶绿体。叶肉组织内分布有树脂道。

3. 内皮层

叶肉细胞的最里层，细胞壁栓质化加厚，形成明显的凯氏带结构，这是松针叶的特征之一。

4. 转输组织

转输组织是内皮层以内几层排列紧密的细胞。转输组织由 3 种类型的细胞构成：一种是死细胞，其壁稍厚并轻微木质化，壁上有具缘纹孔，又称管胞状细胞。第二种是生活的薄壁细胞，在生活后期充满鞣质。管胞状细胞常分布在这种薄壁细胞之间。第三种也是生活的薄壁细胞，细胞内含有浓厚的细胞质，一般成堆地分布在韧皮部的一侧，这种细胞又称蛋白细胞。转输组织可能与叶肉维管束间的运输有关。

5. 维管束

在转输组织以里有 1~2 个外韧维管束。维管束主要由初生木质部和初生韧皮部构成，次生维管组织含量不多。初生木质部的组成成分为管胞和薄壁细胞，各自排列成行，呈径向间隔分布，位于近轴面；初生韧皮部由筛胞和薄壁细胞径向排列组成，位于远轴面，韧皮部的外方还分布着一些厚壁细胞。

(六)不同生境下植物叶片的结构特点

1. 旱生植物叶的结构

取夹竹桃叶横切制片，观察其内部结构(图 7-10)。

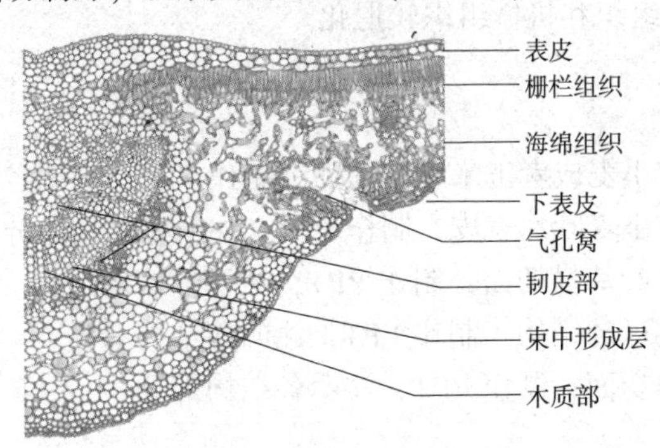

图 7-10　夹竹桃叶横切面

(1)表皮

由 2~3 层细胞组成复表皮。细胞排列紧密，细胞壁厚，外层表皮细胞的外壁角质层特别发达。下表皮也是复表皮，但比上表皮细胞层数少，也有发达的角质层。下表皮有一部分细胞构成下陷的气孔窝。窝内的表皮细胞常特化成很长的表皮毛。气孔位于气孔窝内。

(2)叶肉

靠近上表皮位置，为多层的栅栏组织；多层的海绵组织位于栅栏组织和下表皮之间，胞间隙不发达。叶肉细胞中一般含有晶簇。

(3)叶脉

主脉发达，属于双韧维管束，可观察到形成层的细胞，而其他小的叶脉只能看到木质部和韧皮部。

2. 水生植物叶的结构

取睡莲叶横切制片，观察其内部结构(图 7-11)。

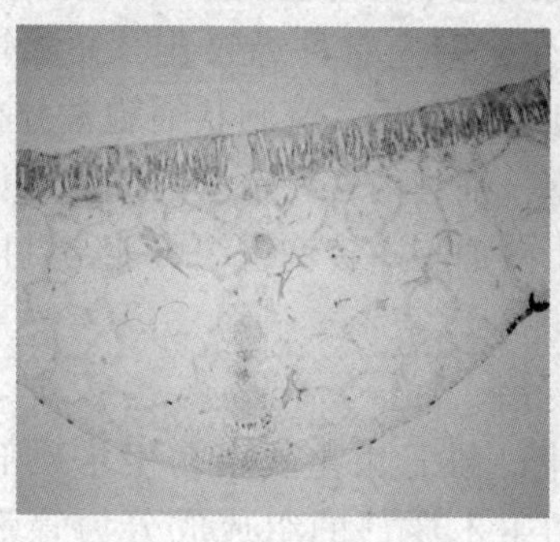
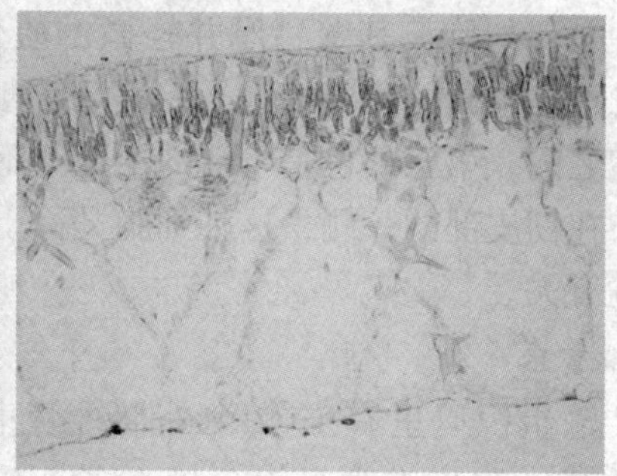

图 7-11 睡莲叶横切面

(1)表皮

细胞壁薄，无角质层，内含有叶绿体，无气孔和表皮毛。

(2)叶肉

叶肉细胞不发达，有栅栏组织和海绵组织的分化，栅栏组织和海绵组织胞间隙大，主脉附近形成气腔通道。

(3)叶脉

很细弱，输导组织和机械组织较退化。

五、作业

1. 拍摄棉花和小麦或者玉米叶横切面，制作 PPT，注明各结构部分。
2. 拍摄蚕豆和小麦叶片表皮，制作 PPT，注明各结构部分。
3. 拍摄夹竹桃叶片横切面，制作 PPT，注明各结构部分。
4. 拍摄叶柄离区的结构，制作 PPT，注明各结构部分。
5. 拍摄松叶横切面，制作 PPT，注明各结构部分。

六、思考题

1. 小麦叶和玉米叶在维管束的结构上有何区别？
2. 比较双子叶植物与禾本科植物叶的解剖结构有何异同。
3. 比较分析旱生植物和水生植物叶在结构上的异同。
4. 从松针叶的结构分析它属于哪种生态类型的植物。判断依据是什么？

实验八　植物营养器官的变态

一、实验目的

1. 了解和识别植物营养器官的变态类型。
2. 了解植物营养器官的变态与环境的关系。
3. 理解同功器官和同源器官的概念。

二、实验材料

1. 新鲜材料

萝卜(*Raphanus sativus*)、胡萝卜肉质直根；甘薯(*Ipomoea batatas*)块根；玉米或高粱茎基部节上的支柱根；皂荚(*Gleditsia sinensis*)或枸杞(*Lycium chinense*)带刺的枝条；葡萄(*Vitis vinifera*)或葫芦科(Cucurbitacea)植物具卷须的枝条；昙花(*Epiphyllum oxypetalum*)幼嫩枝条；竹节廖(*Homalocladium platycladium*)和仙人掌(*Opuntia* sp.)植株；草莓(*Fragaria ananassa*)或蛇莓(*Duchesnea indica*)的匍匐茎；莲藕(*Nelumbo nucifera*)或姜(*Zingiber officinale*)的根状茎；马铃薯块茎；洋葱或大蒜的鳞茎；荸荠(*Heleocharis dulcis*)、芋头(*Colocasia esculenta*)或慈姑(*Sagittaria trifolia* var. *sinensis*)的球茎；玉兰花芽；百合(*Lilium brownii*)的肉质鳞叶；苕子(*Vicia cracca*)的小叶卷须；菝葜(*Smilax china*)的托叶卷须；枣(*Ziziphus jujuba*)和刺槐(*Robinia pseudoacacia*)具托叶刺的枝条；猪笼草(*Nepenthes* sp.)、一品红(*Euphorbia pulcherrima*)、三角梅(*Bougainvillea glabra*)和马蹄莲(*Zantedeschia aethiopica*)的植株。

2. 永久制片

萝卜、胡萝卜和甜菜(*Beta vulgaris*)肉质直根横切制片；甘薯块根、马铃薯块茎的横切制片。

3. 标本

常春藤(*Hedera nepalensis*)具攀缘根，菟丝子(*Cuscuta chinensis*)具寄生根的新鲜植株或腊叶标本等。

三、实验用品

显微镜、镊子、解剖针、载玻片等。

四、实验内容与方法

(一)根的变态

1. 肉质直根

(1)萝卜、胡萝卜肉质直根的观察

萝卜和胡萝卜肉质直根的上部由下胚轴发育而成，具极其短的茎，其顶端着生叶，不具侧根；下部由主根发育而成，具有纵列的侧根。

取萝卜与胡萝卜的肉质直根做徒手横切或取其横切制片，用肉眼或用显微镜观察。可见萝卜肉质根中次生木质部较为发达，其中有多层由木薄壁组织分化形成的副形成层(也叫额外形成层)。由这些副形成层发育形成的三生结构占据了横切面的绝大部分，而次生韧皮部却发育较少(图 8-1)。胡萝卜根中结构比例分布恰好相反，次生木质部发育较少，而次生韧皮部较为发达，在横切面中占据了较大比例。在萝卜与胡萝卜的肉质直根中，发达的次生木质部和次生韧皮部均由贮藏薄壁组织组成，而初生木质部所占比例非常少，在根的中央清晰可辨。

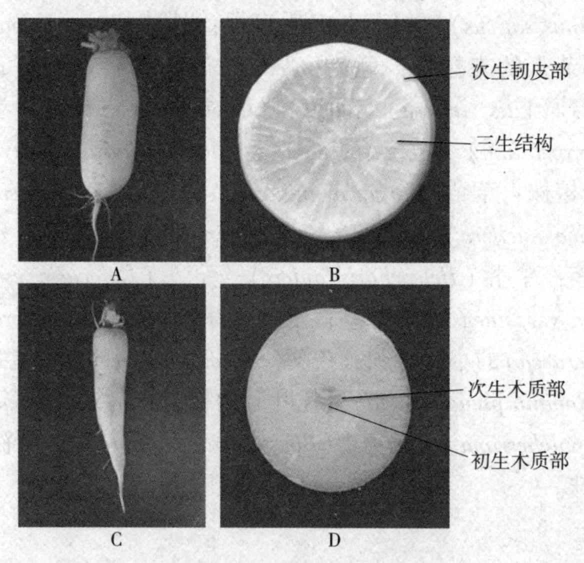

图 8-1　萝卜与胡萝卜的肉质根

A、B. 萝卜的肉质直根外形和横切面

C、D. 胡萝卜的肉质直根外形和横切面

(2)甜菜肉质直根的观察

甜菜肉质直根上部由下胚轴发育形成，不具侧根；下部由主根发育形成，具侧根。可通过观察侧根有几个纵列来推测母根是几原型。

观察甜菜肉质直根横切面(图 8-2)，在中央被染成红色部分，由内向外分别为：初生木质部和次生木质部(占较大比例)，其外围被一圈染成绿色的次生韧皮部包围，次生木质部和次生韧皮部之间是维管形成层；再向外可见数圈同心圆形的副形成层，其向内向外分裂分化形成由大量的三生薄壁组织和排成环形的三生维管束构成的三生结构，三生射线位于三生维管束之间，三生木质部(其中的导管被染成红色)位于副形成层内侧，三生韧皮部位于外侧，三生薄壁组织(淡绿色)具有贮藏功能。最初的副形成层是由中柱鞘衍生而来，后来由三生韧皮部外侧的薄壁细胞形成新的副形成层，再活动形成新一轮的三生结构，以此类推。

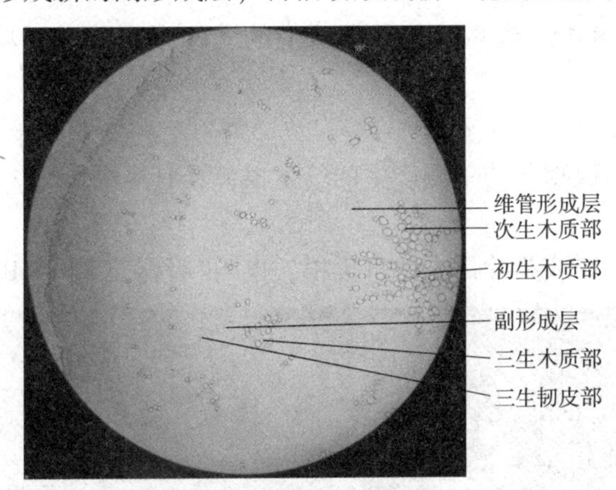

图 8-2　甜菜肉质根横切面

2. 块根

甘薯块根主要由侧根或不定根的一部分膨大形成，外形不规则(图 8-3A)，其上着生数列侧根，侧根着生处有时可见不定芽(图 8-3B)。

在显微镜下观察甘薯块根横切面(图 8-3C)，可见大量的次生木质部，其中分布着大量的薄壁组织和星散的导管，导管周围有副形成层(额外形成层)(图 8-3D)。块根发育主要是由于维管形成层和额外形成层的活动导致块根不断地增粗肥大。

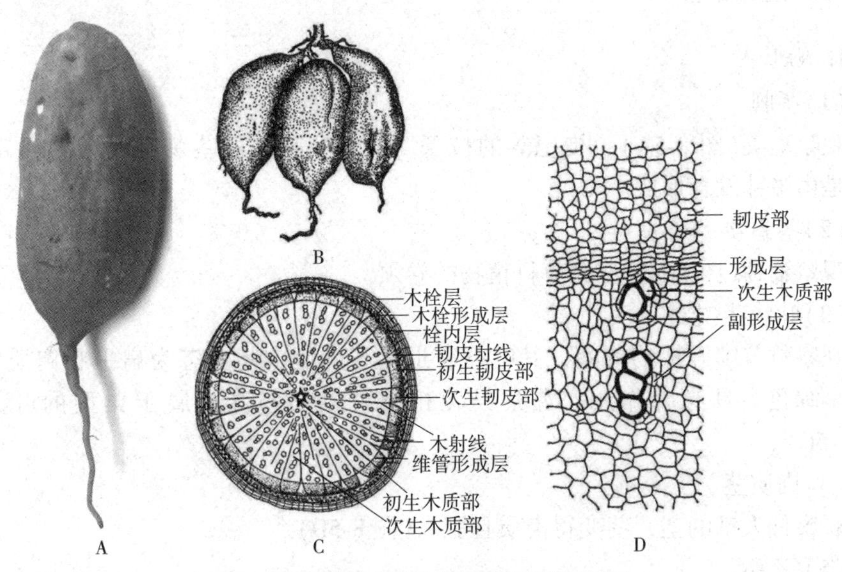

图 8-3　甘薯块根横切及维管束横切图示

A、B. 外形　C. 幼根横切　D. 维管束横切(B~D 引自曲波)

3. 气生根

气生根主要由不定根发育形成，生长于地面之上，具有重要的生理生态功能。

(1) 支柱根

观察玉米(图 8-4A)或高粱茎基部节上的支柱根。其主要功能是支持植株，又称为支持根。

(2) 攀缘根

观察常春藤等植物茎的一侧产生的气生根，具有攀缘作用。

(3) 寄生根

观察菟丝子新鲜或腊叶标本的寄生根，也叫“吸器”(图 8-4B)。

A　　B

图 8-4　气生根的主要形态类型

A. 玉米的支柱根　B. 菟丝子的寄生根(曲波拍摄)

(二) 茎的变态

1. 地上茎

(1) 茎刺

观察皂荚(图 8-5A)、枸杞等的枝条。位于叶腋处的茎刺有时会出现分枝，主要是由腋芽发育形成。

(2) 茎卷须

观察葡萄(图 8-5B)或葫芦科植物的卷须。

(3) 叶状茎(枝)

观察竹节廖等植物的茎，其叶器官退化为叶刺，茎变态为扁平状肉质叶状茎，呈绿色，具光合作用。观察昙花植株的幼嫩枝条，属于典型的叶状枝(图 8-5C)。

(4) 肉质茎

观察仙人掌的茎，茎变得肉质且肥大(图 8-5D)。

(5) 匍匐茎

观察草莓(图 8-5E)或蛇莓的茎，呈细长状，节处着生不定根。

图 8-5　地上茎变态类型

A. 皂荚茎刺(曲波拍摄)　B. 葡萄茎卷须　C. 昙花叶状枝
D. 仙人掌肉质茎　E. 草莓匍匐茎

2. 地下茎

(1)根状茎

观察莲藕(图 8-6A)、姜等植物的根状茎。形状似根，具明显的节和节间，节处有时具顶芽、侧芽和不定根。

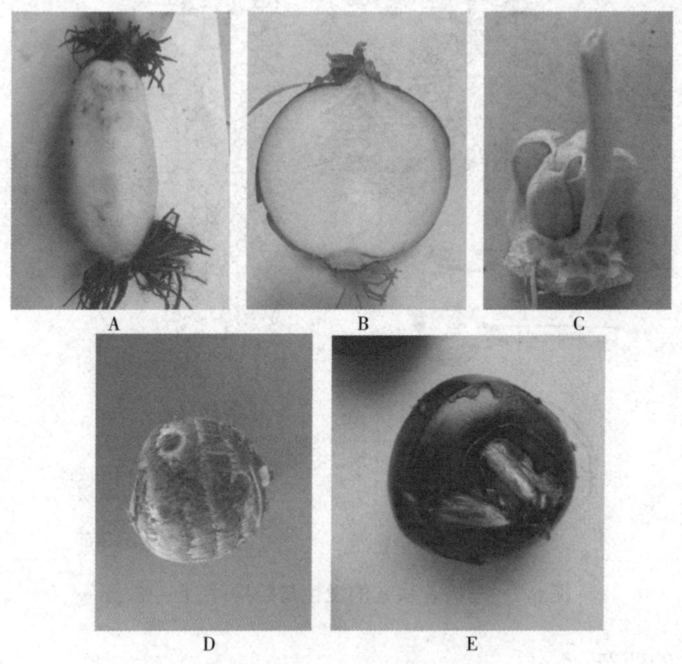

图 8-6　地下茎变态类型

A. 莲藕根状茎　B. 洋葱鳞茎　C. 大蒜鳞茎盘
D. 芋头球茎　E. 荸荠球茎(C~E 曲波拍摄)

(2)鳞茎

观察洋葱鳞茎纵剖面(图 8-6B)。鳞茎盘是节间极度缩短的茎，其上着生诸多肉质的鳞叶。蒜(图 8-6C)和洋葱相似，但略有区别。二者区别主要是蒜在幼嫩时，整个鳞茎和鳞叶均可食用，当抽薹开花后(成熟期)，鳞茎发生木质化而变硬，鳞叶干枯呈膜质，而鳞叶间肥硕的腋芽(俗称"蒜瓣")成为主要的食用部分；而洋葱的鳞茎呈圆盘状，其四周的鳞叶不呈显著的瓣，则是整片将鳞茎紧紧包裹住，每一片鳞叶都是地上叶的基部，当成熟时，外方的几片鳞叶会随着地上叶的枯死而变为干质的膜状鳞叶包在外方，起到保护鳞茎和内方肉质鳞叶的作用。

(3)球茎

观察芋头(图 8-6D)、荸荠(图 8-6E)或慈姑的肥硕地下茎，呈球状。区分顶芽、腋芽、节、节间和膜质鳞叶。

(4)块茎

观察马铃薯块茎(图 8-7)。注意顶芽、腋芽、芽眼和芽眉(叶痕)的区别。观察马铃薯块茎横切制片：自外向内为周皮、皮层、外韧皮部、内韧皮部、形成层、木质部及髓。其中外韧皮部与木质部均有发达的贮藏组织，少量的输导组织散生其中，形成层不明显；内韧皮部与髓的外层共同组成环髓区。

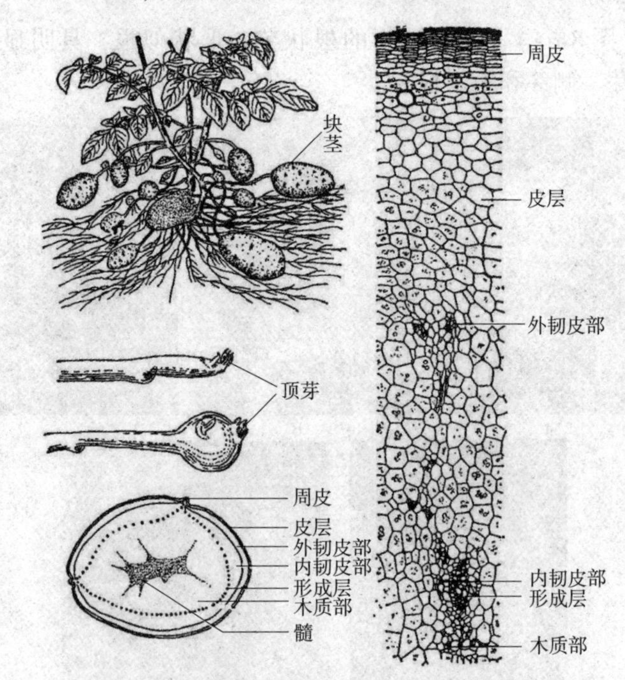

图 8-7 马铃薯块茎的发生与结构(引自曲波)

(三)叶的变态

1. 鳞叶

观察玉兰花芽具保护功能的革质芽鳞(图 8-8A)和百合的肉质鳞叶(图 8-8B)。

2. 叶卷须

观察草藤(苕子)的小叶卷须(图 8-8C)或菝葜的托叶卷须。

3. 叶刺

观察刺槐和枣的托叶刺(图 8-8E、F)。

4. 捕虫叶

观察猪笼草的捕虫叶(图 8-8D)。其叶柄分为三部分，基部呈扁平的假叶状，中部呈细长的卷须状，先端为瓶状的捕虫器，而叶片为覆盖于“瓶”口之上的“瓶盖”。

5. 总苞和苞片

观察一品红或三角梅(图 8-8G)的总苞和苞片。马蹄莲等天南星科植物的花序外为一片大型的总苞片，称为佛焰苞。

图 8-8　叶的变态类型

A. 玉兰花芽的革质芽鳞　B. 百合的肉质鳞叶　C. 苕子的小叶卷须　D. 猪笼草的捕虫叶
E. 刺槐的叶刺　F. 枣树的叶刺　G. 三角梅的总苞(B~G 引自曲波)

五、作业

1. 观察并绘制甜菜肉质直根的基本结构，制作 PPT，并注明各部分名称。

2. 拍摄所观察的有关变态叶结构的典型图像(选择不同放大倍数)，制作 PPT，并注明各部分结构的名称。

3. 列表汇总实验中所观察到的植物具有的独特变态器官的类型。

六、思考题

1. 怎样判断一个变态器官属于哪种类型的变态器官?

2. 变态根与变态茎最明显的区别是什么?

3. 举例说明同功器官和同源器官的区别。

实验九　植物生殖器官的形态结构与发育

一、实验目的

1. 掌握被子植物花的组成及各部分的特点。
2. 掌握花药的结构和花粉粒的发育过程。
3. 掌握子房、胚珠、胚囊的结构与发育过程及胚的发育过程。
4. 识别各种类型的果实并掌握它们的特征。

二、实验用品

显微镜、放大镜、载玻片、盖玻片、镊子、解剖针、双面刀片、吸水纸、培养皿等。

三、实验材料

1. 新鲜材料

(1)花

桃、小油菜、白菜(*Brassica pekiensis*)、二月蓝(*Orychohragmus violaceus*)、荠菜(*Capsella bursa-pastoris*)、百合、豌豆、苹果等植物的花。

(2)果实

桃、苹果、番茄、橘、黄瓜(*Cucumis sativus*)、枣(*Ziziphus jujuba*)、豌豆、花生、皂荚(*Gleditsia sinensis*)、槐(*Sophora japonica*)、油菜、荠菜、棉花、木槿(*Hibiscus syriacus*)、紫薇(*Lagerstroemia indica*)、紫丁香、向日葵、小麦、玉米、板栗(*Castarea mollissima*)、胡萝卜、五角枫(*Acer elegantulum*)、臭椿(*Ailanthus altissima*)、榆树(*Ulmus pumila*)、八角(*Illicium verum*)、草莓(*Fragaria ananassa*)、菠萝(*Ananas comosus*)、桑(*Morus alba*)、无花果(*Ficus carica*)、悬铃木(*Platanus acerifolia*)等植物的果实。

2. 永久制片

不同发育时期的百合、小麦的花药横切制片；百合子房横切制片；荠菜幼胚制片；荠菜成熟胚制片；不同发育时期小麦胚的纵切制片、小麦籽粒纵切片。

四、实验内容与方法

(一)花的组成

1. 桃花的观察

取一朵桃花，自外向内观察，可观察到6个部分(图9-1)。

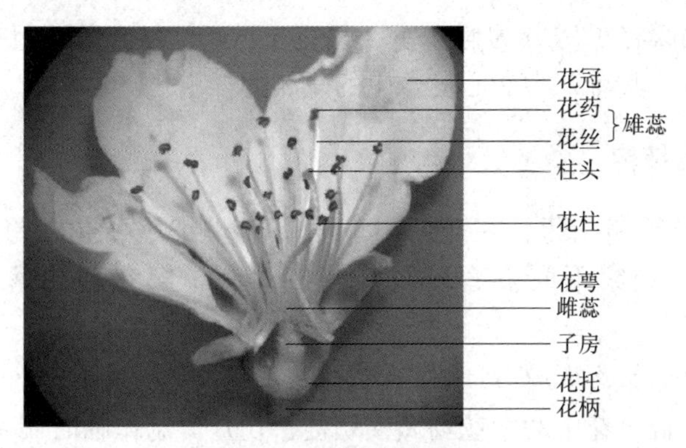

图 9-1　桃花的组成

(1)花柄(花梗)

着生在茎上，短小，支持整个花，呈绿色。

(2)花托

花柄顶端凹陷的部位是花托(也称花筒)，呈杯状，在花托的边缘着生花萼、花冠、雄蕊群、雌蕊群的部分。

(3)花萼

为花的最外一轮，淡绿色，萼片 5 枚，离萼。

(4)花冠

位于花萼内轮，白色或粉红色，由 5 枚分离的花瓣组成，为离瓣花。花瓣形状、大小相同，为蔷薇花冠，通过花的中心做任意对称面，均能将花分成相同的两部分，属整齐花(辐射对称花)。桃既有花萼又具花冠，为双被花。

(5)雄蕊群

位于花冠的内方，多数、分离，为离生雄蕊。每枚雄蕊由花丝和花药两部分组成。细长的部分为花丝；顶端的囊状物称为花药。

(6)雌蕊

位于花的中央，由 1 枚雌蕊(由 1 个心皮形成，为单雌蕊)，其顶端扩大部分为柱头，基部膨大部分为子房，二者之间较细的部分为花柱。桃花仅子房底部着生在凹陷的杯状花托上，为子房上位。横切子房，用放大镜观察，可看到 1~2 枚胚珠着生在腹缝线上，为边缘胎座。

2. 百合花的观察

观察百合鲜花，其花被片为 6 片，2 轮互生排列，每轮同色、同形；雄蕊 6 枚，丁字着药；子房上位。横切子房，可见子房 3 室，每室 2 枚胚珠(2 列，即每室胚珠多数)，中轴胎座。

3. 油菜花的观察

油菜花的花柄细长，花柄顶端稍微膨大的是花托；花托上由外向内着生 4 个萼片(分离)、4 个分离的黄色花瓣，呈十字排列，为辐射对称花；花冠内方具 6 枚雄蕊，其中 2 枚较短，4 枚较长，称四强雄蕊；在花的中央为 1 枚雌蕊，包括柱头、花柱和子房三部分，子房上位。横切子房，用放大镜或解剖镜进行观察，可见中央由假隔膜将子房分为假 2 室，每室 1 枚(实为 1 列)胚珠着生在假隔膜上，为侧膜胎座，其雌蕊为 2 心皮合生的复雌蕊。

(二)花药的结构

雄蕊包括花丝和花药，在花药中产生花粉母细胞，花粉母细胞经减数分裂形成小孢子。观察不同发育阶段花药制片，了解花药的基本结构和发育过程。

1. 百合幼嫩(未成熟)花药结构的观察

取海棠或者百合花中幼嫩花药做横切徒手切片，制作临时制片，在显微镜下观察花药横切面整体形状、花粉囊的数目及药隔位置等特点；再取百合幼嫩花药横切永久制片(图 9-2)仔细观察。

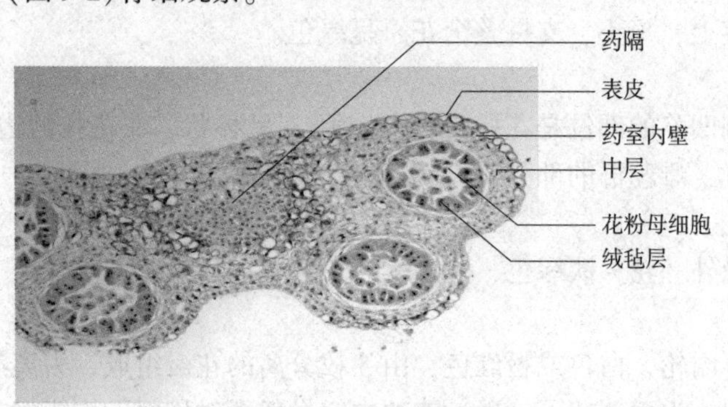

图 9-2　海棠幼嫩花药横切面(关雪莲拍摄)

在低倍镜下观察，幼嫩花药的横切面呈蝴蝶形，分为左右两半，中间以药隔相连，两侧各有 2 个花粉囊，共 4 个花粉囊，4 个药室。药隔由薄壁细胞和 1 个周韧维管束组成。选择 1 个清晰完整的花粉囊至高倍镜下观察其详细结构。

花粉囊(花药)壁由表皮、药室内壁、中层和绒毡层四部分构成。

①表皮：花药最外面的一层细胞，扁平状，有薄的角质膜。主要起保护作用。

②药室内壁：表皮下方的一层近方形、较大的细胞，细胞中常有染成红色的颗粒，为淀粉粒。

③中层：药室内壁以内的 1~3 层较小的细胞。主要起贮存营养物质的作用。

④绒毡层：花粉囊壁最内一层细胞，细胞大、细胞质浓、细胞核大，有时可见二核或多核的细胞。其功能与花粉壁的形成和发育有关。

在花粉囊壁以内为药室，药室中有很多近椭圆形或圆形的花粉母细胞。

2. 百合成熟花药的结构

观察百合成熟花药横切制片(图 9-3A)。与幼嫩花药进行比较，其变化有：

(1)药室内壁细胞的细胞壁出现条纹状纤维素的加厚，因此该层又叫纤维层。

(2)由于纤维层相邻两个花粉囊的壁薄，细胞壁的收缩，引起花粉囊壁的开裂，使得原有的两个药室相互连通成一个药室。

(3)绒毡层细胞及大部分中层细胞已退化消失。

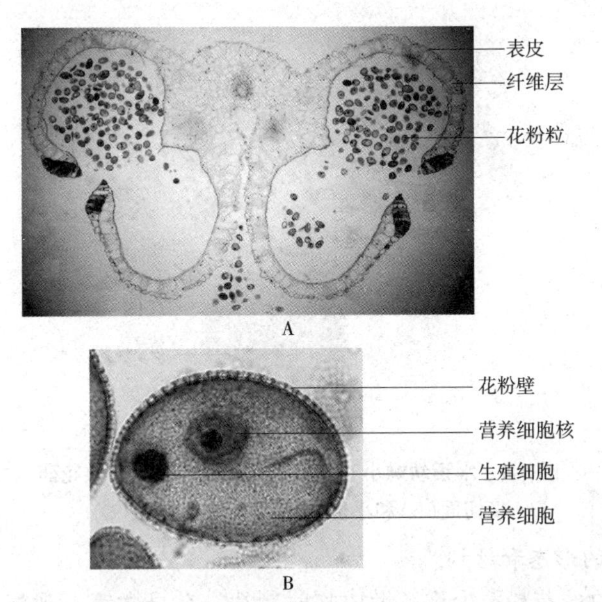

图 9-3　百合成熟花药横切面(A)和 2-细胞型花粉粒(B)
(王瑞云拍摄)

(4)药室中已形成熟花粉粒。百合的成熟花粉粒为 2-细胞型花粉，包括营养细胞及生殖细胞，花粉粒外壁上有网状花纹(图 9-3B)。

(三)花粉粒的形成和发育

1. 百合花粉粒的形成和发育

取不同发育时期的百合花药横切片进行观察。随着花粉囊壁的发育，药室中的造孢细胞发育为花粉母细胞。花粉母细胞减数分裂，第一次分裂，形成 2 个相连的细胞，称为二分体；接着进行第二次分裂，形成 4 个子细胞，但仍被包围在共同的胼胝质壁中，称为四分体时期。这个时期花粉囊壁的发育达到最顶峰。同一个药室内的花粉母细胞是同步发育的。随着绒毡层细胞的退化，分泌胼胝质酶，四分体的 4 个子细胞已从共同的胼胝质壁中释放出来，其核居中央，称单核花粉粒；以后继续发育长大形成的大液泡将细胞核由细胞中央挤到一边，称单核靠边期；核分裂形成双核期；进一步发育形成了由一个营养细胞和 1 个生殖细胞组成的成熟花粉粒(图 9-3B)。

2. 小麦(水稻)花药的结构及成熟花粉粒

取小麦(水稻)花药横切制片观察(图 9-4A，B)。其结构和百合基本相同，但中层细胞层数与百合有所不同。小麦成熟花药中，其花药壁仅剩表皮及纤维层，中层及绒毡层已基本消失；成熟花粉粒中包含 1 个营养细胞和 2 个精细胞，称为 3-细胞型花粉(图 9-4C)。

被子植物约有 1/3 的科中，在花粉粒成熟之前，生殖细胞要进行 1 次分裂，形成 2 个精细胞。

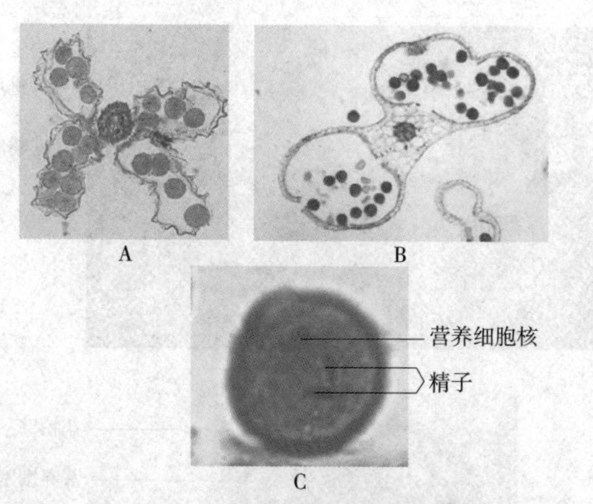

图 9-4 水稻幼嫩小花药横切面(A)、小麦成熟花药横切面(B)和小麦的 3-细胞型花粉粒(C)

3. 花粉粒的形态和结构

取任一植物的花粉粒少许，做成临时制片，在显微镜下观察花粉粒的形状、大小、外壁上的花纹和萌发孔等。

(四)百合子房的结构

取百合花的子房做徒手横切片，显微镜下观察子房的整体形状、子房室数及每室胚珠数，判断心皮数及胎座类型。

取百合子房横切的永久制片，显微镜下观察整个子房的结构，可见百合的子房是由 3 心皮连合而成的复雌蕊(图 9-5)。子房由子房壁、子房室、胚珠和胎座组成，3 个心皮 3 个子房室，每室中有 2 个(实际上是 2 列)倒生胚珠，胚珠着生处为胎座，胚珠着生在中轴上，称为中轴胎座。

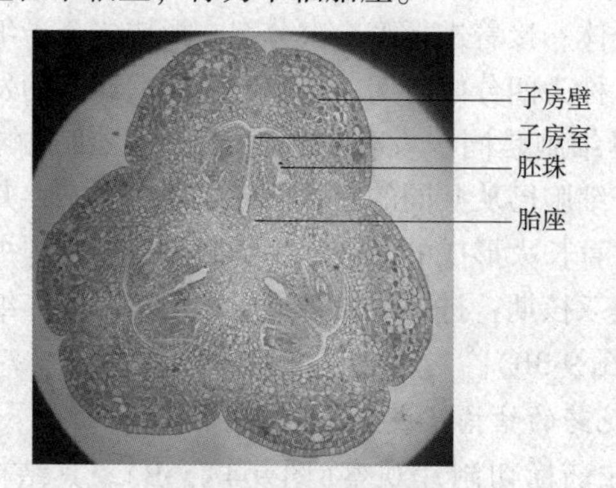

图 9-5 百合子房横切面

(五)百合胚珠的结构

在百合子房横切片中，选择一个切得完整的、从正中纵切的胚珠，详细观察各个部分(图 9-6)。

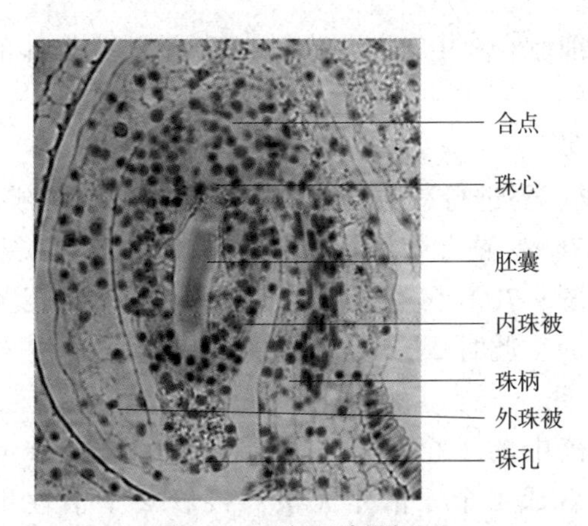

图 9-6　百合胚珠纵切面

1. 珠柄

胚珠与胎座连接的部分，有一维管束由腹缝线通过珠柄直达合点。

2. 珠被

胚珠外侧的包被结构，有 1~2 层，外方的为外珠被，内方的为内珠被。

3. 珠孔

珠被在一端合拢处，没有完全愈合，留有一孔，即珠孔。

4. 珠心

位于珠被之内，由薄壁细胞组成，有贮藏营养的功能。

5. 合点

在珠孔相对一端，珠被、珠心与维管束的汇合处为合点，与珠孔是相对的两极。

6. 胚囊

在珠心中发育，成熟的胚囊占据珠心的大部分体积。

(六)胚囊的发育与结构

1. 百合胚囊的发育与结构

在胚珠发育的同时，珠心表皮下方靠近珠孔端发育出孢原细胞，孢原细胞进一步长大发育形成胚囊母细胞。观察不同发育时期的百合子房永久制片，选择不同发育阶段的胚囊进行详细观察。百合胚囊发育包括胚囊母细胞时期(大孢子母细胞)、减数分裂时期、四核胚囊时期和成熟胚囊时期等，其胚囊形成方式称为四孢型胚囊，也被称为贝母型胚囊。

由于胚囊是个立体结构，胚囊中的细胞及核不是都在一个平面上，所以观察切片时，一个切片可能看不到典型的发育时期特点，需要多观察，观察连续切片，才能清楚胚囊的立体结构。

(1)胚囊(大孢子)母细胞时期

取百合子房横切片上的幼嫩胚珠，在胎座表皮下形成一团突起——胚珠原基。刚发育的胚珠原基，其前端表皮之下分化出一个大细胞，细胞体积大、细胞质浓、核大，与周围细胞有明显区别，称孢原细胞(图 9-7A)，其直接发育为胚囊母细胞(图 9-7B)，此时在珠心组织基部的外围已有珠被正在发生和形成。

(2)减数分裂时期

胚囊母细胞形成后要进行减数分裂。第一次分裂后形成 2 个大小相同的子核——二核期(图 9-7C)；这 2 核进行减数分裂的第二次分裂，形成 4 个核，也称第一次四核时期(图 9-7D)。4 个子核的染色体数目均为胚囊母细胞染色体数目的一半，为单倍体(n)。此时 2 层珠被已经发育完全。

(3)四核胚囊时期

百合的 4 个子核中的 1 个移向珠孔端，3 个移向合点端；然后合点端的 3 个单倍体核融合成 1 个三倍体大核，接着 2 个倍性不同、大小不同的核分别进行有丝分裂，这样合点端形成 2 个三倍体的大核，珠孔端形成 2 个单倍体的小核，为第二次四核时期(图 9-7E)，这一时期也称为后四核胚囊期。

(4)成熟胚囊期

后四核胚囊期的 4 个核又进行一次有丝分裂，形成 4 大、4 小共 8 个核。然后两端各有一个核移向中央与周围的细胞质组成 1 个中央细胞(4n)；合点端的 3 个核发育为 3 个反足细胞(3n)，珠孔端的 3 个核分别发育为 1 个卵细胞(n)和 2 个反足细胞(n)，最后形成了 7 个细胞或 8 个核的成熟胚囊(图 9-7F)。

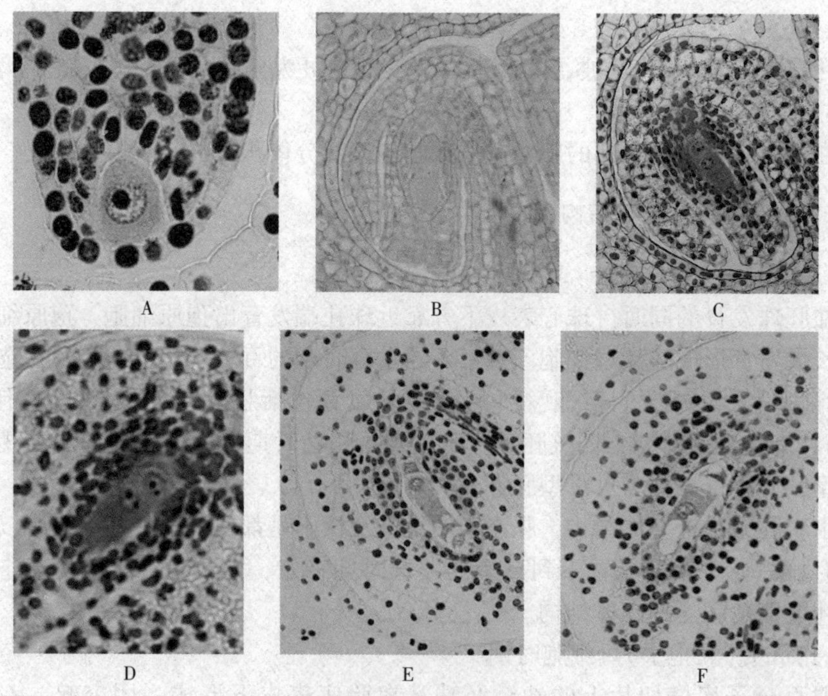

图 9-7　百合胚珠及胚囊的发育过程

A. 孢原细胞　B. 胚囊母细胞　C. 二核时期　D. 第一次四核时期
E. 第二次四核时期　F. 成熟胚囊

2. 小麦胚囊的发育

由于大孢子的起源方式不同，胚囊的发育过程也不同。大多数被子植物胚囊发育为“单孢子型”，小麦属于单孢子胚囊中的“蓼型”。取小麦子房纵切片，选择胚囊发育的各期进行观察。胚囊母细胞的发育与百合相同，之后有不同。胚囊母细胞减数分裂产生4个直线排列的大孢子，其中珠孔端的3个退化消失，只有合点端的1个发育，被称为“功能大孢子”，其吸收周围珠心组织中的营养逐渐长大，称为单核胚囊。单核胚囊再经过连续的3次有丝分裂，形成2核胚囊、4核胚囊和8核胚囊，这时胚囊两端各有4个核，然后两端各有1个核移向胚囊中央形成极核，2个极核与周围的细胞质构成胚囊中最大的细胞——中央细胞；2个极核也可以先融合为一个二倍体的次生核。珠孔端的3个核，一个分化为卵细胞，两侧的细胞各分化为助细胞，合称卵器；合点端的3个核分化为3个反足细胞。至此发育为具7细胞或8核的成熟胚囊。

另外，小麦胚囊中的3个反足细胞还会继续分裂，形成20~30个细胞，这与典型的“蓼型”胚囊有所不同。

（七）胚的发育

1. 荠菜果实和种子的形态

荠菜为倒三角形短角果。取新鲜荠菜角果，用刀片沿其窄面纵切，观察其结构特点。果实由2心皮组成，围成一室，两心皮相连的缝线处延伸出一个假隔膜将子房室分为假两室，2列胚珠着生在假隔膜上，侧膜胎座（图9-8）。果实成熟后沿腹缝线开裂，内有20~25粒小型种子，倒卵形。种子散发后，假隔膜宿存。

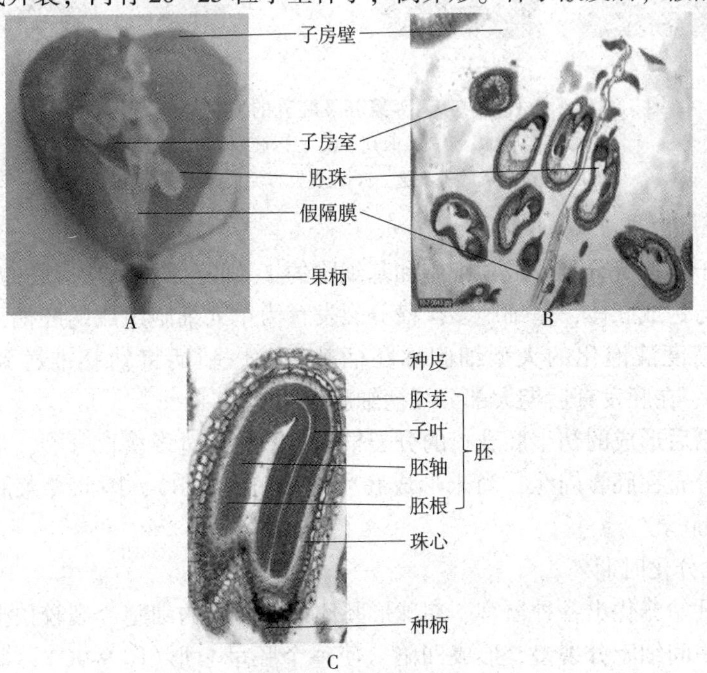

图9-8　荠菜短角果的结构及发育

A. 荠菜的短角果（示假隔膜及胚珠）　B. 荠菜幼果纵切面

C. 种子纵切面（含成熟胚）

2. 荠菜胚和胚乳的发育

取荠菜幼果纵切片，挑选完整的、接近通过中央部位的胚珠，转换在高倍镜下仔细观察胚和胚乳的不同发育阶段的特点(图 9-9)。

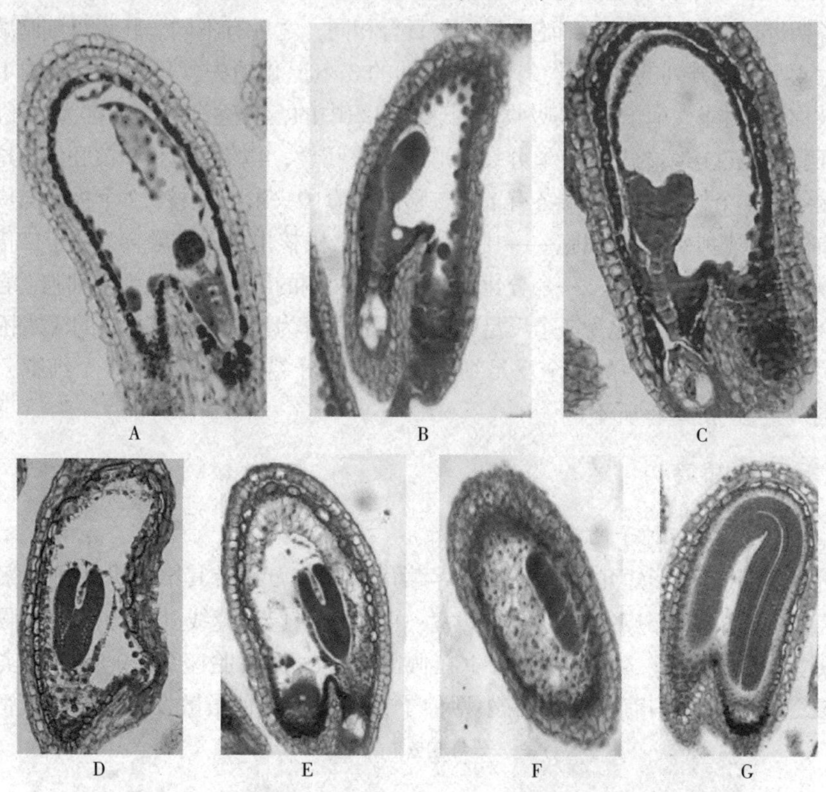

图 9-9　荠菜胚及胚乳的发育

A. 球形胚期　B. 游离核时期　C. 心形胚期　D. 鱼雷形胚期
E. 边缘形成胚乳细胞　F. 胚乳发育完成　G. 成熟胚期

(1)原胚时期

从合子不均等分裂形成顶细胞和基细胞的 2-细胞原胚到球形胚的各个时期。顶细胞参与构成胚体，基细胞多次横分裂发育为单列细胞组成的胚柄，它的最基部有 1 个高度液泡化的大型细胞称胚柄基细胞。胚柄将幼胚推送到胚囊中部(图 9-9A)。在胚发育后期大部分胚柄细胞解体消失。

双受精后形成的初生胚乳核的分裂早于合子，经过多次核分裂，形成了多数游离核，分布在胚囊周缘，尚未形成胚乳细胞(图 9-9B)，因此荠菜胚乳发育类型为“核型胚乳”。

(2)胚分化时期

幼胚开始分化出各种器官。在球形胚体顶端两侧的细胞分裂较快形成 2 个子叶原基，中间细胞分裂慢，形成凹陷，使整个胚呈心形(图 9-9C)，即为心形胚时期。当胚体和子叶继续长大后，呈鱼雷状，称鱼雷形胚(图 9-9D，E)。以后子叶随胚囊的形状而弯曲生长，胚柄逐渐退化。

此时胚囊靠外周的游离核开始形成细胞壁而成为胚乳细胞，胚乳细胞的形成是向心性的，由外向内形成细胞壁(图 9-9E，F)，最后胚囊都被胚乳细胞所充满。但以后随着胚体长大，胚乳细胞又常被发育中的胚吸收而解体。

(3)成熟胚时期

胚已经发育成熟呈弯形，有 2 片肥大的子叶，子叶之间夹生的小突起是胚芽，近珠孔端是胚根，胚芽与胚根之间为胚轴(图 9-9G)。此时胚乳大部分已被吸收，珠被发育为种皮，整个胚珠发育为种子。

3. 小麦胚的发育

取不同发育时期小麦胚的纵切片，观察其发育特点。

(1)原胚时期

包括 2-细胞原胚、4-细胞原胚、梨形胚等，此阶段细胞没有分化。

(2)胚分化时期

梨形胚的中上部一侧出现一个凹沟。凹沟以上部分将来形成盾片的主要部分及胚芽鞘的大部分；凹沟处，即胚中间部分，将来形成胚芽鞘的其余部分和胚芽、胚轴和外胚叶；凹沟的基部形成盾片的下部。

(3)成熟胚时期

胚已经发育成熟，包括胚芽、胚轴、胚根、盾片(1 枚子叶)，还包括胚芽鞘、胚根鞘，小麦还有外胚叶等。

小麦胚乳的发育类型也是核型胚乳。

取小麦成熟颖果纵切片，观察其果皮与种皮的愈合情况、胚乳所在位置、成熟胚的结构等(图 9-10)。

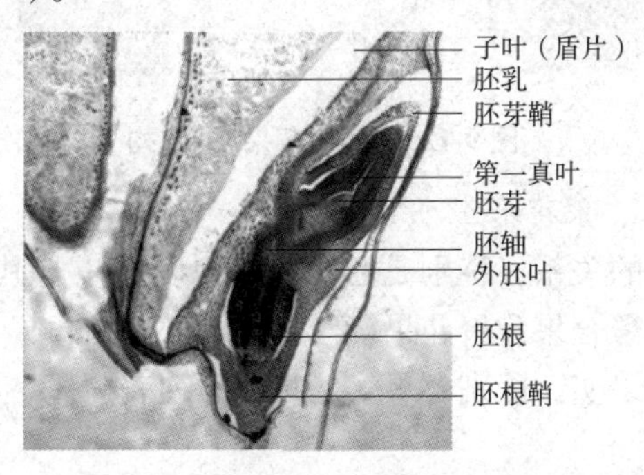

图 9-10　小麦颖果及纵切示成熟胚及胚乳

(八)果实的形成与发育

果实一般是由子房发育形成的，包括果皮和种子两部分。根据不同的分类方法，果实可分为真果、假果或单果、聚合果和聚花果。

1. 真果和假果

根据果实的来源，果实可分为真果和假果。

(1)真果

仅由子房形成的果实叫真果。如桃、番茄、柑橘(图 9-11)等。

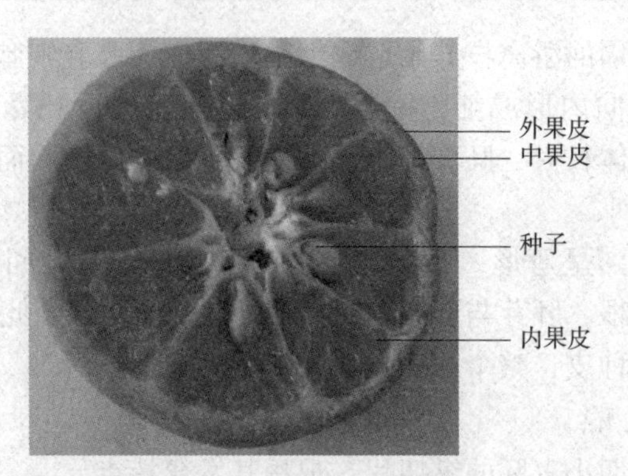

图 9-11　真果(柑橘)的结构

(2)假果

有些植物的果实，除子房外，还有花的其他部分(如花萼、花托等)参与了果实的形成，这样的果实叫假果。如黄瓜、苹果(图 9-12)等。

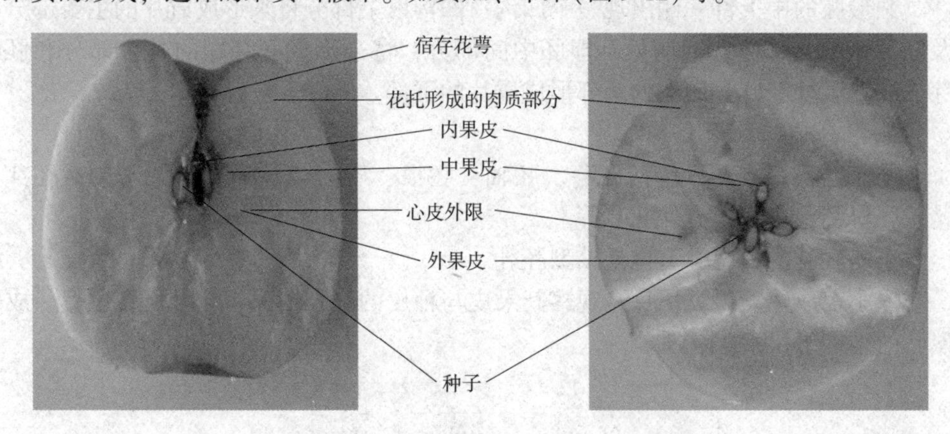

图 9-12　假果(苹果)的结构

2. 单果、聚合果、聚花果

根据花及雌蕊群的关系，特别是心皮之间以及心皮与其他花部之间的关系，可将果实分为单果、聚合果和聚花果(复果)。

观察各种类型的果实，区别各果实的特征并列表描述。

(1)单果

由一朵花中的一个雌蕊(单雌蕊或复雌蕊)发育形成的果实。包括肉质果和干果。

①肉质果：果皮或果实的其他部分成熟后通常肉质多浆。

浆果：由单雌蕊或复雌蕊的子房发育而来的果实，外果皮薄，中果皮和内果皮肉质化，有时内果皮变成“汁液状”。

核果：由单雌蕊或复雌蕊的子房发育而来的果实，外果皮薄，中果皮肉质化，内果皮骨质坚硬形成硬核。

梨果：由花托和下位子房愈合并强烈肉质化形成的假果，花托和外、中果皮肉质化无明显界线，内果皮革质，中轴胎座。

柑果：由复雌蕊且为中轴胎座的子房发育而来的果实，外果皮革质，中果皮疏松并有很多的维管束，内果皮形成多室，并向内形成许多表皮毛——汁囊。

瓠果：由复雌蕊的下位子房发育而来的果实。外果皮与花托愈合发育成坚硬的果皮，中果皮和内果皮肉质，侧膜胎座发达。

②干果：果实成熟时果皮干燥。根据果皮是否开裂，又可分为裂果和闭果。

A. 裂果：果实成熟时果皮开裂。根据心皮数目和开裂方式的不同又可分为：

蓇葖果：由单雌蕊的子房发育来的果实，果实成熟时，沿着腹缝线或背缝线一边开裂。

荚果：由单雌蕊的子房发育来的果实，果实成熟时，沿着腹缝线和背缝线两边同时开裂。

角果：由 2 心皮的复雌蕊的子房发育来的果实，在腹缝线生出薄膜状的假隔膜将 1 室分割成假 2 室，果实成熟时由下而上沿两腹缝线开裂，留在中间的是假隔膜。分为长角果和短角果。

蒴果：由复雌蕊的子房发育来的果实，子房 1 室或多室。果实成熟时有背裂、腹裂、空裂等多种开裂方式的果实。

B. 闭果：果实成熟时果皮不开裂。根据果皮及心皮的特征可分为：

瘦果：由复雌蕊的子房发育来的果实，具 1 室、1 粒种子，果皮和种皮分离。

颖果：由复雌蕊的子房发育来的果实，具 1 室，1 粒种子，但是果皮和种皮愈合。

坚果：由单雌蕊或复雌蕊的子房发育来的果实，果皮坚硬，内含 1 粒种子，果皮和种皮分离。

翅果：由单雌蕊或复雌蕊的子房发育来的果实，果皮的一部分常沿一侧或多侧延展成翅状，内含 1 粒种子，果皮和种皮分离。

分果(离果)：复雌蕊的子房发育形成的果实，有多个子房室，每室含 1 粒种子。果实成熟后各心皮沿着中轴分开，形成多个分果瓣，但小果的果皮不开裂。

双悬果：2 心皮复雌蕊的子房发育形成的分果，在果实成熟时，2 个分果悬挂于中央果柄上端的细长的心皮柄上。

(2)聚合果

由一朵花中多数离生单雌蕊和花托共同发育而成的果实。每一个雌蕊形成一个独立的单果(小果)，多个单果聚合在一个花托上，称聚合果(图 9-13)。

(3)聚花果(复果)

由整个花序发育所形成的果实，如桑葚、无花果、菠萝等(图 9-14)。

聚合蓇葖果（八角茴香）　聚合核果（树莓）　聚合坚果（莲）

聚合瘦果（草莓）

图 9-13　聚合果

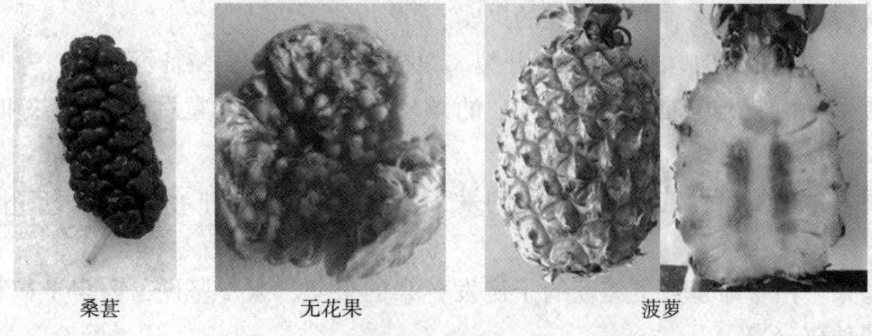

桑葚　无花果　菠萝

图 9-14　聚花果

五、作业

1. 拍摄实验观察的各典型结构的图像，制作 PPT，标注各部分结构名称。
2. 以表解形式总结由孢原细胞到成熟花粉粒(雄配子体)的发育形成过程。
3. 以表解形式总结由孢原细胞到成熟胚囊(雌配子体)的发育形成过程。

六、思考题

1. 什么是被子植物的双受精？为什么说双受精作用是被子植物进化的重要特征？
2. 双子叶植物和单子叶植物胚的发育有哪些特点？
3. 减数分裂在植物体生长发育的哪个阶段发生？有何意义？

实验十　低 等 植 物

一、实验目的

1. 通过对低等植物各大类群代表植物的观察，掌握低等植物各大类群的主要特征。

2. 区分各门藻类植物，了解它们在植物界的演化地位。

二、实验材料

1. 新鲜材料

色球藻(*Chroococcus* sp.)、颤藻(*Oscillatoria* sp.)、螺旋藻(*Spirulina* sp.)、念珠藻属(*Nostoc* sp.)、地木耳(*Nostoc commue*)、发菜(*Nostoc flogelliforme*)、裸(眼虫)藻(*Euglena* sp.)、衣藻(*Chlamydomonas* sp.)、水绵(*Spirogyra* sp.)、丝藻(*Ulothrix* sp.)、刚毛藻(*Chladophora* sp.)、轮藻(*Chara* sp.)、各种硅藻、紫菜(*Porphyra* sp.)、黑根霉(*Rhizopus* sp.)、青霉(*Penicillium* sp.)、酵母菌(*Saccharomyces* sp.)等，以及生长有各种藻类的自然水样。

2. 永久制片

水绵整体及接合生殖制片；衣藻、团藻(*Volvox* sp.)、实球藻(*Pandordorina* sp.)、空球藻(*Eudorina* sp.)等装片；细菌三型、发网菌(*Stemonitis* sp.)孢子囊、黑根霉、青霉、曲霉(*Aspergillus* sp.)等装片；伞菌(*Agaricus* sp.)过菌褶切片的制片、同层及异层地衣制片；海带(*Laminaria japonica*)孢子体横切面制片、海带配子体装片等。

3. 展示标本

藻类、菌类、地衣各类标本。

三、实验用品

显微镜、体视显微镜、镊子、解剖针、载玻片、盖玻片、培养皿、吸水纸、刀片、蒸馏水、纱布、I_2-KI 溶液等。

四、实验内容与方法

(一)蓝藻门(Cyanophyta)

1. 色球藻属(*Chroococcus*)

在淡水池塘、水沟及潮湿的土表常可采集到。吸取少量标本液制成临时制片，在显微镜下观察，色球藻常为单细胞或几个细胞构成的群体，细胞球形、半球形，常呈蓝绿色，细胞外有胶叫胶质鞘(图 10-1)。

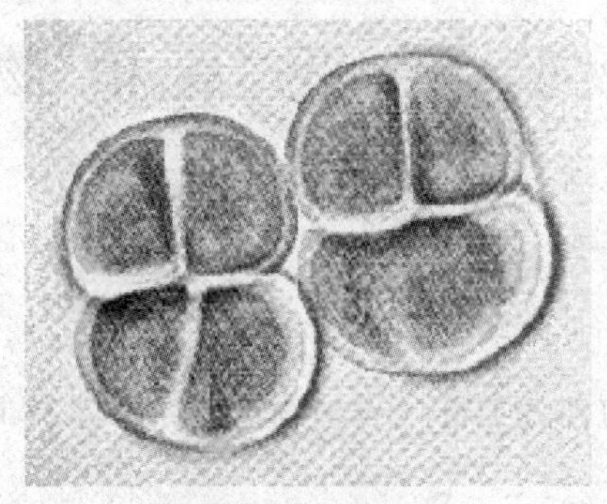

图 10-1　色球藻

2. 颤藻属(*Osciilatoria*)

生于湿地或浅水边，在富于有机质的污水中生长旺盛，为常见蓝藻 。

用镊子取少量颤藻或以吸管吸取少量含颤藻水样做成临时制片。先用低倍镜观察，可见颤藻为蓝绿色的单列细胞丝状体，在水中常摆动，藻体两端细胞常呈半圆形。在高倍镜下，可看出颤藻的细胞为扁平圆盘形，藻体胶质鞘不明显，无异形胞，但在藻丝中有时可见死细胞。死细胞无色透明，上下横壁呈双凹形。有时丝状体上还有胶化膨大的隔离盘。死细胞和隔离盘将丝状体隔成藻殖段(图 10-2A)。颤藻的细胞为原核细胞。细胞中央较透明的部分包含核物质，但无核结构，称中央质。细胞色素和贮藏物分布在周围细胞质中，称周质。周质中由于存在色素而呈蓝绿色。

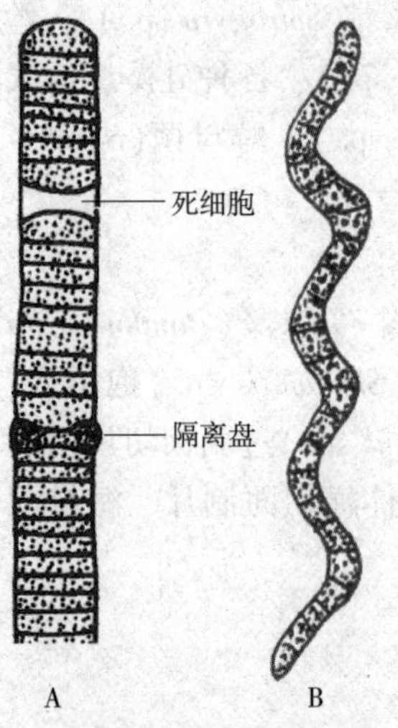

图 10-2　颤藻(A)**和螺旋藻**(B)(引自刘朝辉)

3. 螺旋藻属(*Spirucina*)

生活于高 pH 水(在 pH 8. 6~9. 5 的较高浓度的碳酸盐和碳酸氢盐)中，含高蛋白，现已可人工大量培养。

本属藻体多为多细胞丝状体，少数为单细胞。藻体常螺旋形(图 10-2B)。首先观察容器中含螺旋藻的液体颜色，呈蓝绿色。然后取 1 滴液体，制成临时制片依次在低倍镜及高倍镜下观察，观察藻体形态、颜色及运动情况，比较它和颤藻的异同。

4. 念珠藻属(*Nostoc*)

陆生种多生长在潮湿土表、岩石上，水生种一般附着在水底石块上或水生植物上生长。植物体为由念珠状的丝状体组成的群体，常具公共胶质鞘而外形呈片状、球状或发丝状，具异形胞，以藻殖段进行营养繁殖。

取干的地木耳或发菜，使之浸水膨胀(图 10-3A)，观察其外部形态并用手触摸，藻体黏滑。然后，用镊子撕取少量材料放于载玻片上并捣碎藻体，制成临时制片观察，观察藻丝是否有分枝，识别异形胞(图 10-3B)。

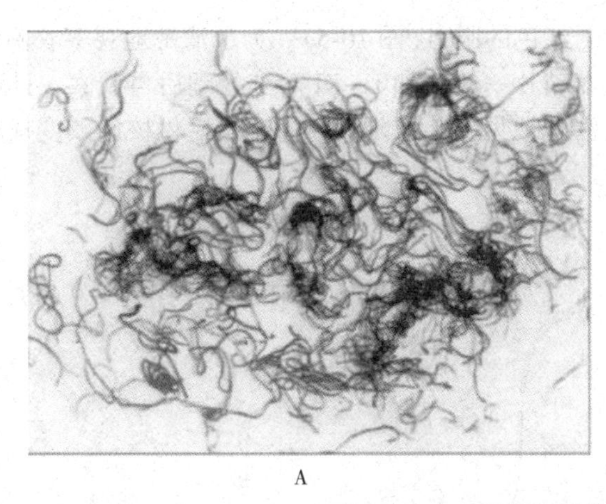

A

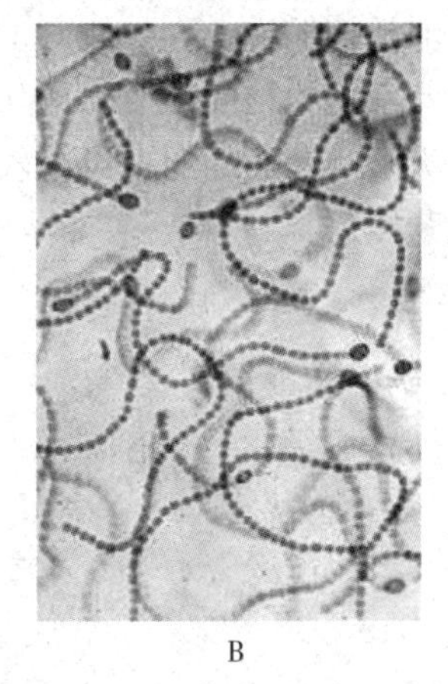

B

图 10-3 念珠藻属的发菜

（二）裸藻门（Euglenophyta）

裸藻又称眼虫藻，该门绝大多数为单细胞游动种类。由于它们一方面具有叶绿体，同化产物为副淀粉；另一方面又无细胞壁，可运动，并有胞口、眼点、储蓄泡。因此，它们既有植物性状，又有动物性状。

裸藻属（*Euglena*）

裸藻多生于有机质丰富的水体之中，在春夏季节的污水中常可找到，生长旺盛时常使水体变成绿色。

取 1 滴含有眼虫藻的水样制成临时制片，在显微镜下观察。该属藻体为可运动的纺锤形单细胞，前端较粗而钝圆，具有 1~3 条鞭毛，1 侧有 1 个红色眼点，后部较细。体表有 1 层周质膜，无纤维素的细胞壁。细胞中具有叶绿体，含有叶绿素 a、b 及胡萝卜素和叶黄素。储藏的养料是副淀粉和脂肪。副淀粉是一种多糖，在细胞内成颗粒状、杆状或环状等固定形状（图 10-4）。

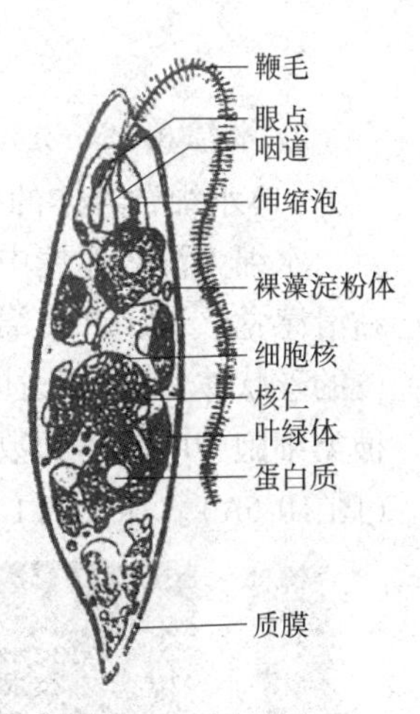

图 10-4 裸藻属

生活状态好的眼虫藻在显微镜下移动迅速，难以观察，可选择运动能力差但尚未变形的个体观察。注意有些个体变形成了球形，但其中的叶绿体和眼点均可见；可以用 I_2-KI 溶液染色，看有何变化。

（三）绿藻门（Chlorophyta）

1. 衣藻属（*Chamydomonas*）

分布广，多生于富含有机质的水体（水沟、池塘和积水洼地）中。

取 1 滴有衣藻的水样，制成临时制片，在低倍镜下找到藻体后，在高倍镜下观察。衣藻植物体为单细胞，多呈卵形或球形。细胞内常具有 1 枚厚底杯状的叶绿体，其底部具一蛋白核（淀粉核），细胞质中有一细胞核。细胞前端有 2 个发亮的小泡是伸缩泡，在一侧有 1 个红色的眼点(图 10-5)。为了清楚地观察衣藻的鞭毛和鉴别淀粉核的性质，可从盖玻片一侧滴加 I_2-KI 溶液处理后再观察，此时鞭毛因吸附碘液而加粗，可以较清楚地见到 2 根鞭毛。同时，淀粉核遇碘变成蓝紫色或紫黑色。

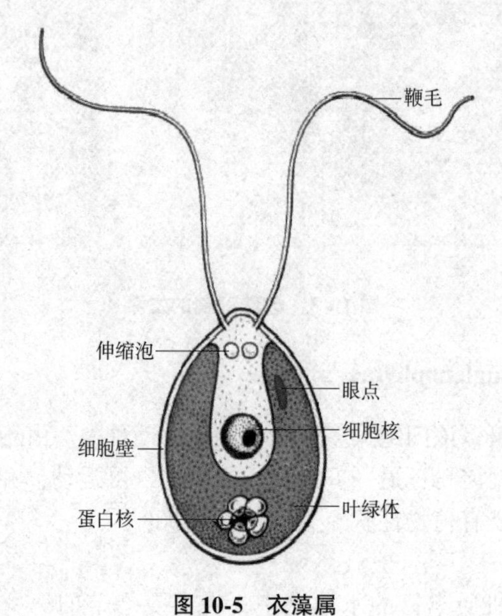

图 10-5　衣藻属

2. 水绵属(*Spirogyra*)

(1)水绵营养体的观察

水绵为淡水池塘中常见的一类丝状绿藻。在野外采集时，用手触摸植物体有黏滑感觉。取少许水绵藻丝制成临时制片观察或观察永久制片。水绵藻体为不分枝的丝状体，细胞长柱形，每个细胞内有 1 或几条带状叶绿体螺旋状盘绕(不同种类细胞中叶绿体的数量及盘绕方式不同)，叶绿体上可见蛋白核，又称淀粉核(图 10-6A)。加 1 滴 I_2-KI 溶液观察，可见蛋白核发生颜色改变。

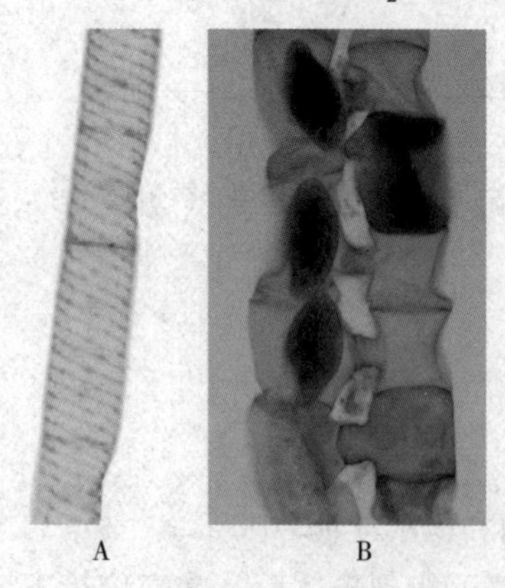

图 10-6　水绵

A. 营养细胞　B. 接合生殖

(2)水绵有性生殖的观察

取水绵接合生殖制片。水绵有性生殖称接合生殖，发生在春秋季节。在接合生殖时水绵的藻丝由绿变黄，2 条并列的藻丝细胞中部侧壁产生突起，两两相对连接，之后横壁解体形成一接合管。在此过程中，每个细胞(配子囊)中的原生质体逐渐浓缩成配子，一条藻丝中的配子以变形运动的方式移入相对的另一条藻丝的细胞中，2 个配子结合形成合子，结果是一条藻丝中输出配子的细胞仅留下空壁，而另一条藻丝中接收胚子的细胞中形成了合子(图 10-6B)，注意其形态。这种结合方式称为“梯形接合”。

3. 丝藻属(*Ucothrix*)

多固着生长于清洁流动水体中的石头上，丛生。呈深绿色毡层，用手触摸既不黏滑也不粗糙。用镊子取少量丝藻制作临时制片，在显微镜下观察，植物体为不分枝丝状体，注意观察其细胞结构(图 10-7)，特别是叶绿体形态，与水绵结构进行对比，有何异同？

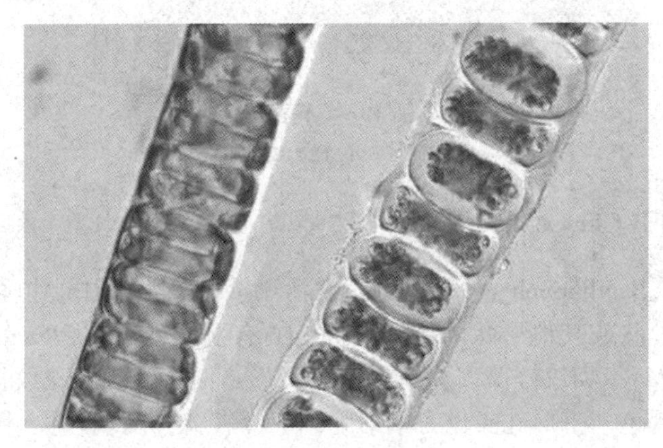

图 10-7　丝藻

4. 纲毛藻属(*Chladophora*)

分布很广，淡水中最常见，用手触摸感觉粗糙。用镊子取几条藻丝做临时制片，显微镜下观察，植物体是一种多分枝的丝状体，其细胞内具有网状叶绿体和多个细胞核(图 10-8)。注意比较纲毛藻与丝藻及水绵的不同。

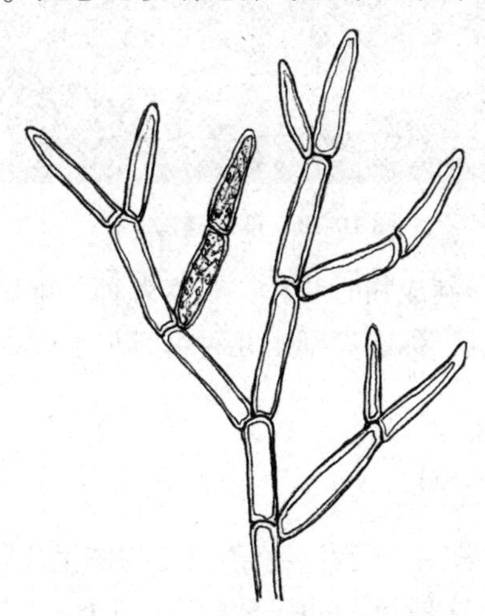

图 10-8　刚毛藻属(引自刘朝辉)

5. 轮藻属(*Chara*)

藻体高度分化，植物体多大型，一般高约 10~60 cm，多生于淡水中。观察轮藻浸泡标本，注意分辨轮藻的主枝、侧枝和轮生短分枝，有无假根，生在何处？辨别植物体上的节与节间，轮藻的生殖器官就生在轮生的短分枝节上，观察卵囊及精子囊的生长位置(图 10-9)，并比较二者的形状与大小。

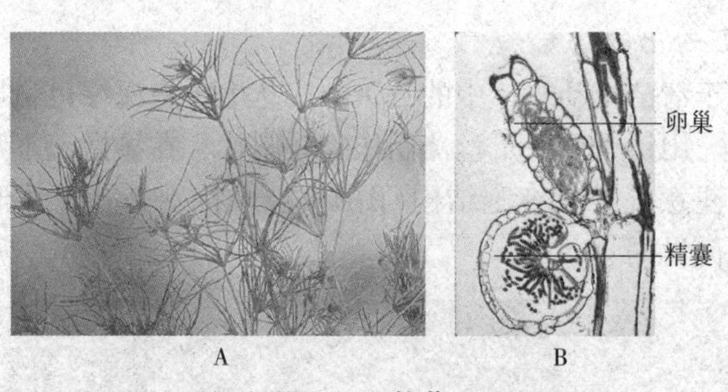

图 10-9 轮藻

A. 营养枝 B. 精子囊和卵囊

(四)金藻门(Chrysophyta)

以硅藻纲（Bacillariophyceae)为例，生活于淡水及海水中，植物体多为单细胞，也可连成丝状或其他形状的群体。常见的有羽纹硅藻属(*Pinnularia*)及舟形硅藻属(*Navicula*)。羽纹硅藻多为单细胞，长形，两端钝圆，花纹排列成两侧对称，色素体黄褐色。舟形硅藻也为单细胞，中部较宽，两端较尖(图 10-10)，或为头状、喙状，在显微镜下大多类似于一个个黄褐色小船，且有自发运动。

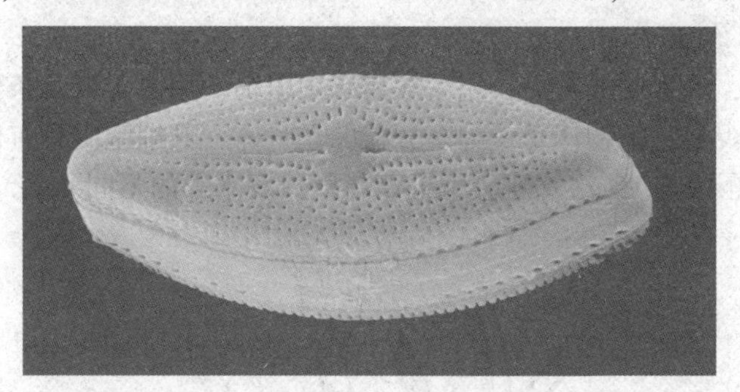

图 10-10 舟形硅藻

取 1 滴含有硅藻的水样制成临时装片，观察各种单细胞藻类，注意它们的形状、大小、纹饰及运动特点，你能识别出几种硅藻？水样中也可观察到群体性的硅藻。

(五)红藻门(Rhodophyta)

以紫菜属(*Porphyra*)的紫菜为代表。紫菜属植物体呈片状，新鲜的植物体颜色呈暗红、紫红或玫瑰红色，这是紫菜的配子体(图 10-11)，其生活史属配子体发达的异型世代交替类型。取一小片紫菜(配子体)制成临时制片观察：藻体为薄膜状，多数只有 1 层细胞厚，细胞内含 1 个细胞核，载色体星芒状，上有 1 个蛋白核；有时可在叶状体上观察到果孢子囊和精囊，前者为深紫红色，后者为乳白色。

观察红藻门其他植物腊叶标本，如红皮藻(*Palmaria* sp.)、石花菜(*Gelidium amansii*)、蜈蚣藻(*Grateloupia* sp.)、江蓠(*Gracilaria verrocosa*)、海萝(*Gloiopeltis furcata*)及角叉菜(*Chondrus ocellatus*)等，了解红藻门的多样性。

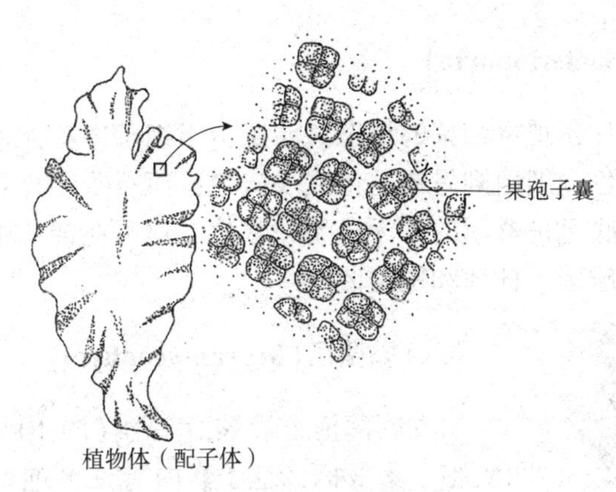

图 10-11 紫菜

(六)褐藻门(Phaeophyta)

观察海带孢子体标本，藻体大型，呈长带形，由固着器、带柄、带片三部分组成。其生活史属孢子体占优势的异型世代交替。

取海带带片横切制片观察，其结构分为三部分：最外层为表皮，中部为皮层，中央为髓部。在生殖季节，孢子囊生于带片表面，孢子囊长卵形，与隔丝相间分布，隔丝细胞上部略膨大，并高出孢子囊形成胶质冠，厚而透明，有保护孢子囊的作用；孢子囊与隔丝组成子实层。

海带配子体很小，取海带配子体制片在显微镜下观察。雌配子体由 1~2 个细胞组成，细胞多为球形或梨形，每个细胞都可以形成 1 个卵囊，内含 1 个卵细胞。雄配子体是由几个至几十个细胞组成的分枝丝状体，枝端的细胞形成精囊，内含多数侧生 2 根鞭毛的梨形精子(图 10-12)。

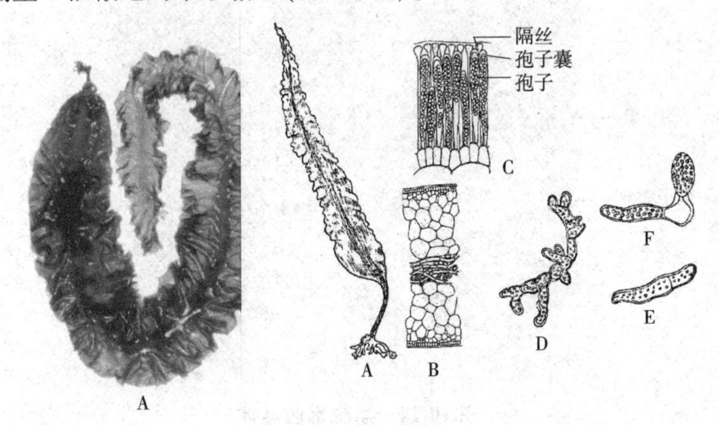

图 10-12 海带

A~C. 孢子体及其横切面：A. 孢子体外形 B. 孢子体带片横切 C. 带片表面产生孢子囊

D~F. 配子体：D. 雄配子体 E. 幼雌配子体 F. 成熟雌配子体

观察褐藻门其他植物腊叶标本，如鹿角菜(*Pelvetia silequosa*)、裙带菜(*Undaria pinnatifida*)、鼠尾藻(*Sagassum thunbergii*)及海黍子(*Sagassum kjelmanianum*)等，了解褐藻门的多样性。

(七)细菌门(Bacteriophyta)

取细菌三型装片，观察细菌的形态。注意由于细菌本身无色，故制作装片时常使装片背景呈黑色，细菌则呈现白色或浅蓝色；而有些装片是将细菌染成蓝黑色后制成装片，故底色是透明的。无论哪种装片，均可在装片中找到3种形态的细菌，它们分别为球菌、杆菌和螺旋菌。

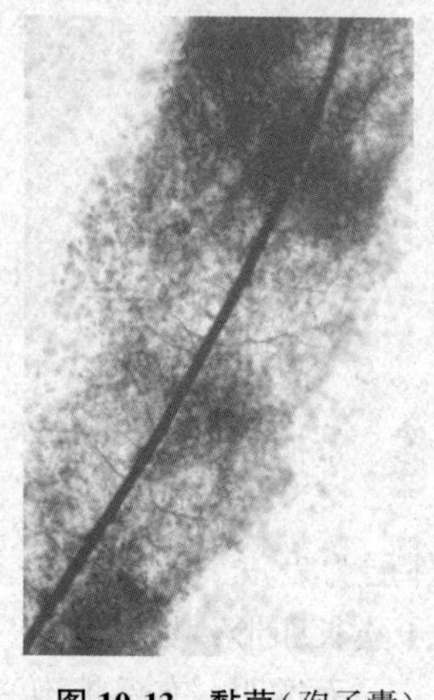

图 10-13 黏菌(孢子囊)

(八)黏菌门(Myxomycophyta)

取发网菌孢子囊装片观察(图 10-13)。在显微镜下可见孢子囊及柄，孢子囊内有许多孢丝交织成网，孢子藏在网眼中，孢子的壁是由纤维素构成的。请思考：这是黏菌的什么时期？孢子囊内还有何结构？

(九)真菌门(Eumycophyta)

1. 黑根霉属(*Rhizopus*)

为藻状菌纲(Phycomycetes)植物，常见于陈腐的馒头、面包、水果等食品上。

在解剖镜下观察培养好的黑根霉群落。观察菌丝特征，注意孢子囊是否已产生，如产生，观察其形态及颜色，孢子囊与菌丝的关系？

在显微镜下观察黑根霉永久制片，可见其菌丝无横隔，具匍匐枝、假根和孢子囊、孢子(图 10-14)。

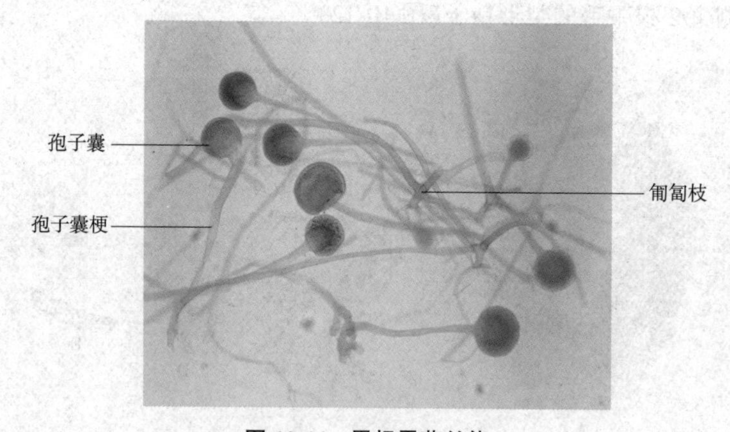

图 10-14 黑根霉菌丝体

1. 孢子囊 2. 孢子囊梗 3. 匍匐枝

2. 酵母菌属(*Saccharomyces*)

属于子囊菌纲(Ascomycetes)，菌体为单细胞，在发酵工业中应用广泛。取1滴鲜酵母液制成临时制片，观察酵母菌的形状(细胞呈卵形或椭圆形)、细胞结构。注意观察出芽繁殖形成的分支链状结构。

3. 青霉属(*Penicillium*)

属于子囊菌纲。生长在腐烂的水果、面包等食品上。在解剖镜下观察培养好的青霉群落。观察菌丝特征，注意孢子囊是否已产生，如产生，仔细观察并对比与黑根霉孢子囊的区别。

取青霉属制片，在显微镜下观察。其菌丝与黑根霉有何不同？注意扫帚状的分生孢子囊梗的分枝方式及在最末端的小梗上产生的成串绿色分生孢子的情况(图 10-15 A)。并在解剖镜下观察生长于橘皮上的青霉群落。

同时观察曲霉属制片(图 10-15 B)，并与青霉属比较。

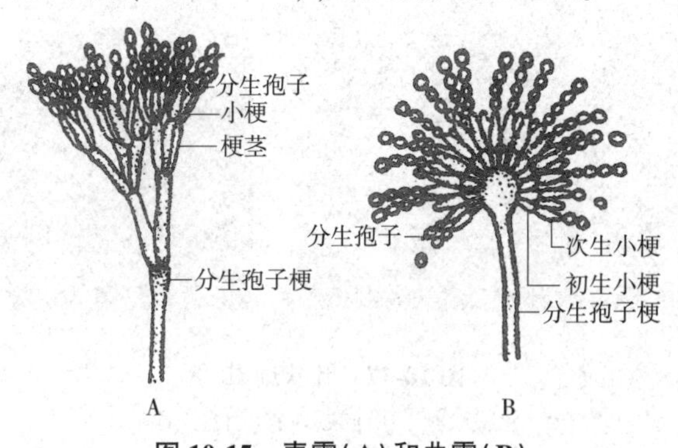

图 10-15　青霉(A)和曲霉(B)

4. 伞菌属(*Agaricus*)

属于担子菌纲(Basidiomycetes)。伞菌生活史中子实体阶段发达，易于观察识别。从外形上看，子实体分为菌盖和菌柄两部分，它们都是由菌丝交织而成的致密结构。菌盖下面有菌褶，其两面为子实层。

取伞菌过菌褶的切片，先在低倍镜下观察菌褶和子实层，再转高倍镜下观察，可见子实层是许多短柱状的隔丝和担子垂直菌褶表面排列而成(图 10-16)，担子末端形成 4 个短小的担子柄，每个柄上有 1 个球形担子，但在制片中不易同时看到 4 个担孢子，为什么？

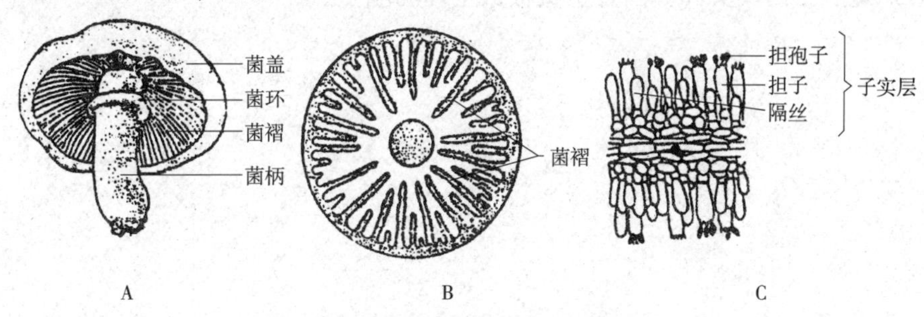

图 10-16　蘑菇的外形和菌褶的构造

A. 蘑菇的子实体　B. 菌盖横切面　C. 菌褶一部分放大

(十)地衣门(Lichenes)

观察各种地衣标本，了解壳状、叶状、枝状地衣的形态。

观察叶状地衣制片，区分同层地衣和异层地衣。

1. 异层地衣

自上而下分为上皮层(由菌丝紧密交织而成)、藻胞层(藻细胞集中分布的区域)、髓层(由疏松菌丝组成)和下皮层(亦由菌丝紧密交织而成)(图 10-17 A)。有时在制片中可以看到菌丝较致密交织形成的囊状结构，即子囊果，你能判断它的类型吗?

2. 同层地衣

其切面中无藻胞层与髓层的区分，即共生藻细胞分散分布在菌丝中(图 10-17B)。

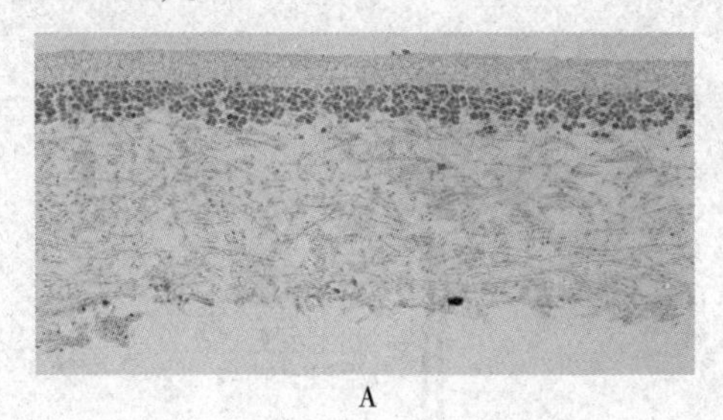

A

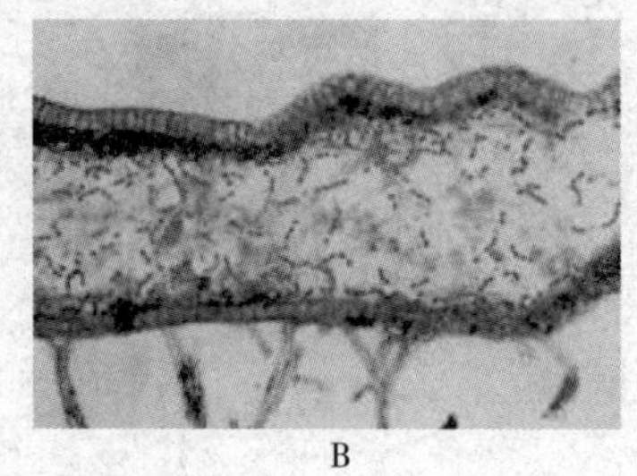

B

图 10-17 叶状地衣

A. 异层地衣 B. 同层地衣(引自王丽)

观察常见地衣标本，区分壳状地衣、叶状地衣及枝状地衣。

五、作业

拍摄实验中所观察到的藻类、菌类植物及地衣的显微结构图像，制作 PPT，并注明各部分名称。

六、思考题

1. 蓝藻有哪些特点?其原始性表现在哪些方面?
2. 地衣中的藻类和真菌各担负什么生理功能?

实验十一　颈卵器植物

一、实验目的

1. 通过代表植物的观察，掌握苔藓植物、蕨类植物、裸子植物各大类群的主要特征，识别各常见植物。

2. 通过与藻类和菌类比较，理解苔藓植物在植物界中的系统地位；通过对蕨类植物、裸子植物特征比较，理解它们在植物界的系统地位。建立系统发育的概念。

二、实验材料

1. 新鲜材料

地钱(*Marchantia polymorpha*)、耳叶苔属(*Frullania*)、角苔属(*Anthoceros*)、葫芦藓(*Funaria hygrometrica*)、泥炭藓属(*Sphagnum*)、紫萼藓属(*Grimmia*)、绢藓属(*Entodon*)、鳞叶藓属(*Taxiphyllum*)、中华卷柏(*Selaginella sinensis*)、蔓出卷柏(*S. davidii*)、木贼属(*Equisetum*)、肾蕨(*Nephrolepis auriculata*)、银杏(*Ginkgo biloba*)、油松(*Pinus tabulaeformis*)、白皮松(*P. bungeana*)、华山松(*P. armandii*)、雪松(*Cedrus deodara*)、侧柏(*Platycladus orientalis*)、圆柏(*Sabina chinensis*)及水杉(*Metasequoia glyptostrobides*)等具大小孢子叶球的枝条。

2. 永久制片

地钱叶状体横切制片(具胞芽杯)，地钱雌、雄生殖托纵切制片，地钱孢子体纵切、藓原丝体装片，葫芦藓(或金发藓)具精子器或颈卵器的植物体制片，藓孢子体纵切制片；蕨叶(具孢子囊群)横切片、蕨原叶体装片、蕨幼孢子体装片。

3. 展示标本

苔藓植物、蕨类植物和裸子植物的常见代表植物标本。

三、实验用品

显微镜、体视显微镜、镊子、解剖针、载玻片、盖玻片、培养皿、吸水纸、刀片、蒸馏水、纱布等。

四、实验内容与方法

(一)苔藓植物门(Bryophyta)

苔藓植物分为3纲，即苔纲、藓纲和角苔纲。

1. 苔纲(Hepaticae)

以苔纲地钱目(Marchantiales)地钱科(Marchantiaceae)的地钱(图 11-1)为例观察苔纲的主要特征。地钱，为常见苔类，产于我国各省区，世界广布种。生于阴湿的土地、林地、墙下、水沟边或水井边。

(1)地钱配子体外部形态

地钱的配子体为绿色叶状体，二叉分枝，有背面和腹面之分，叶状体边缘有小裂瓣或小圆齿。腹面为贴地的一面，有多数无色的毛状假根和紫色鳞片(4~6列)；在解剖镜下可见其背面有许多菱形小格，每个小格就是 1 个气室，中央有 1 个气孔。地钱的生长点在叶状体前端的凹入处(图 11-1)。

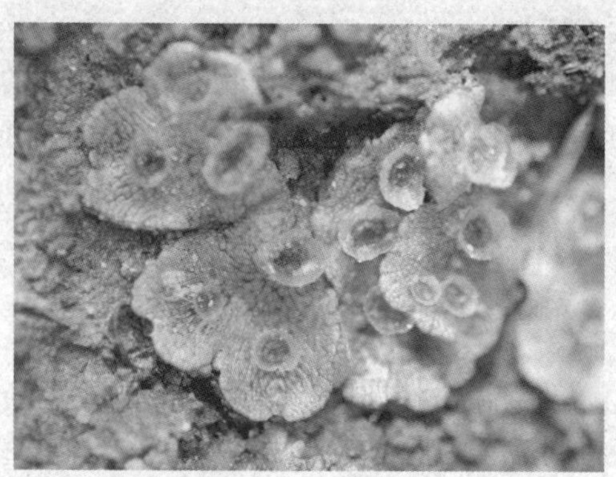

图 11-1 地钱植株

(2)地钱叶状体的内部结构

取地钱叶状体横切制片，在显微镜下观察。首先在低倍镜下观察全貌，然后从上表皮开始顺序观察内部结构。上表皮由一层表皮细胞组成，上有烟囱状的、不能闭合的气孔，气孔下方就是气室，另有同化组织和由大型无色细胞构成的贮藏组织，最下面一层为下表皮，其上有假根和鳞片(图 11-2)。

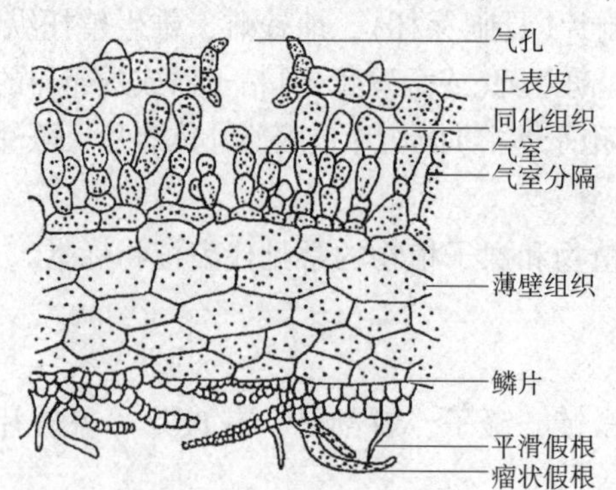

图 11-2 地钱叶状体横切面

(3)地钱的芽孢杯和胞芽

芽孢杯为地钱的营养繁殖器官，生长在叶状体背面，形似杯子，内有很多微小绿色小片即胞芽。显微镜下的胞芽形状像“鼓藻”，两边各有一个凹处，边缘薄中间厚，基部有一个无色细胞的短柄(图 11-3)。

图 11-3　地钱的芽孢杯

(4)地钱的雄生殖托和雌生殖托

地钱雌雄异株。雄株上的雄生殖托着生在叶状体背面，托柄细长，顶端的圆形托盘边缘具波状浅裂。雌生殖托也生长在雌株的叶状体背面，托柄的长度与雄生殖托的托柄等长。用放大镜(或解剖镜)观察，可见其雄生殖托表面有许多小孔，这就是托盘内精子器的开口。雌生殖托亦有 1 长托柄，托盘边缘是 8~10 条指状芒线，在两个芒线之间各倒悬 1 列颈卵器(图 11-4)。

A　B

图 11-4　地钱的雄生殖托和雌生殖托

A. 雄生殖托　B. 雌生殖托

观察雌雄生殖托纵切永久制片，可观察到雄生殖托的托盘内有许多精子器腔，每一腔内有 1 个卵圆形具短柄的精子器，外有一层不育包被保护，其内每个细胞产生 1 个游动精子。在雌生殖托的纵切制片中可见倒悬的颈卵器位于指状芒线之间，颈卵器膨大的腹部在上，颈部细长，其中央有 1 列颈沟细胞，腹部有腹沟细胞和 1 个大的卵细胞(图 11-5)。

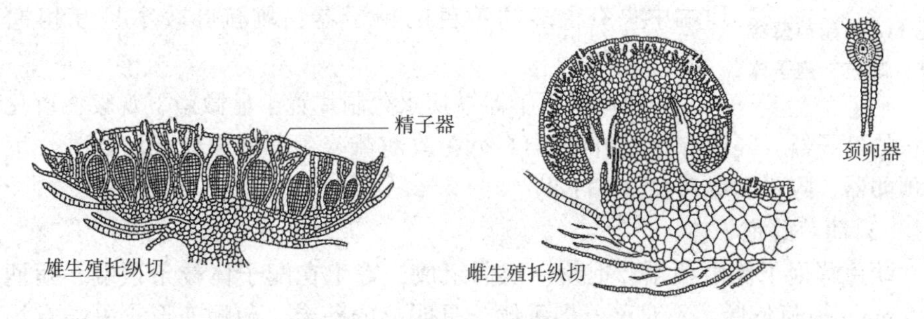

图 11-5　地钱的精子器和颈卵器

(5)地钱的孢子体

观察地钱孢子体纵切永久制片，可看到其孢子体由孢蒴、蒴柄和基足三部分组成(图 11-6)。

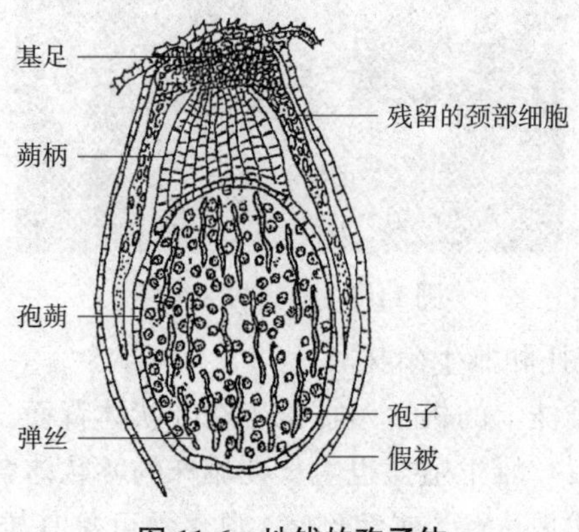

图 11-6 地钱的孢子体

2. 藓纲(Musci)

以葫芦藓为例观察。葫芦藓，为葫芦藓目(Funariales)葫芦藓科(Funariaceae)植物。土生藓类，我国各省区有分布。习见于林地、林缘或路边土壁上、岩面薄土、村落边、墙脚等阴凉湿润地方，喜有机质多的生境。

图 11-7 葫芦藓雄枝、雌枝、孢子体

观察新鲜葫芦藓(或其他藓类)或腊叶标本、浸制标本，识别配子体及孢子体，结合永久制片观察，掌握葫芦藓配子体、孢子体构造。

(1)葫芦藓配子体外部形态

植物体丛集或大面积散生，黄绿带红色。植株具拟茎、拟叶和假根，拟茎高 1~3 cm，拟叶从生，螺旋状着生，阔卵圆形、卵形或舌形，具 1 条明显的中肋。葫芦藓雌雄同株异苞，发育初期雄苞顶生，呈花蕾状，雌苞则生于雄苞下的短侧枝上，当雄枝萎缩后即转成主枝(图 11-7)。

(2)葫芦藓的精子器和颈卵器

葫芦藓雌雄同株但不同枝。若恰逢形成生殖器官时，雌雄株可用肉眼区分。雄株顶端的雄苞叶较宽且外翻，枝顶端中央有很多橘黄色的精子器；雌苞叶较窄且互相抱在一起呈芽状。

取葫芦藓精子器纵切永久制片置于显微镜下观察，可见有棒状的精子器、隔丝和雄苞叶(图 11-8)；取葫芦藓颈卵器纵切永久制片，可见有颈卵器、隔丝和雌苞叶(图 11-8)。

(3)葫芦藓孢子体

葫芦藓孢子体由蒴帽、孢蒴、蒴柄组成，寄生在配子体枝条顶端。蒴柄长 2~5 cm；孢蒴梨形，不对称，多垂倾，具明显的蒴台；蒴帽兜形，先端有细长喙状尖头，形似葫芦瓢状(图 11-9)。

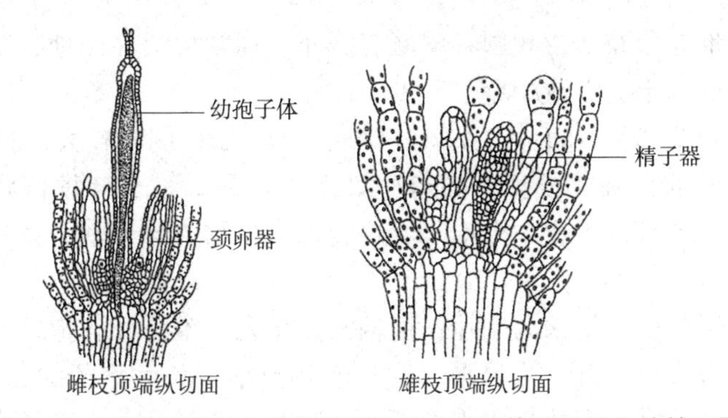

图 11-8　葫芦藓雌枝上的颈卵器和幼小孢子体及雄枝上的精子器

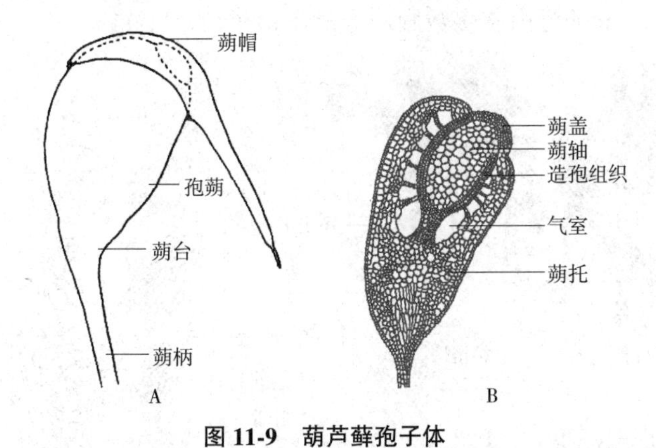

图 11-9　葫芦藓孢子体

A. 葫芦藓孢子体外形　B. 葫芦藓孢蒴纵切

其他常见苔藓植物还有：立碗藓（*Physcomitrium sphaerium*）、盔瓣耳叶苔（*Frullania muscicola*）、蛇苔（*Conocephalum conicum*）、阔叶小石藓（*Weisia controversa*）、紫萼藓属（*Grimmia*）、羊角藓（*Herpetineuron toccoae*）、牛角藓（*Cratomeuron filicinum*）、鼠尾藓（*Myuroclada maximowiczii*）、绢藓属、鳞叶藓属、狭叶小羽藓（*Haplocladium angustifolium*）、柳叶藓（*Amblystegium serhpens*）、金发藓属（*Polytrichum*）等。

（二）蕨类植物（Pteriophyta）

1. 卷柏属（*Selaginella*）

以中华卷柏、蔓出卷柏（图 11-10）为例观察卷柏属植物的形态特征。

图 11-10　蔓出卷柏

卷柏属为世界分布属，我国各省区有分布。通常生活在山地、阴湿林下、草地、林缘的岩面、土坡上或峭壁上。

卷柏属植物茎匍匐或直立，小型叶排成4行，2行侧叶较大，2行中叶较小，植株基部具无叶的根托，根托末端着生许多不定根。孢子叶穗棒状，生小枝顶端，每一孢子叶叶腋内着生1个孢子囊。卷柏属植物为异型孢子植物，即孢子有大小孢子之分(图11-11)。

取卷柏孢子叶穗纵切永久制片，穗轴两侧排列着孢子叶，孢子叶基部的腹面有叶舌，孢子有大小之分，为异形，孢子囊具囊柄。长大孢子的囊叫大孢子囊，叶为大孢子叶；长小孢子的囊叫小孢子囊，叶为小孢子叶；大孢子囊内有4个大孢子，壁厚；小孢子囊内有多数圆球形的小孢子(图11-11)。

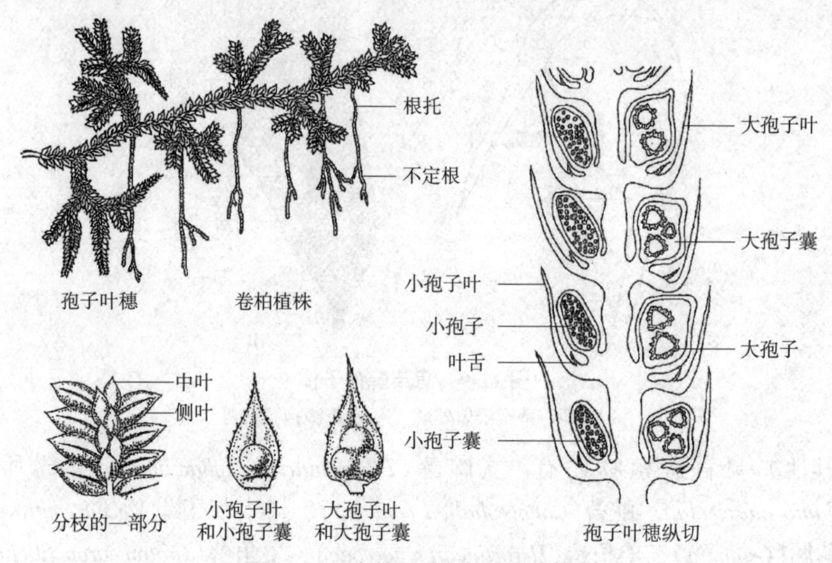

图11-11　卷柏属(引自王幼芳等)

2. 肾蕨属(*Nephrolepis*)

以肾蕨、铁线蕨盆栽植株等植物的腊叶标本为观察对象，了解肾蕨类植物孢子体的结构特征和孢子囊群结构，掌握配子体结构特点。

(1)孢子体

观察盆栽的肾蕨植株，即孢子体。肾蕨的叶为大型叶，叶簇生，草质，光滑，无毛，叶片披针形，长30~70 cm，宽3~5 cm，一回羽状，羽片无柄，以关节着生于叶轴，边缘有疏浅钝齿(图11-12)。孢子囊群肾形，生于每组侧脉的上侧小脉顶端。观察有无囊群盖？

(2)孢子囊群、孢子囊和孢子及蕨叶结构

取过孢子囊的叶横切制片(图11-13)，在显微镜下观察孢子囊群结构，区分囊群盖、孢子囊柄、孢子囊，仔细观察孢子囊，可见孢子囊壁上有一圈特殊的细胞，即环带细胞。这些细胞和其他囊壁细胞有何不同？它们有什么用途？在孢子囊中你看到孢子了吗？它们是孢子母细胞经减数分裂形成的。观察蕨叶横切，你看到维管组织了吗？想一想孢子囊群和叶的关系。

图 11-12　肾蕨

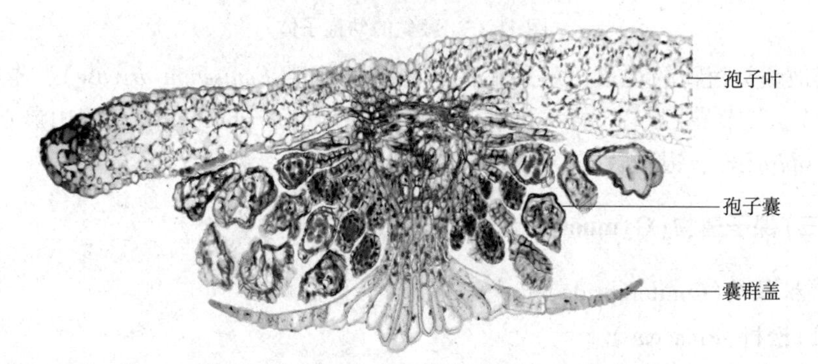

图 11-13　蕨的孢子叶横切面(引自王丽等)

(3)配子体(原叶体)

孢子在适合的环境下萌发长成配子体，也称原叶体。取原叶体制片(图 11-14)观察，可见原叶体心形，边缘部分由单层细胞组成，中央部分则有多层细胞。原叶体腹面生有无数假根，颈卵器和精子器均生于原叶体腹面。颈卵器多生于原叶体凹入口附近，其腹部埋于原叶体中，颈部露出；精子器常着生于原叶体的中后部及边缘，球形通常突出表面。

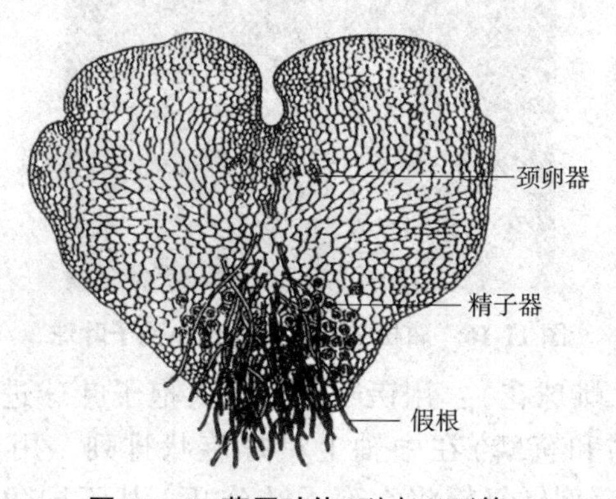

图 11-14　蕨原叶体(引自王丽等)

(4)幼孢子体的观察

观察幼孢子体制片，可观察到幼孢子体从原叶体上长出。此时，孢子体暂时靠原叶体生活(图 11-15)。它和成熟孢子体形态一样吗？幼孢子体何时能独立生活？原叶体以后还存在吗？

图 11-15 蕨类的幼孢子体

其他蕨类植物的观察：观察腊叶标本，如问荆(*Equisetum arvense*)、木贼(*E. hiemale*)、节节草(*E. romosissimum*)、冷蕨(*Cystopteris fragilis*)、过山蕨(*Camptosorus sibiricus*)、银粉背蕨(*Aleutoteris argentea*)等。

(三)裸子植物(Gymnospermae)

1. 松柏纲(Coniferopsida)

(1)松科(Pinaceae)

取一段油松枝条进行观察，可见其叶针形，2 针 1 束，当年生新枝的顶端顶生或侧生数个紫红色的大孢子叶球，基部簇生数个棕黄色小孢子叶球(图 11-16)。

图 11-16 油松枝条，示大、小孢子叶球

①大孢子叶球(雌球花)：用镊子取 1 个大孢子叶球进行观察，可观察到大孢子叶(包括珠鳞和苞鳞)在中轴上呈螺旋状排列。用刀片纵切大孢子叶球，在解剖镜下用解剖针轻轻将大孢子叶分开，从不同角度观察，可见大孢

子叶成对着生，位于上部大的是珠鳞，其背面基部为苞鳞，苞鳞较小。而珠鳞腹面的近基部处有 2 个倒生的胚珠。取 1 对完整的珠鳞和苞鳞，观察各部分结构。然后，取油松大孢子叶球纵切片，进一步仔细观察珠鳞和苞鳞及胚珠的结构(图 11-17)。

②小孢子叶(雄球花)：取 1 个小孢子叶球置于解剖镜下观察，可见小孢子叶螺旋状排列于中轴上。取下 1 片小孢子叶观察其背面，背面着生有 2 个小孢子囊(花粉囊)。打开小孢子囊，能观察到许多小孢子(花粉)，将小孢子制成临时制片在显微镜下观察其具有 2 个气囊的特征(图 11-17B，C，D)。

③观察球果及种子：取 3 年生大孢子叶球，可见种鳞螺旋状排列在球果轴上，能观察到苞鳞吗？种鳞背侧顶端扩大成鳞盾，鳞盾中部隆起的为鳞脐，鳞脐中央的小突起叫鳞棘。请思考种鳞和珠鳞的关系。依次取下种鳞，有的种鳞基部还有 2 枚带翅的种子(图 11-17G)。种子的组成情况包含了几个世代的成分？

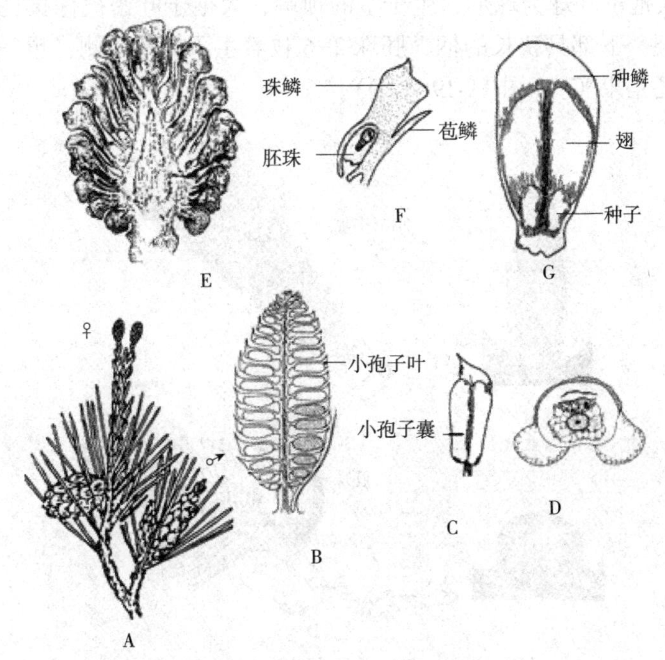

图 11-17　松属(引自王丽等)

A. 松属枝条示大、小孢子叶球　B. 小孢子叶球纵面　C. 小孢子叶
D. 小孢子　E. 大孢子叶球纵切　F. 大孢子叶　G. 种鳞与种子

(2)柏科(Cupressaceae)

观察侧柏新鲜小枝，叶为鳞形叶，长 1~3 mm，紧贴小枝上，交叉对生，叶背中部具腺槽。雌雄球果同株(图 11-18)。

侧柏的大孢子叶球为圆球形，苞鳞和珠鳞完全结合，每个大孢子叶球有 4 对交互对生的珠鳞，其中仅中间 2 对珠鳞每片的叶腋内有 2 个胚珠，最内的 1 对珠鳞通常不发育，最下的 1 对珠鳞短小，退化。小孢子叶球的 6 对小孢子叶交互对生，每个盾形小孢子叶下面有花粉囊 2~4 个。

图 11-18　侧柏枝条，示小孢子叶球生于枝条顶端

2. 苏铁纲(Cycadopsida)

观察苏铁的大、小孢子叶球。苏铁为雌雄异株植物，其小孢子叶球由多数长盾形的小孢子叶螺旋状着生于中轴上，小孢子叶背面着生许多小孢子囊(图 11-19A，B)。大孢子叶球为球形，生于茎的顶端，大孢子叶密被棕黄色茸毛，上部边缘羽状分裂，下部具狭长的柄，胚珠 2-6 枚着生于柄部两侧，想一想成熟后形成的是种子还是果实？(图 11-19C，D)。

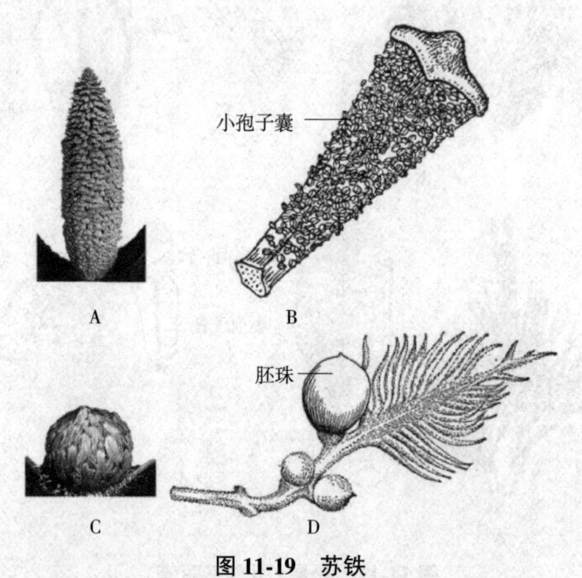

图 11-19　苏铁

A. 小孢子叶球　B. 小孢子叶　C. 大孢子叶球　D. 大孢子叶

3. 银杏纲(Ginkgopsida)

观察银杏大孢子叶球和小孢子叶球的结构。银杏也是雌雄异株，大、小孢子叶球生于短枝顶端的苞腋内，观察其着生情况，孢子叶球的形态、大小及结构(图 11-20)。小孢子叶球柔荑状下垂，柄状小孢子叶螺旋状着生在孢子叶球的中轴上，每一小孢子叶顶端着生 2 个下垂的肾形孢子囊，其内充满小孢子(花粉粒)。大孢子叶球由柄部、大孢子叶及胚珠三部分组成。柄部顶端有 2 个分叉，即大孢子叶(又称珠领)，在每一珠领上各有 1 个裸露的直生胚珠，每个大孢子叶球中有 1 枚胚珠败育，仅 1 个发育为种子。

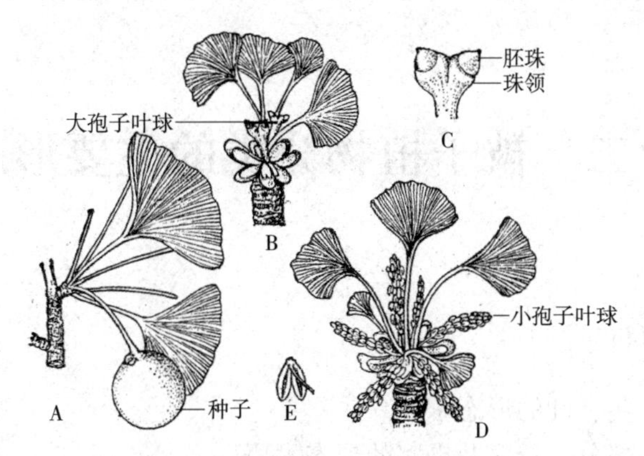

图 11-20　银杏(引自王丽等)

A. 长短枝及种子　B. 着生大孢子叶球的短枝　C. 大孢子叶球
D. 着生小孢子叶球的短枝　E. 小孢子叶球

五、作业

1. 拍摄实验中所观察的颈卵器植物的外部形态及内部显微结构的图像，制作 PPT，注明种类及各种结构的名称。

2. 列表总结苔藓植物、蕨类植物及裸子植物的主要特点。

六、思考题

1. 比较苔纲和藓纲的区别。

2. 蕨类植物在哪些方面比苔藓植物更进化和适应陆地生活？

3. 比较蕨类植物和裸子植物的异同。哪类植物更适合陆生生活？为什么？

实验十二　被子植物分类的主要形态术语

一、实验目的

1. 掌握根、茎、叶的形态术语。
2. 掌握花各部分、花序及果实的形态术语。
3. 正确理解和掌握主要形态术语的含义。

二、实验材料

各种和根系、茎生长习性、叶序、叶形、叶尖、叶基、叶缘、叶脉、叶裂、复叶、花序、花冠、雄蕊、雌蕊、胎座、子房、果实等相关的腊叶标本及新鲜材料。

三、实验用品

体视显微镜、放大镜、镊子、解剖针、载玻片、培养皿、刀片等。

四、实验内容与方法

被子植物分类是以植物的形态特征作为主要的分类依据，而各器官的形态特征都用特定的名词术语来描述，因此，在学习或进行分类工作之前，必须熟悉、掌握这些术语，才能准确鉴定、描述植物，正确地进行分类。

观察相关形态术语的腊叶标本及图片，动手解剖新鲜植物材料并观察和理解常用的被子植物分类形态术语。

(一)根

根系类型分为直根系和须根系(图 12-1)。

1. 直根系(tap root system)

由明显而发达的主根和各级侧根组成的根系。观察大豆、向日葵等根系。

2. 须根系(fibrous root system)

主要由不定根组成，各条根的粗细相差不多，呈丛生状态。观察小麦、水稻等根系。

(二)茎

1. 根据植物茎的性质、寿命分类

(1)木本植物(woody plant)

木本植物茎的木质部发达，一般比较坚硬，这类植物的寿命较长，均为多年生的。又分为以下类型：

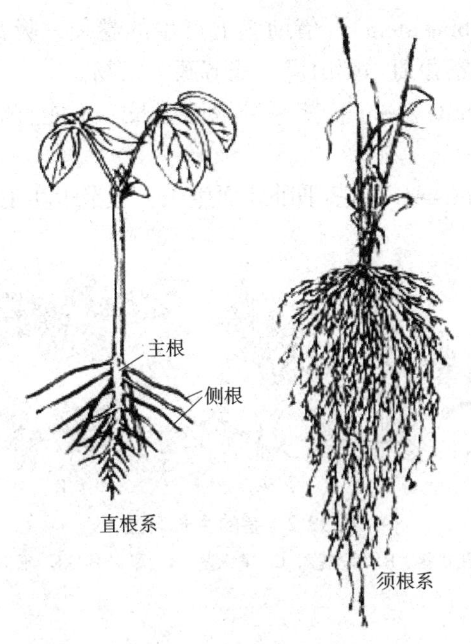

图 12-1　根系类型

①乔木(tree)：指有明显主干的高大树木，高达 5 m 以上，分枝距地面较高。观察毛白杨、旱柳等植物。

②灌木(shrub)：指主干不明显，分枝靠近地面，高不及 5 m 的木本植物。观察紫丁香、荆条等植物。

(2)草本植物(herb)

草本植物茎中含木质成分很少，柔软、易折断。又分为以下类型；

①一年生草本(annual herb)：生活周期为 1 年或更短的草本植物。观察狗尾草、玉米、大豆等植物。

②二年生草本(biannial herb)：生活周期为 2 年，第 1 年营养生长，第 2 年开花结实后枯死。观察冬小麦、萝卜、白菜等。

③多年生草本(perennial herb)：能连续生存 3 年以上的草本植物，至少植物的地下部分生活多年，每年继续发芽生长，而地上部分每年枯死，如芍药、蒲公英、萱草等植物。

(3)藤本植物(vine)

①木质藤本植物(woody vines)：有缠绕茎和攀缘茎的植物统称为藤本植物。茎虽木质化，但其茎不能直立，必须缠绕或攀附它物而向上生长的植物。观察紫藤、凌霄、葡萄。

②草质藤本植物(herb vine)：植物体细而长，非木质化，不能直立，只能依附于其他物体，以缠绕或攀缘方式向上生长的植物。观察牵牛、黄瓜。

2. 根据茎的生长习性分类(图 12-2)

(1)直立茎(erect stem)：茎垂直地面直立生长。观察杨树、小麦、玉米等植物。

(2)缠绕茎(twining stem)：茎直接缠绕于它物上。观察牵牛、葎草等植物。

(3)攀缘茎(climbing stem)：借助茎上产生的卷须、吸盘、不定根等攀缘结构攀附于它物上。观察葡萄、爬山虎、扶芳藤等植物。

(4)平卧茎(prostrate stem)：茎平卧地面生长，不能直立。观察蒺藜、地锦等植物。

(5)匍匐茎(repent stem)：茎平卧地面生长，但节上生有不定根。观察草莓、狗牙根等植物。

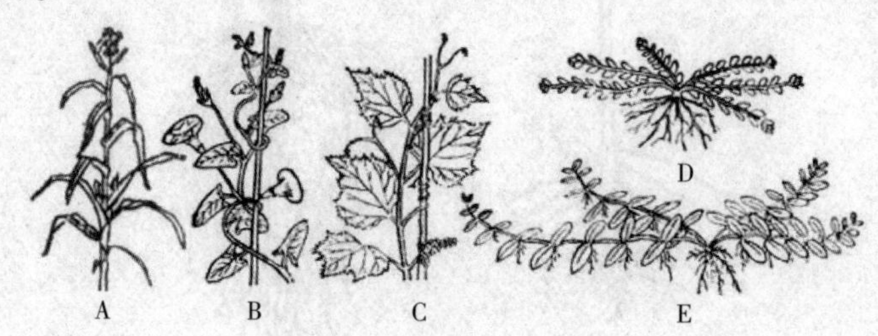

图 12-2 茎的生长习性

A. 直立茎 B. 缠绕茎 C. 攀缘茎 D. 平卧茎 E. 匍匐茎

(三)叶

1. 单叶和复叶

单叶(single leaf)：一个叶柄上只生 1 个叶片的叫单叶。

复叶(compound leaf)：一个叶柄上生有 2 至多数小叶片的叫复叶。

复叶依小叶片数及其着生方式的不同可分为下列几种类型(图 12-3)。

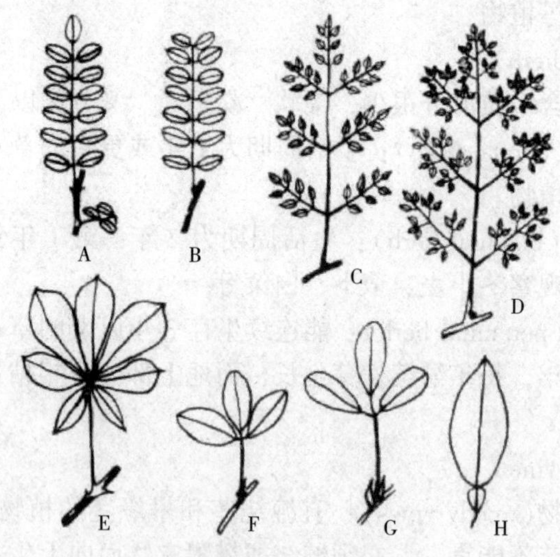

图 12-3 复叶的类型

A. 奇数羽状复叶 B. 偶数羽状复叶 C. 二回羽状复叶 D. 三回羽状复叶 E. 掌状复叶 F. 三出掌状复叶 G. 三出羽状复叶 H. 单身复叶

(1)羽状复叶(pinnate leaf)

小叶排列在叶轴的两侧呈羽毛状。羽状复叶又分为：

①奇数羽状复叶(imparipinnate leaf)：叶轴不分支，顶端生有 1 个顶生小叶，小叶的数目为单数的羽状复叶。观察刺槐、核桃的复叶。

②偶数羽状复叶(paripinnate leaf)：叶轴不分支，顶端生有 2 个顶生小叶，小叶的数目为偶数的羽状复叶。观察花生、锦鸡儿的复叶。

③二回羽状复叶(bipinnate leaf)：叶轴分枝 1 次，各分枝上两侧生小叶片，叫二回羽状复叶。观察合欢。

④三回羽状复叶(tripinnate leaf)：叶轴分枝 2 次，三级分枝上两侧生小叶片，叫三回羽状复叶。观察楝树。

(2)掌状复叶(palmate leaf)：小叶着生在总叶柄顶端，向各方展开而呈掌状。观察七叶树的复叶。

(3)三出复叶(trifoliolate leaf)：只有 3 个小叶着生在总叶柄上，有羽状三出复叶和掌状三出复叶之分。羽状三出复叶顶生小叶生于总叶柄顶端，2 个侧生小叶生于总叶柄顶端以下，观察大豆、迎春；掌状三出复叶是 3 个小叶都生于总叶柄的顶端，观察红花车轴草的复叶。

(4)单身复叶(unifoliate)：两个侧生小叶部分或全部退化，总叶柄顶端只着生一个小叶，总叶柄顶端与小叶连接处有关节。观察柑橘的复叶。

2. 叶序(phyllotaxy)

叶序指叶在茎或枝条上排列的方式(图 12-4)。常见的有：

(1)互生(alternate)：每节上只生着 1 个叶。观察海棠、柳、小麦、棉花等植物。

(2)对生(oppoiste)：每节上相对着生 2 个叶。观察连翘、一串红等植物。

(3)轮生(verticillate)：每节上着生 3 个或 3 个以上的叶。观察夹竹桃、茜草等植物。

(4)簇生(fasciculate)：2 个或 2 个以上的叶着生于极度缩短的枝上。观察银杏、落叶松等植物。

(5)基生(basil)：叶着生于茎基部近地面处。观察车前、紫花地丁等植物。

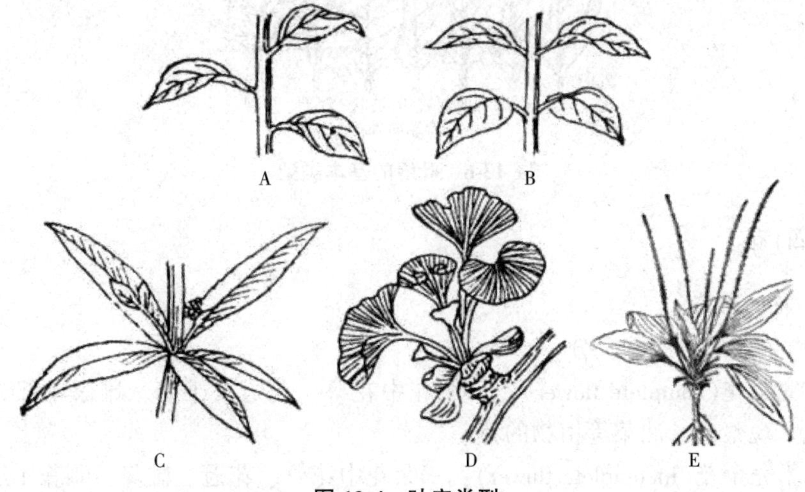

图 12-4　叶序类型

A. 互生　B. 对生　C. 轮生　D. 簇生　E. 基生

3. 叶的形状

叶的形状包括叶片的整体形状(图 12-5)、叶缘(图 12-6)、叶裂(图 12-7)、叶尖与叶基(图 12-8)以及叶脉(图 12-9)等方面。

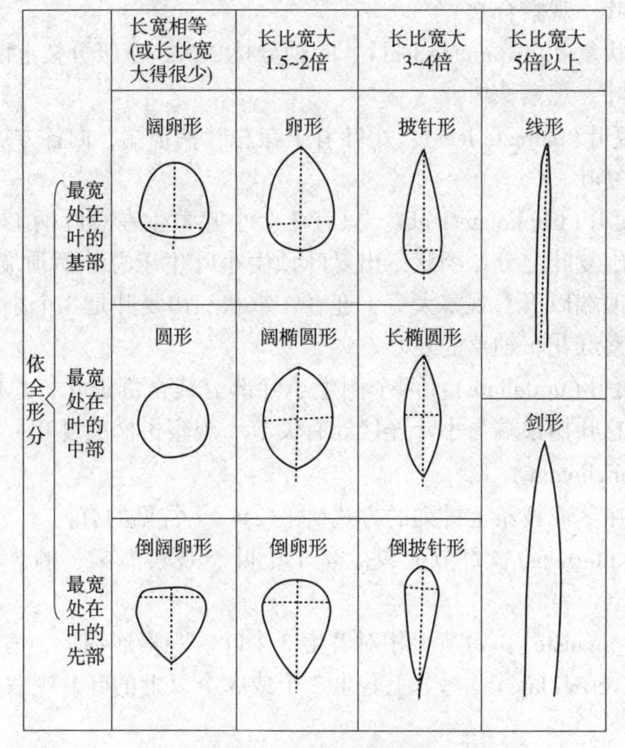

图 12-5　叶片整体形态

图 12-6　叶缘的基本类型

(四)花

1. 花的形态

(1)依花的组成状况分

①完全花(complete flower)：一朵花中花萼、花冠、雄蕊、雌蕊 4 部分均具有的花。观察桃、油菜等植物的花。

②不完全花(incomplete flower)：一朵花中花萼、花冠、雄蕊、雌蕊 4 部分任缺 1~3 部分的花。观察南瓜的雄花或雌花，杨树的雌、雄花等。

(2)依雌蕊与雄蕊的状况分

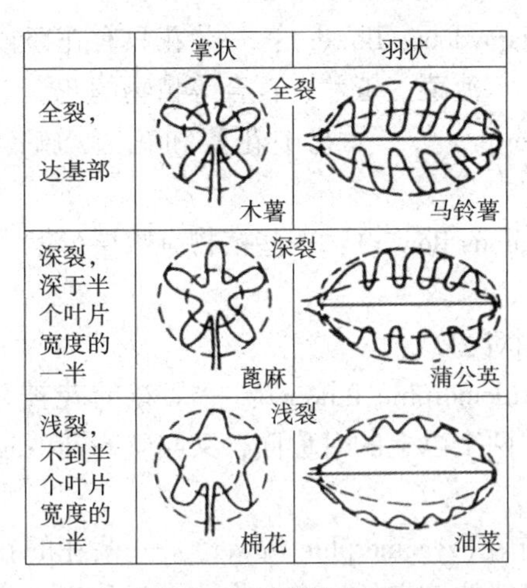

图 12-7　叶裂的类型

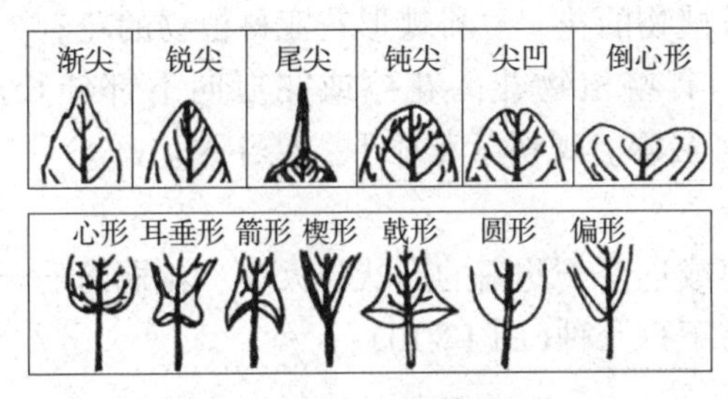

图 12-8　叶尖与叶基

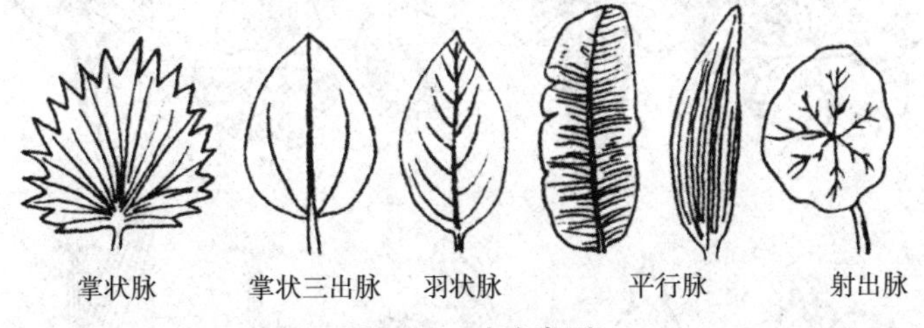

图 12-9　叶脉类型

①两性花(bisexual flower)：一朵花中，雄蕊和雌蕊都存在而且正常发育。观察小麦、番茄等植物的花。

②单性花(unisexual flower)：一朵花中，只有发育正常的雄蕊或雌蕊。其中只有雄蕊的，叫雄花(staminate flower)；只有雌蕊的，叫雌花(pistillate flower)。雌花和雄花生于同一植株上的，叫雌雄同株(monoecious)，观察玉米；雌蕊和雄蕊生于不同植株上的，叫雌雄异株(dioecious)，观察大麻、柳树。

③中性花(neuter flower)：一朵花中，雌蕊和雄蕊均不完备或缺少。

④杂性花(polygamous flower)：一种植物既有单性花，也有两性花。

⑤孕性花(fertile flower)：能够结种子的花，即雌蕊发育正常的花。

⑥不孕性花(sterile flower)：不结种子的花，即雌蕊发育不正常的花。

(3)依花被的状况分

①双被花(dichlamydeous flower)：一朵花同时具有花萼和花冠。观察油菜花。

②单被花(monochlamydeous flower)：一朵花只有花萼或花冠、或花萼与花冠分化不明显。观察灰藜、菠菜、玉兰、百合等植物的花。

③无被花(nude flower)：一朵花中花萼和花冠均缺，又叫裸花。观察杨、柳花。

④重瓣花(pleiopetalous flower)：一些植物有数层(轮)的花瓣。观察月季、芍药花。

(4)依花被的排列状况分

①辐射对称花(actinomorphic flower)：一朵花的花被片的大小、形状相似，通过花的中心，可以作两个以上的对称面，又叫整齐花(regular flower)。观察桃、牵牛花、丁香花。

②左右(两侧)对称花(zygomorphic flower)：一朵花的花被片的大小、形状不同，通过它的中心，只能按一定的方向，作一个对称面，又叫不整齐花(irregular flower)。观察唇形科植物的花、豆科蝶形花亚科植物的花。

(5)距(calcar)：有些植物花的花萼或花冠向下部伸长成一细管状结构叫“距”，常于其内藏有蜜腺。观察紫花地丁、耧斗菜。

2. 花冠的类型

由于花瓣的分离或连合、花瓣的形状、大小、花冠筒的长短不同，形成各种类型的花冠。常见有下列几种(图 12-10)：

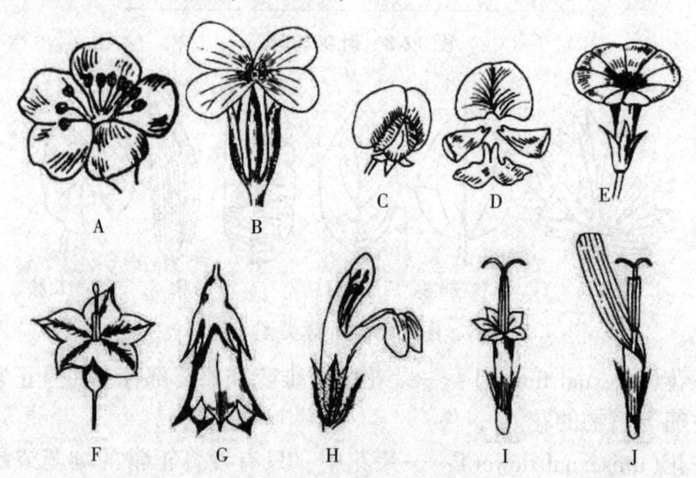

图 12-10　花冠的类型

A. 蔷薇形花冠　B. 十字形花冠　C、D. 蝶形花冠　E. 漏斗状花冠
F. 轮状花冠　G. 钟状花冠　H. 唇形花冠　I. 筒状花冠　J. 舌状花冠

(1)蔷薇形花冠(roseform corolla)：花瓣 5 片或更多，分离，呈辐射状对称排列。观察杏、梨、草莓、棣棠的花。

(2)十字形花冠(cruciate corolla)：花瓣 4 片，离生，排列成十字形。观察十字花科植物的花。

(3)蝶形花冠(papilionaceous corolla)：花瓣 5 片，离生，呈下降覆瓦状的两侧对称排列：最上一片花瓣最大，称旗瓣，位于花最外方；侧面两片较小称翼瓣；最下两片合生并弯曲成龙骨状称龙骨瓣，位于花的最内方。观察豆科蝶形花亚科植物的花。

假蝶形花冠：花瓣5片，离生，呈上升覆瓦状的两侧对称排列：最上一片旗瓣最小，位于花的最内方；侧面两片翼瓣较小；最下两片龙骨瓣最大，位于花的最外方。观察豆科云实亚科植物的花。

(4)唇形花冠(labiate crorolla)：花冠基部合生呈筒状，上部裂片分成二唇状，两侧对称。观察唇形科植物的花。

(5)漏斗形花冠(infundibulate corolla)：花冠全部合生呈漏斗形。观察牵牛花的花。

(6)筒状(管状)花冠(tubulate corolla)：花冠连合呈筒状(管状)。观察向日葵花序中央的花。

(7)舌状花冠(ligulate corolla)：花冠基部合生成短筒，上部合生并向一边开张呈扁平状。观察蒲公英的花。

(8)钟形花冠(campanulate corolla)：花冠筒宽而稍短，上部扩大呈钟形。观察桔梗、沙参的花。

(9)轮状(辐射状)花冠(rotate corolla)：花冠筒极短，花冠裂片向四周辐射状伸展。观察茄、辣椒的花。

3. 花被片在花芽中的排列方式

常见的花被片在花芽中的排列方式有下列几种(图12-11)：

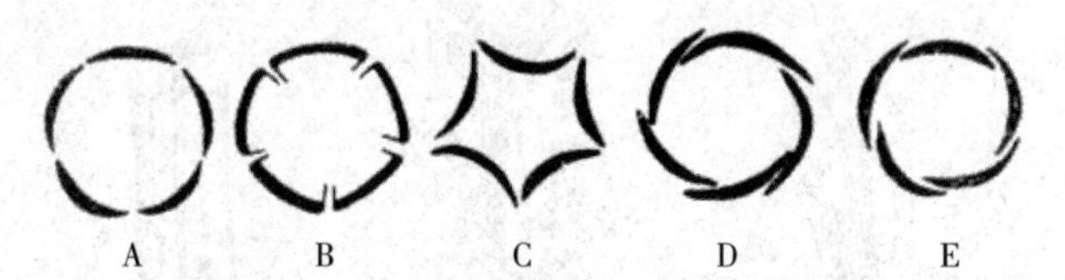

图12-11　花被片在花芽中的排列方式

A、B、C. 镊合状　D. 旋转状　E. 覆瓦状

(1)镊合状(valvate)：花瓣或萼片各片的边缘彼此接触，但不相互覆盖。观察茄、番茄等植物的花。

(2)旋转状(convolute)：花瓣或萼片每一片的一边覆盖着相邻一片的边缘，而另一边又被另一相邻片的边缘所覆盖。观察牵牛、夹竹桃、棉花的花。

(3)覆瓦状(imbricate)：与旋转状排列相似，但必有一片完全在外，有一片则完全在内。观察毛茛、草莓等植物的花。

4. 雄蕊的类型

根据雄蕊花丝和花药的愈合以及花丝的长短等情况，雄蕊(图12-12)可分为如下类型：

(1)离生雄蕊(distinct stamen)：一朵花中雄蕊全部分离。观察绣线菊、百合等植物的雄蕊。

(2)单体雄蕊(monadelphous stamen)：一朵花中雄蕊的花丝下部互相连合成一体，而花药分离。观察木槿、棉花等植物的雄蕊。

(3)二体雄蕊(diadelphous stamen)：一朵花中的雄蕊花丝合成2束。豆科蝶形花亚科植物的雄蕊有10枚，其中9个花丝连合，1个单生。观察刺槐、大豆等植物的雄蕊。

(4)多体雄蕊(polyadelphous stamen)：一朵花中雄蕊的花丝连合成多束。观察蓖麻、金丝桃等植物的雄蕊。

(5)二强雄蕊(didynamous stamen)：一朵花中雄蕊4枚，其中2枚雄蕊的花丝较长，2枚雄蕊的花丝较短。观察唇形科一些植物的雄蕊。

(6)四强雄蕊(tetradynamous stamen)：一朵花中雄蕊6枚，其中4枚雄蕊的花丝较长，2枚雄蕊的花丝较短。观察十字花科植物的雄蕊。

(7)聚药雄蕊(syngenesious stamen)：一朵花中雄蕊的花丝分离，花药合生。观察菊科植物的雄蕊。

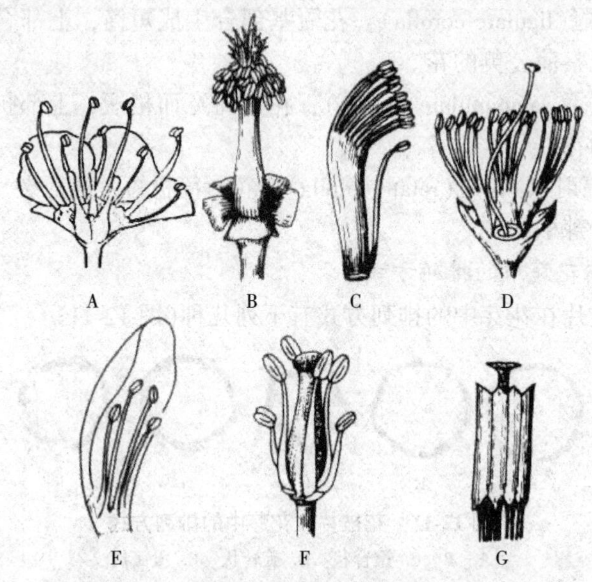

图12-12 雄蕊的类型

A. 离生雄蕊 B. 单体雄蕊 C. 二体雄蕊 D. 多体雄蕊
E. 二强雄蕊 F. 四强雄蕊 G. 聚药雄蕊

另外，花药在花丝上着生的方式如下(图12-13)：

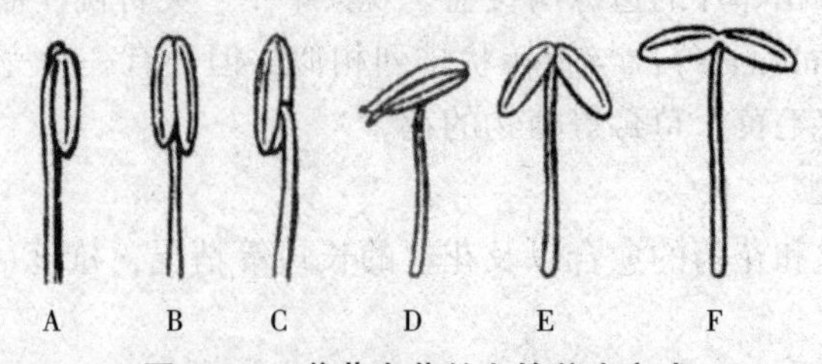

图12-13 花药在花丝上的着生方式

A. 全着药 B. 基着药 C. 背着药 D. 丁字药 E. 个字药 F. 广岐药

(1)全着药(adnate anther)：花药的一侧全部着生在花丝上。观察木兰科植物的雄蕊。

（2）基着药（basifixed anther）：花药的基部着生在花丝的顶端，大多数被子植物属这种类型。

（3）背着药（dorsifixed anther）：花药的背部下方一点着生在花丝上。观察桃花、李子花的雄蕊。

（4）丁字药（versatile anther）：花药的背部中央着生在花丝尖细的顶端，易于随风摇动。观察百合科、石蒜科、禾本科等的雄蕊。

（5）个字药（divergent anther）：花药分成两部分，基部张开，花丝着生在会合处，整体形如汉字的“个”字。观察凌霄的雄蕊。

（6）广歧药（divaricate anther）：花药的两部分叉开呈一直线，花丝着生在会合处。观察玄参科植物的雄蕊。

花药成熟后开裂散出花粉的方式如下（图 12-14）：

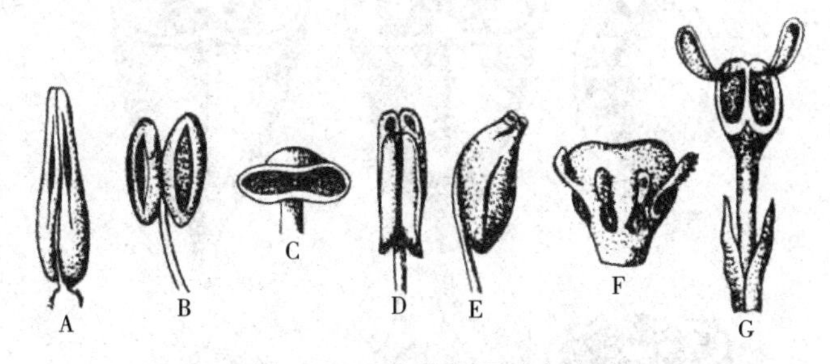

图 12-14　花药的开裂方式

A、B. 纵裂　C. 横裂　D、E. 孔裂　F、G. 瓣裂

（1）纵裂（congitudinal dehiscence）：花药沿纵轴方向裂开，是一种最常见的开裂方式。观察油菜、小麦、百合、桃、梨等植物的花药。

（2）横裂（transverse dehiscence）：花药沿横轴方向裂开。观察木槿等植物的花药。

（3）孔裂（porous dehiscence）：药室顶端成熟时开一小孔，花粉由小孔中散出。观察茄、杜鹃等植物的花药。

（4）瓣裂（valvuler dehiscence）：花药的每个花粉囊形成活板状的瓣，成熟时，花粉由掀开的瓣下散出。观察小檗、樟树等植物的花药。

5. 雌蕊的类型

根据组成雌蕊的心皮数目、离合可分以下类型（图 12-15）：

（1）单雌蕊（simple pistil）：一朵花中具有由 1 个心皮构成的雌蕊。观察桃、李、杏及豆类植物的雌蕊。

（2）离生单雌蕊（apocarpous gynaecium）：一朵花中具 2 至多数分离的雌蕊，但每个雌蕊各自均是由 1 个心皮组成的。观察毛茛、木兰、八角、芍药的雌蕊。

（3）复雌蕊（compound pistil）：一朵花中具有由 2 个或 2 个以上心皮愈合构成一个雌蕊，叫复雌蕊。观察丁香、番茄、梨的雌蕊。

一个复雌蕊的心皮数常可由柱头、花柱、子房室等的数目，以及胎座的类型来判断。

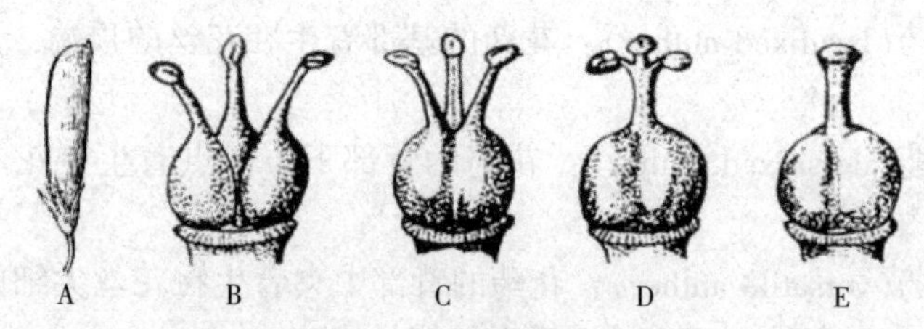

图 12-15 雌蕊类型

A. 单雌蕊 B. 离生单雌蕊 C、D、E. 不同程度联合的复雌蕊

6. 胎座的类型

胚珠着生的部位叫胎座。胎座有以下几种类型(图 12-16)：

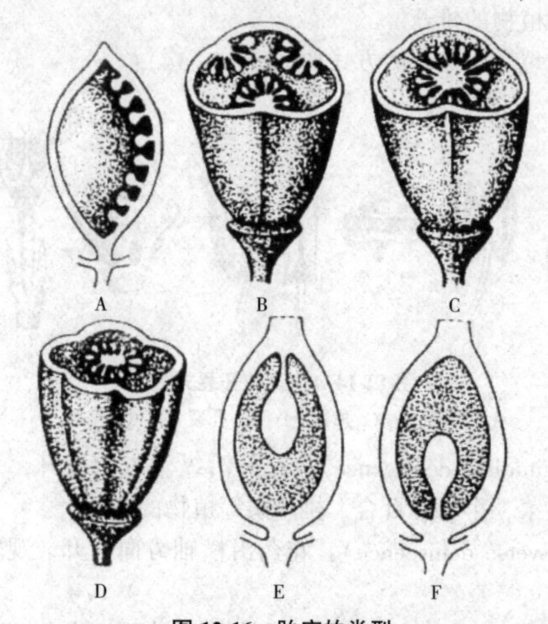

图 12-16 胎座的类型

A. 边缘胎座 B. 侧膜胎座 C. 中轴胎座 D. 特立中央胎座

E. 顶生胎座 F. 基生胎座

(1)边缘胎座(marginal placenta)：由单心皮构成的一室子房，胚珠着生于子房的腹缝线上。观察豆类的胎座。

(2)侧膜胎座(parietal placenta)：由 2 个以上心皮合生的一室子房或假数室子房，胚珠沿腹缝线着生于心皮的边缘。观察瓜类的胎座。

(3)中轴胎座(axile placenta)：多心皮构成的多室子房，心皮边缘在中央处连合形成中轴，胚珠生于中轴上。观察百合、番茄等植物的胎座。

(4)特立中央胎座(central placenta)：多心皮构成的一室子房或不完全数室子房，在子房室有凸起的中轴存在，胚珠着生在中轴上。观察石竹属植物的胎座。

(5)顶生胎座(apical placenta)：子房一室，胚珠着生于子房室的顶部。观察榆属、桑属植物的胎座。

(6)基生胎座(basal placenta)：子房一室，胚珠着生于子房室的基部。观察菊科植物的胎座。

7. 子房位置的类型

子房着生在花托上，由于与花托连生的情况不同，可分以下几种类型(图12-17)：

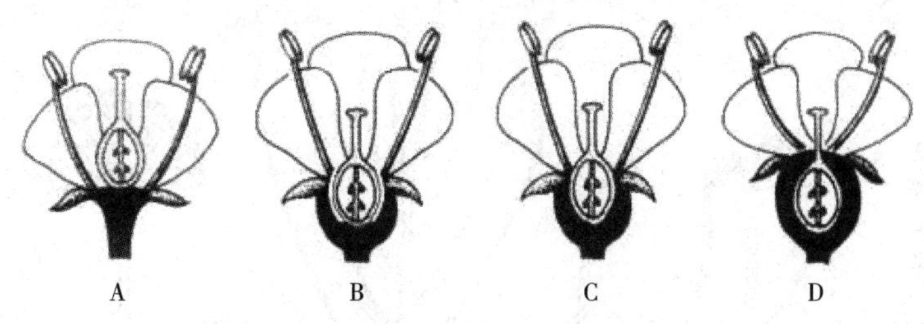

图 12-17　子房位置的类型

A. 上位子房下位花　B. 上位子房周位花　C. 半下位子房周位花　D. 下位子房上位花

(1)上位子房(epigynous ovary)

又叫子房上位。子房仅以底部与花托相连，花的其余部分均不与子房相连。根据花被位置，又可分为两种情况。

①上位子房下位花(superiorhypogynous flower)：即子房上位、花被下位，子房仅以底部和花托相连，萼片、花瓣、雄蕊着生的位置低于子房。观察油菜、刺槐。

②上位子房周位花(superior-perigynous flower)：即子房上位、花被周位，子房底部与杯状花托的中央部分相连，花被与雄蕊着生于杯状花托的边缘。观察桃、李等。

(2)半下位子房(semi-inferior ovary)

又叫子房中位。子房的下半部陷生于花托中，并与花托愈合，花的其他部分着生在子房周围的花托边缘上，从花被的位置来看，可称为周位花。观察马齿苋。

(3)下位子房(inferior ovary)

又叫子房下位。整个子房埋于花托中，并与花托愈合，花的其他部分着生在子房以上花托的边缘上，故也叫上位花。观察梨、苹果的花。

(五)花序

有的植物花单生于叶腋或枝顶，称花单生；有的植物数花簇生于叶腋，称花簇生；而有的植物花多数按一定的方式和顺序排列在花序轴上形成花序(inflorescence)。花序的主轴也叫花轴(rachis)。如果花序轴自地表处短缩的茎及地下茎伸出，不分枝，不具叶，即叫花葶(scape)。花序中没有典型的营养叶，有时仅在花下有一变态叶叫苞片(bract)，如整个花序基部生有一个或多数变态叶则叫总苞(involucre)。

根据花轴上花排列方式的不同，以及花轴分枝形式和生长状况不同，可分为无限花序和有限花序两大类，每大类又各分几种不同类型。

1. 无限花序(indeterminate inflorescence)

无限花序的花轴顶端保持生长一段时间，顶部不断增长陆续形成花。开花顺序为由花序基部向上依次开放。如果花轴是扁平如盘状的，则由外向内依次开放。因此，无限花序是一种边开花边形成花芽的花序，根据花排列等特点又分下列几种(图 12-18)。

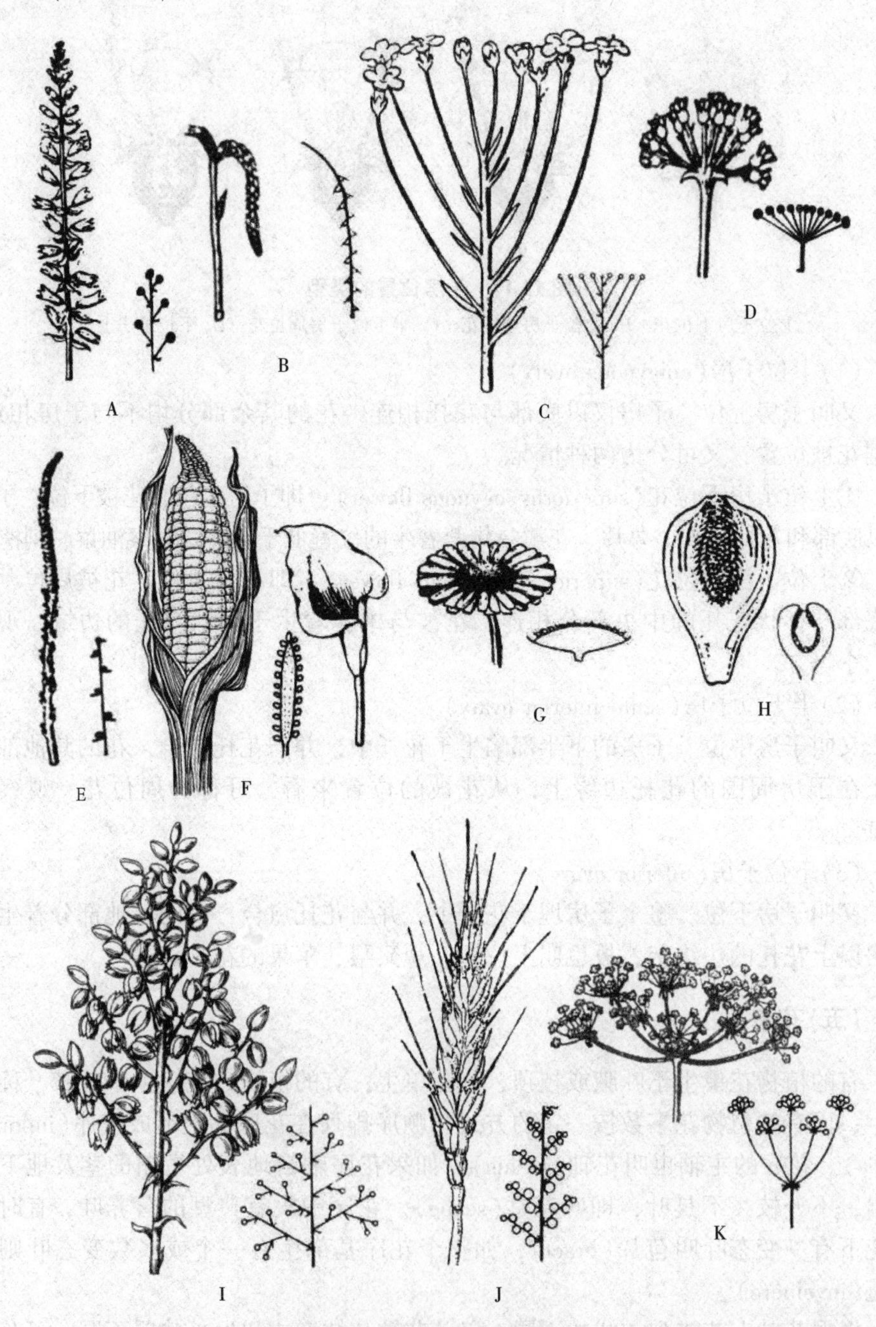

图 12-18 无限花序的类型

A. 总状花序 B. 柔荑花序 C. 伞房花序 D. 伞形花序 E. 穗状花序 F. 肉穗花序 G. 头状花序 H. 隐头花序 I. 复总状花序(圆锥花序) J. 复穗状花序 K. 复伞形花序

(1)总状花序(raceme)：花柄几乎等长的两性花排列在不分枝的花轴上。观察十字花科植物的花序。

(2)穗状花序(spike)：与总状花序相似，但花无柄或近无柄。观察车前等。

(3)柔荑花序(ament)：单性、无柄或近无柄的花排列在细长、柔软的花轴上，因此通常花序下垂。开花后整个花序或果序一齐脱落。观察杨树、柳树、胡桃的雄花序。

(4)肉穗花序(spadix)：与穗状花序相似，但花轴肉质肥厚，观察玉米的雌花序。如果花序下有一大型的佛焰苞片时，又称为佛焰花序，观察天南星科、棕榈科植物的花序。

(5)伞房花序(corymb)：与总状花序类似，但花柄不等长，花轴下部花的花柄较长，向上渐短，使整个花序的花几乎排在一平面上。观察山楂、梨、苹果的花序。

(6)伞形花序(umbel)：排列在不分枝花轴顶端的各花花柄几乎等长，整个花序的花排成弧面，形似开张的伞。观察报春、刺五加的花序。

(7)头状花序(capitulum)：许多无柄的花着生于极度缩短、膨大平展或稍凹陷、或凸出的花序轴上。花序外有多数苞片集生成总苞。观察菊科植物的花序。

(8)隐头花序(hypanthodium)：花序轴特别肥大而内陷呈中空状，许多无柄小花隐生于凹陷空腔的腔壁上，整个花序仅留有一小孔与外方相通。观察无花果的花序。

(9)圆锥花序(panicle)：花轴分枝，整个花序张开呈圆锥形状，如每一分枝为一总状花序，又可称复总状花序(compound botrys)；如每一分枝为一穗状花序，则又称复穗状花序(compound spike)。观察女贞、珍珠梅的花序。

(10)复伞房花序(compound corymb)：伞房花序的每一分枝再形成一伞房花序。观察花楸属植物的花序。

(11)复伞形花序(compound umbel)：伞形花序的每一分枝又形成一伞形花序。观察胡萝卜的花序。

2. 有限花序(determinate inflorescence)

有限花序又称聚伞花序。花序主轴顶端先形成花，最先开放，开花顺序是自上而下或自中心向周围逐渐开放。依据花轴分枝不同，又可分为(图 12-19)：

(1)单歧聚伞花序(monochasium)：花序呈合轴分枝式，花序的顶端形成一花之后，在顶花下面的苞片腋中仅发生一侧枝，其长度超过主枝后，枝顶同样形成一花，此花开放较前一朵晚，同样在它的基部又形成侧枝及花，依此类推，就形成单歧聚伞花序。如果花朵连续地左右交互出现，状如蝎尾，叫蝎尾状聚伞花序(cincinnus)，如唐菖蒲的花序。如果花朵出现在同侧，形成蜷曲状，叫螺状聚伞花序(drepanium)，如紫草科植物的花序。

(2)二歧聚伞花序(dichasium)：当花序呈假二叉分枝时，形成二歧聚伞花序。即花轴顶端形成顶花之后，在其下伸出两个对生的侧轴，侧轴顶端又生顶花，依此类推。观察石竹科植物的花序。

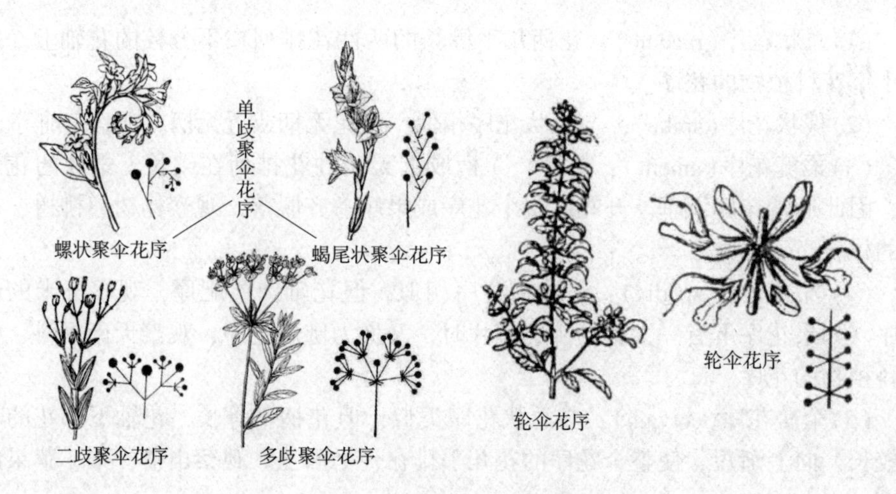

图 12-19　有限花序的类型

(3)多歧聚伞花序(pleiochasium)：花序轴顶芽形成一朵花后，其下数个侧芽发育成数个侧枝，顶端各生一花，外形上类似伞形花序，但中心花先开。观察大戟、猫眼草的花序。

(4)轮伞花序(verticillaster)：聚伞花序着生在对生叶的叶腋，花序轴及花梗极短，呈轮状排列。观察一些唇形科植物的花序。

(六)果实

根据果实的形态结构可分为三大类，即单果、聚合果和复果，各类又分不同类型。其中，根据除子房外是否有花的其他部分参与形成果实，又有真果、假果之分。

1. 单果(simple fruit)

由一朵花的单雌蕊或复雌蕊子房所形成的果实。根据果熟时果皮的性质不同，可分为肉质果和干果两大类。

(1)肉(质)果(ficshy fruit)

果实成熟时，果皮肉质多汁。常见的有以下类型(图 12-20)：

①浆果(berry)：由复雌蕊发育而成，外果皮薄，中果皮、内果皮均为肉质，或有时内果皮的细胞分离成汁液状。观察葡萄、番茄、柿等的果实。

②柑果(hesperidium)：由多心皮复雌蕊发育而成，外果皮革质，中果皮较疏松，并有很多维管束，内果皮形成若干室，向内生有许多肉质多汁的表皮毛，是主要的食用部分。观察柑橘、柚等的果实。

③核果(drupe)：由单雌蕊或复雌蕊子房发育而成。外果皮薄，中果皮肉质，内果皮骨质坚硬，通常包围种子形成坚硬的核。观察桃、杏、枣等的果实。

④梨果(pome)：由下位子房的复雌蕊形成，花托强烈增大和肉质化并与果皮愈合，外果皮、中果皮肉质化而无明显界线，内果皮革质。观察梨、苹果等的果实。

⑤瓠果(pepo)：由下位子房的复雌蕊形成，花托与果皮愈合，无明显的外、中、内果皮之分，果皮和胎座肉质化。观察西瓜、黄瓜等葫芦科植物的果实。

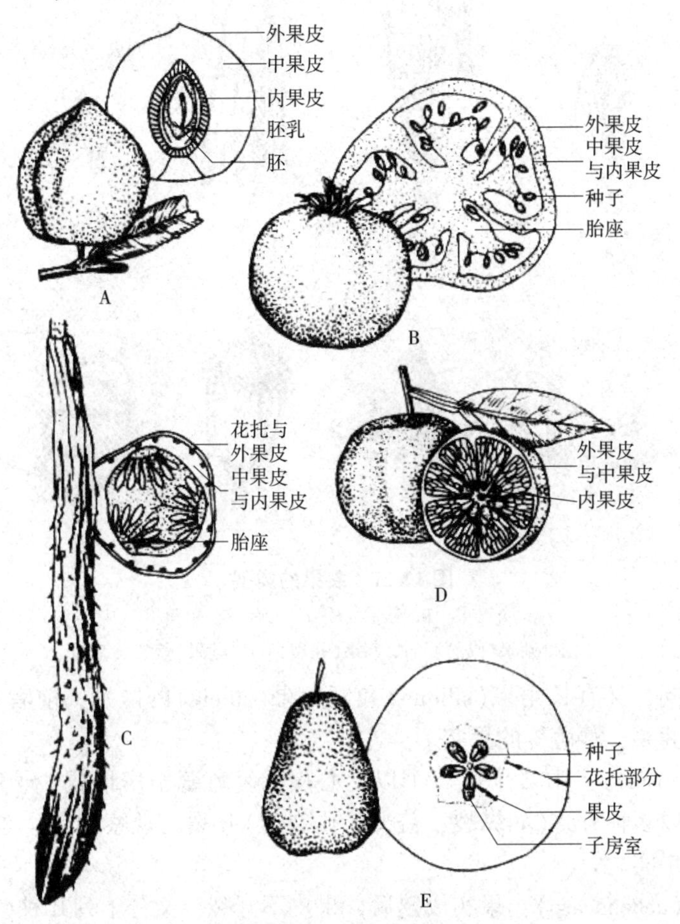

图 12-20　肉质果类型

A. 核果　B. 浆果　C. 瓠果　D. 柑果　E. 梨果

(2)干果(dry fruit)

果实成熟时果皮干燥，根据果皮开裂与否，又可分为裂果和闭果。

①裂果(dehiscent fruit)：果实成熟后果皮开裂，依心皮数目和开裂方式不同，又可分下列几种(图 12-21)。

蓇葖果(follicle)：由单雌蕊(1 心皮)的子房发育而成，成熟时沿背缝线或腹逢线一边开裂。观察萝藦、梧桐和芍药的聚合果中的每一小果为蓇葖果。

荚果(legume)：由单雌蕊的子房发育而成，成熟后沿背缝线和腹缝线两边同时裂开，观察豆科植物的果实。但有少数豆科植物的荚果不开裂，观察落花生等的果实。

角果(pod)：由 2 个心皮的复雌蕊子房发育而成，侧膜胎座，由假隔膜形成假二室，成熟时果皮由下而上沿两腹缝线开裂，观察十字花科植物的果实。根据

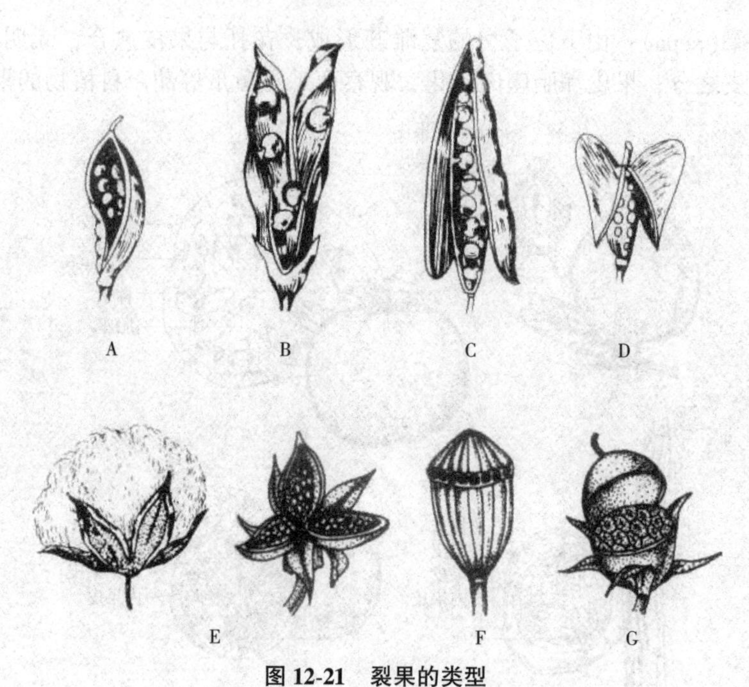

图 12-21 裂果的类型

A. 蓇葖果 B. 荚果 C. 长角果 D. 短角果

E. 蒴果(纵裂) F. 蒴果(孔裂) G. 蒴果(盖裂)

果实长短不同，又有长角果(silique)和短角果(silicle)的区别，前者如萝卜、白菜；后者如荠菜、葶苈等的果实。

蒴果(capsule)：由 2 个或 2 个以上心皮的复雌蕊子房形成，子房室 1 至多室，成熟时以多种方式(如纵裂、盖裂、孔裂等)开裂。观察棉花、堇菜、罂粟、马齿苋等的果实。

②闭果(achenocarp)：果实成熟后，果皮不开裂，又分下列几种(图 12-22)。

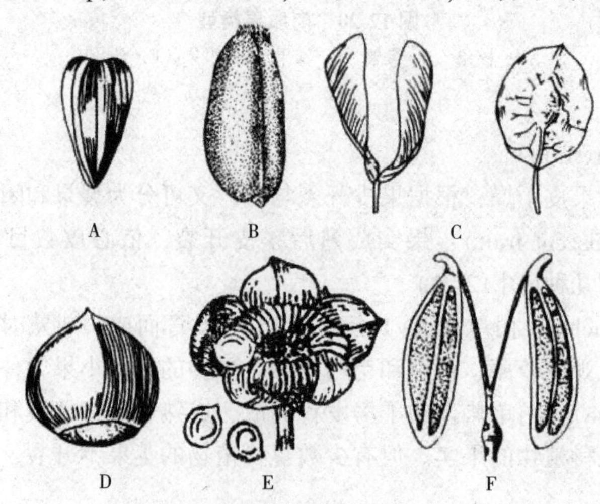

图 12-22 闭果的类型

A. 瘦果 B. 颖果 C. 翅果 D. 坚果 E. 离果(分果) F. 双悬果

瘦果(achene)：由单雌蕊或2~3个心皮合生且仅具1室的复雌蕊子房发育而成，内含1粒种子，果皮与种皮分离。观察向日葵、荞麦的果实。

颖果(caryopsis)：与瘦果相似，由2~3个心皮合生成1室的上位子房发育而成，内含1粒种子，但果皮与种皮愈合。观察水稻、小麦、玉米等禾本科植物特有的果实。

翅果(samara)：果皮沿一侧、两侧或周围延伸成翅状，以适应风力传播。除翅的部分以外，其他部分实际上与坚果或瘦果相似。观察五角枫、臭椿、榆等的果实。

坚果(nut)：果皮坚硬，子房1室，内含1粒种子，果皮与种皮分离，有些植物的坚果包藏于总苞内。观察板栗、麻栎和榛等的果实。

分果(schizocarp)：复雌蕊子房发育而成，成熟后各心皮分离，形成分离的小果，但小果的果皮不开裂。观察锦葵、蜀葵等的果实。

双悬果(cremocarp)：2心皮复雌蕊子房发育而成，成熟后2个心皮分离为2个分果，顶部悬挂在细长的心皮柄上。观察伞形科植物的果实。

2. 聚合果(aggregate fruit)

由一朵花中多数离生单雌蕊的子房发育而来，每一雌蕊都形成一独立的小果，集生在膨大的花托上(图12-23)。因小果的不同，聚合果可以是聚合蓇葖果，如八角、玉兰；也可以是聚合瘦果，如蔷薇、草莓；或者是聚合核果，如悬钩子、树莓；以及聚合坚果，如莲等。

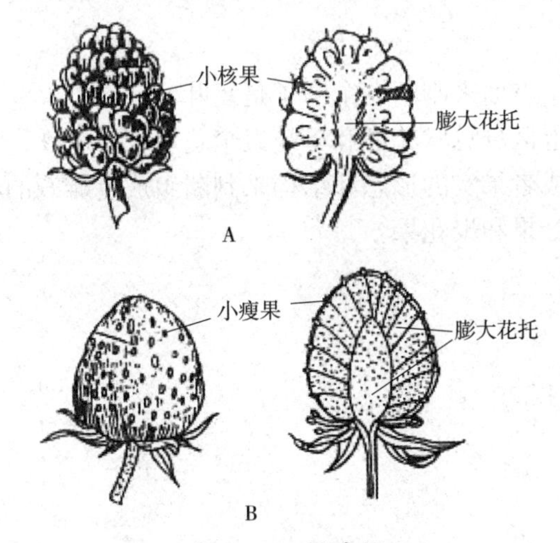

图12-23　聚合果

A. 悬钩子的聚合果，由许多小核果聚合而成

B. 草莓的聚合果，许多小瘦果聚生于膨大的肉质花托上

3. 聚花果

由整个花序发育形成的果实，因此又叫复果(multiple fruit)。花序中的每朵花形成独立的小果，聚集在花序轴上，外形似一果实，如悬铃木的果球。有的复果肉质化，观察桑葚和菠萝(图12-24)。成熟时整个果穗由母体脱落。

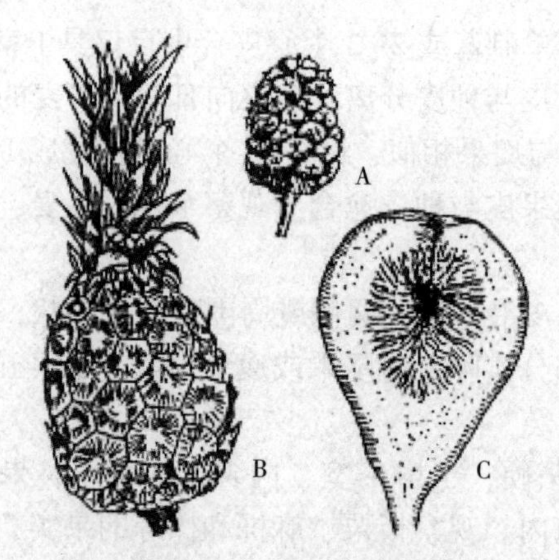

图 12-24 聚花果(复果)

A. 桑葚的果实，为多数单花集生于花轴上形成

B. 菠萝(凤梨)的果实，多汁的花轴成为果实的食用部分

C. 无花果果实的剖面，隐头花序膨大的花序轴成为果实的可食部分

五、作业

1. 列表总结实验中所观察到的根、茎、叶各形态特征。

2. 列表总结实验中所观察到的各种类型的花冠、雄蕊、雌蕊、胎座、花序、果实及对应的植物名称。

六、思考题

1. 可以从哪几个方面来判断一个叶子是复叶？
2. 如何从形态上区分总状花序和单歧聚伞花序？
3. 如何从雌蕊或者果实的形态和结构来判断组成复雌蕊的心皮数目？
4. 怎样区别聚合果和聚花果？

实验十三　被子植物分科(一)

木兰科、毛茛科、石竹科、蓼科、苋科、藜科

一、实验目的

通过对各科代表物种的观察，掌握科的主要特征及代表植物。

二、实验材料

玉兰(*Magnolia denudata*)、荷花玉兰(*M. grandiflora*)、含笑(*Michelia figo*)、鹅掌楸(*Liriodendron chinensis*)、毛茛(*Ranunculus japonicus*)、瓣蕊唐松草(*Thalictrum petaloideum*)、棉团铁线莲(*Clematis hexapetala*)、翠雀(*Delphinium grandiflorum*)、石竹(*Dianthus chinensis*)、繁缕(*Stellaria media*)、山蚂蚱草(*Silene jenisseensis*)、瞿麦(*Dianthus superbus*)、红蓼(*Polygonum orientale*)、巴天酸模(*Rumex patientia*)、荞麦(*Fagopyrum esculentum*)、扁蓄(*Polygonum aviculare*)、苋(*Amaranthus tricolor*)、鸡冠花(*Celosiae cristatae*)、牛膝(*Achyranthes bidentata*)、千日红(*Gomphrena globosa*)、藜(*Chenopodium album*)、地肤(*Kochia scoparia*)、菠菜(*Spinacia oleracea*)、猪毛菜(*Salsola collina*)等具花、果的新鲜标本、腊叶标本或液浸标本。

三、实验用品

体视显微镜、放大镜、镊子、解剖刀、解剖针、刀片、培养皿、载玻片、盖玻片、擦镜纸、吸水纸、纱布、检索表、相关植物志、植物图鉴及植物图片等。

四、实验内容与方法

(一)木兰科(Magnoliaceae)

识别特征：落叶或常绿的乔木或灌木。树皮、叶、花有香气。单叶互生，托叶大，脱落后留存枝上有环状托叶痕。花大，单生枝顶或叶腋，两性，萼片和花瓣很相似，分化不明显(同被花)，整齐，3基数，排列成数轮，分离；雄蕊、雌蕊均为多数，分离，螺旋状排列于伸长的花托上，子房上位。果实为聚合蓇葖果，背缝开裂，稀为翅果或浆果；种子胚小，胚乳丰富。

1. 玉兰

木兰属落叶乔木。高可达25 m。

取具花、果的新鲜枝条或标本观察：叶纸质，叶柄长1~2.5 cm，被柔毛，

上面具狭纵沟；托叶痕为叶柄长的 1/4~1/3。花先叶开放，直立，芳香；花梗显著膨大，密被淡黄色长绢毛；花被片 9 片，白色，基部常带粉红色，近相似，长圆状倒卵形(图 13-1)；雄蕊长 7~12 mm，花药长 6~7 mm，侧向开裂，药隔宽约 5 mm，顶端伸出呈短尖头；雌蕊群淡绿色，无毛，圆柱形，长 2~2. 5 cm，雌蕊狭卵形，长 3~4 mm，具长 4 mm 的锥尖花柱。聚合果圆柱形，蓇葖厚木质，褐色，具白色皮孔；种子心形，侧扁，外种皮红色，内种皮黑色。

观察完毕，请写出花程式，并查检索表，写出检索路线。

花程式____

检索路线______________________________________

图 13-1 玉兰花

图 13-2 荷花玉兰

2. 荷花玉兰

木兰属常绿乔木。在原产地高达 30 m；树皮淡褐色或灰色，薄鳞片状开裂；小枝粗壮，具横隔的髓心；小枝、芽、叶下面、叶柄均密被褐色或灰褐色短绒毛(幼树的叶下面无毛)。

取具花、果的新鲜枝条或标本观察：叶厚革质，椭圆形、长圆状椭圆形或倒卵状椭圆形，先端钝或短钝尖，基部楔形，叶面深绿色，有光泽；侧脉每边 8~10 条；叶柄长 1. 5~4 cm，无托叶痕，具深沟。花白色，有芳香，直径 15~20 cm；花被片 9~12，厚肉质，倒卵形；雄蕊长约 2 cm，花丝扁平，紫色，花药内向，药隔伸出成短尖；雌蕊群椭圆体形，密被长绒毛，心皮卵形，长 1~1. 5 cm，花柱呈卷曲状。聚合果圆柱状长圆形或卵圆形，长 7~10 cm，径 4~5 cm，密被褐色或淡灰黄色绒毛(图 13-2)；蓇葖果背裂，背面圆，顶端外侧具长喙；种子近卵圆形或卵形，长约 14 mm，径约 6 mm，外种皮红色，除去外种皮的种子，顶端延长成短颈。

观察完毕，请写出花程式，并查检索表，写出检索路线。

花程式____

检索路线______________________________________

3. 含笑

含笑属常绿灌木。高 2~3 m，树皮灰褐色；芽、嫩枝、叶柄、花梗均密被黄褐色绒毛。

取具花、果的新鲜枝条或标本观察：叶革质，狭椭圆形或倒卵状椭圆形，长4~10 cm，宽1. 8~4. 5 cm，上面有光泽，无毛，下面中脉上留有褐色平伏毛，余脱落无毛，叶柄长2~4 mm，托叶痕长达叶柄顶端。花直立，花瓣长12~20 mm，宽6~11 mm，淡黄色而边缘有时红色或紫色，具甜浓的芳香，花被片6，肉质，较肥厚，长椭圆形，雌蕊长12~20 mm，宽6~11 mm；雄蕊长7~8 mm，药隔伸出成急尖头，雌蕊群无毛，雌芯长约7 mm，超出于雄蕊群；雌蕊群柄长约6 mm，被淡黄色绒毛。聚合果长2~3. 5 cm，蓇葖卵圆形或球形，顶端有短尖的喙。

观察完毕，请写出花程式，并查检索表，写出检索路线。

花程式＿＿＿＿＿＿＿＿＿＿＿＿＿＿＿＿＿＿＿＿＿＿＿＿＿

检索路线＿＿＿＿＿＿＿＿＿＿＿＿＿＿＿＿＿＿＿＿＿＿＿＿

4. 鹅掌楸

鹅掌楸属乔木。高达40 m，胸径1 m以上，小枝灰色或灰褐色。

取具花、果的新鲜枝条或标本观察：叶马褂状，长4~12(18)cm，近基部每边具1侧裂片，先端具2浅裂，下面苍白色，叶柄长4~8(~16)cm。花杯状，花被片9，外轮3片绿色，萼片状，向外弯垂，内两轮6片、直立，花瓣状倒卵形，长3~4 cm，绿色，具黄色纵条纹；花药长10~16 mm，花丝长5~6 mm；花期时雌蕊群超出花被之上，心皮黄绿色。聚合果长7~9 cm，具翅的小坚果长约6 mm，顶端钝或钝尖，具种子1~2颗。

观察完毕，请写出花程式，并查检索表，写出检索路线。

花程式＿＿＿＿＿＿＿＿＿＿＿＿＿＿＿＿＿＿＿＿＿＿＿＿＿

检索路线＿＿＿＿＿＿＿＿＿＿＿＿＿＿＿＿＿＿＿＿＿＿＿＿

(二)毛茛科(Ranunculaceae)

识别特征：多年生至一年生草本，少数为藤本或灌木。单叶或复叶，通常互生，很少对生(铁线莲属)；无托叶。花通常两性，辐射对称，稀两侧对称(乌头属、翠雀属)；萼片5至多数，分离，有时呈花瓣状(白头翁属、铁线莲属)；花瓣5至多数，或无花瓣，有时特化成蜜腺叶；雄蕊多数，螺旋排列；雌蕊心皮多数至少数，分离，螺旋排列，每心皮1室，有多枚至1枚胚珠。果实为蓇葖果或瘦果，偶有浆果；种子有胚乳。

1. 毛茛

毛茛属多年生草本。茎高20~60 cm，有伸展的白色柔毛。

取具花、果的新鲜植株或标本观察：基生叶和茎下部叶有长柄，长可达20 cm，叶片五角形，长3. 5~6 cm，宽5~8 cm，3深裂，中间裂片宽菱形或倒卵形，3浅裂，疏生锯齿，侧生裂片不等地2裂，茎中部叶有短柄，上部叶无柄，3深裂，裂片线状被针形，上端有时浅裂成数齿。花黄色，直径约2 cm；萼片船状椭圆形，外有柔毛；花瓣5，也有6~8，少数为6~8，少数为重瓣，圆状宽倒卵形，基部蜜腺有鳞片(图13-3)。瘦果长2~3 mm，两面突起，边缘不显著，有短喙稍向外曲。

观察完毕，请写出花程式，并查检索表，写出检索路线。

花程式____

检索路线______________________________________

图 13-3 毛茛

图 13-4 瓣蕊唐松草

2. 瓣蕊唐松草

唐松草属多年生草本植物。

取具花、果的新鲜植株或标本观察：植株全部无毛。茎高 20~80 cm，上部分枝。基生叶数个，有短或稍长柄，为三至四回三出或羽状复叶，叶片长 5~15 cm，小叶草质，形状变异很大，顶生小叶倒卵形、宽倒卵形；茎生叶菱形或近圆形，长 3~12 mm，宽 2~15 mm，先端钝，基部圆楔形或楔形，三浅裂至三深裂，裂片全缘，叶脉平，脉网不明显，小叶柄长 5~7 mm；叶柄长达 10 cm，基部有鞘。花序伞房状，有少数或多数花；花梗长 0.5~2.5 cm；萼片 4，白色，早落，卵形，长 3~5 mm；无花瓣；雄蕊多数，长 5~12 mm，花药狭长圆形，长 0.7~1.5 mm，顶端钝，花丝上部倒披针形，状似花瓣，比花药宽；心皮 4~13，无柄，花柱短，腹面密生柱头组织(图 13-4)。瘦果卵形，长 4~6 mm，有 8 条纵肋，宿存花柱长约 1 mm。

观察完毕，请写出花程式，并查检索表，写出检索路线。

花程式____

检索路线______________________________________

3. 棉团铁线莲

铁线莲属多年生直立草本。高 30~100 cm。

取具花、果的新鲜植株或标本观察：老枝圆柱形，有纵沟；茎疏生柔毛，后变无毛。叶片近革质绿色，干后常变黑色，单叶至复叶，一至二回羽状深裂，裂片线状披针形，长椭圆状披针形至椭圆形，或线形，长 1.5~10 cm，宽 0.1~2 cm，顶端锐尖或凸尖，有时钝，全缘，两面或沿叶脉疏生长柔毛或近无毛，网脉突出。花序顶生，聚伞花序或为总状、圆锥状聚伞花序，有时花单生，花直径 2.5~5 cm；萼片 4~8，通常 6，白色，长椭圆形或狭倒卵形，长 1~2.5 cm，宽 0.3~1 cm，外面密生棉毛，花蕾时像棉花球，内面无毛；无花瓣；雄蕊无毛(图

13-5)。瘦果倒卵形，扁平，密生柔毛，宿存花柱长 1.5~3 cm，有灰白色长柔毛。

观察完毕，请写出花程式，并查检索表，写出检索路线。

花程式＿＿＿＿＿＿＿＿＿＿＿＿＿＿＿＿＿＿＿＿

检索路线＿＿＿＿＿＿＿＿＿＿＿＿＿＿＿＿＿＿＿

图 13-5　棉团铁线莲的植株和宿存花柱

4. 翠雀

翠雀属多年生草本植物。无块根。茎高 35~65 cm，与叶柄均被反曲而贴伏的短柔毛，上部有时变无毛，等距地生叶，分枝。

取具花、果的新鲜植株或标本观察：基生叶和茎下部叶有长柄；叶片圆五角形，长 2.2~6 cm，宽 4~8.5 cm，三全裂，中央全裂片近菱形，一至二回三裂近中脉，小裂片线状披针形至线形，边缘干时稍反卷，侧全裂片扇形，不等二深裂近基部，两面疏被短柔毛或近无毛；叶柄长为叶片的 3~4 倍，基部具短鞘。总状花序有 3~15 花；下部苞片叶状，其他苞片线形；花梗长 1.5~3.8 cm，密被贴伏的白色短柔毛；小苞片生花梗中部或上部，线形或丝形，长 3.5~7 mm；萼片紫蓝色，椭圆形或宽椭圆形，长 1.2~1.8 cm，外面有短柔毛，距钻形，长 1.7~2 cm，直或末端稍向下弯曲；花瓣蓝色，无毛，顶端圆形；退化雄蕊蓝色，瓣片近圆形或宽倒卵形，顶端全缘或微凹，腹面中央有黄色髯毛；雌蕊无毛，心皮 3，子房密被贴伏的短柔毛(图 13-6)。蓇葖果直，长 1.4~1.9 cm；种子倒卵状四面体形，长约 2 mm，沿棱有翅。

观察完毕，请写出花程式，并查检索表，写出检索路线。

花程式＿＿＿＿＿＿＿＿＿＿＿＿＿＿＿＿＿＿＿＿

检索路线＿＿＿＿＿＿＿＿＿＿＿＿＿＿＿＿＿＿＿

(三)石竹科(Caryophyllaceae)

识别特征：一、二年生或多年生草本，稀为小灌木或亚灌木。茎通常节部膨大。单叶对生，稀互生或轮生，全缘，基部多少连合；有时具膜质托叶。花两性，稀单性，辐射对称，排列成聚伞花序或聚伞圆锥花序，少数呈总状花序、头状花序、假轮伞花序或伞形花序。有时具闭花受精的花；萼片 4~5，草质或膜质，宿存，覆瓦状排列或合生呈筒状；花瓣 4~5，稀无，离生，具爪或否，瓣片全缘或分裂；雄蕊 8~10，稀 2~5；花盘小，有些具腺体；雌蕊 1，由 2~5 合生心皮构成，子房上位，1 室，稀 2~5 室，特立中央胎座。胚珠 1 至多数；花柱 (1)2~5，有时基部合生，稀合生成单花柱。果实通常为蒴果，稀为瘦果或浆果状，顶端齿裂或瓣裂；种子 1 至多数，多为肾形，无翅或仅具窄翅，表面平滑或具疣状突起，含粉质胚乳。

1. *石竹*

石竹属多年生草本。高 30~50 cm，全株无毛，带粉绿色。

取具花、果的新鲜植株或标本观察：茎由根颈生出，疏丛生，直立，上部分枝。叶片线状披针形，长 3~5 cm，宽 2~4 mm，顶端渐尖，基部稍狭，全缘或有细小齿，中脉较显。花单生枝端或数花集成聚伞花序；花梗长 1~3 cm；苞片 4，卵形，顶端长渐尖，长达花萼 1/2 以上，边缘膜质，有缘毛；花萼圆筒形，长 15~25 mm，直径 4~5 mm，有纵条纹，萼齿披针形，长约 5 mm，直伸，顶端尖，有缘毛；花瓣长 15~18 mm，瓣片倒卵状三角形，长 13~15 mm，紫红色、粉红色、鲜红色或白色，花瓣顶缘不整齐齿裂，喉部有斑纹，疏生髯毛；雄蕊露出喉部外，花药蓝色；子房长圆形，花柱线形（图 13-7）。蒴果圆筒形，包于宿存萼内，顶端 4 裂；种子黑色，扁圆形。

观察完毕，请写出花程式，并查检索表，写出检索路线。

花程式＿＿＿＿＿＿＿＿＿＿＿＿＿＿＿＿＿＿＿＿＿＿＿＿＿＿＿＿＿＿

检索路线＿＿＿＿＿＿＿＿＿＿＿＿＿＿＿＿＿＿＿＿＿＿＿＿＿＿＿＿＿

图 13-6　翠雀

图 13-7　石竹

2. 繁缕

繁缕属一年生或二年生草本。高 10~30 cm。

取具花、果的新鲜植株或标本观察：茎俯仰或上升，基部稍分枝，常带淡紫红色，被 1~2 列毛。叶片宽卵形或卵形，顶端渐尖或急尖，基部渐狭或近心形，全缘；基生叶具长柄，上部叶常无柄或具短柄。疏聚伞花序顶生；花梗细弱，具 1 列短毛，花后伸长，下垂；萼片 5，卵状披针形，顶端稍钝或近圆形，边缘宽膜质，外面被短腺毛；花瓣白色，长椭圆形，比萼片短，深2裂达基部，裂片近线形；雄蕊3~5，短于花瓣；花柱3，线形。蒴果卵形，稍长于宿存萼，顶端6裂，具多数种子；种子卵圆形至近圆形，稍扁，红褐色，直径1~1.2 mm，表面具半球形瘤状凸起，脊较显著。

观察完毕，请写出花程式，并查检索表，写出检索路线。

花程式 ______________________________

检索路线 ______________________________

3. 山蚂蚱草

别称旱麦瓶草。蝇子草属多年生草本。高20~50 cm。

取具花、果的新鲜植株或标本观察：根粗壮，木质；茎丛生，直立或近直立，不分枝，无毛，基部常具不育茎。基生叶叶片狭倒披针形或披针状线形，基部渐狭成长柄状，先端急尖或渐尖，边缘近基部具缘毛，余均无毛，中脉明显；茎生叶少数，较小，基部微抱茎。花假轮伞状圆锥花序或总状花序，花梗长4~18 mm，无毛；苞片卵形或披针形，基部微合生，顶端渐尖，边缘膜质，具缘毛；花萼狭钟形，后期微膨大，长8~10(~12) mm，无毛，纵脉绿色，脉端连结；萼齿卵形或卵状三角形；雌雄蕊柄被短毛，长约2 mm；花瓣白色或淡绿色，长12~18 mm，爪狭倒披针形，无毛，无明显耳，瓣片叉状2裂达瓣片的中部，裂片狭长圆形；副花冠长椭圆状，细小；雄蕊外露，花丝无毛；花柱外露。蒴果卵形，长6~7 mm，比宿存萼短；种子肾形，长约1 mm，灰褐色(图13-8)。

观察完毕，请写出花程式，并查检索表，写出检索路线。

花程式______________________________

检索路线______________________________

图13-8　山蚂蚱草(引自中国植物图库)

图13-9　瞿麦(引自中国植物图库)

4. 瞿麦

石竹属多年生草本。高50~60 cm，有时更高。

取具花、果的新鲜植株或标本观察：茎丛生，直立，绿色，无毛，上部分枝。叶片线状披针形，顶端锐尖，中脉特显，基部合生呈鞘状，绿色，有时带粉绿色。花冠包于萼筒内，瓣片宽倒卵形，边缘碎裂至中部或中部以上，通常淡红色或带紫色，稀白色，喉部具丝毛状鳞片；雄蕊和花柱微外露(图 13-9)。蒴果圆筒形，与宿存萼等长或微长，顶端 4 裂；种子扁卵圆形，长约 2 mm，黑色，有光泽。

观察完毕，请写出花程式，并查检索表，写出检索路线。

花程式____

检索路线______________________________________

(四)蓼科

识别特征：一年生或多年生草本，稀为灌木或小乔木。茎节常膨大，单叶互生，全缘；托叶膜质，鞘状包茎，称托叶鞘。花两性，有时单性，辐射对称；单被，花被片 3~6，花瓣状；雄蕊常 8，稀 6~9 或更少；雌蕊由 3(稀 2~4)心皮合成，子房上位 1 室，内含 1 直生胚珠。坚果，三棱形或凸镜形，部分或全体包于宿存的花被内；种子具丰富的胚乳，胚弯曲。

1. 红蓼

蓼属一年生草本植物。茎粗壮直立，高可达 2 m。

取具花、果的新鲜枝条或标本观察：叶片宽卵形、宽椭圆形或卵状披针形，顶端渐尖，基部圆形或近心形，两面密生短柔毛，叶脉密生长柔毛；叶柄具长柔毛；托叶鞘筒状，膜质。总状花序呈穗状，顶生或腋生，花紧密，微下垂，苞片宽漏斗状，草质，绿色，花淡红色或白色；花被片椭圆形，花盘明显(图 13-10)。瘦果近圆形。

观察完毕，请写出花程式，并查检索表，写出检索路线。

花程式____

检索路线______________________________________

图 13-10　红蓼的植株和花序

2. 巴天酸模

酸模属多年生草本。根肥厚，直径可达 3 cm；茎直立，粗壮，高 90~150 cm，上部分枝，具深沟槽。

取具花、果的新鲜枝条或标本观察：基生叶长圆形或长圆状披针形，顶端急尖，基部圆形或近心形，边缘波状；叶柄粗壮；茎上部叶披针形，较小，具短叶柄或近无柄；托叶鞘筒状，膜质，易破裂。花序圆锥状，大型；花两性；花梗细弱，中下部具关节，关节果时稍膨大；外花被片长圆形，内花被片果时增大，宽心形，顶端圆钝，基部深心形，边缘近全缘，具网脉，全部或部分具小瘤；小瘤长卵形，通常不能全部发育。瘦果卵形，具 3 锐棱，顶端渐尖，褐色，有光泽(图 13-11)。

观察完毕，请写出花程式，并查检索表，写出检索路线。

花程式＿＿＿＿＿＿＿＿＿＿＿＿＿＿＿＿＿＿＿＿＿＿＿＿＿＿＿＿＿＿

检索路线＿＿＿＿＿＿＿＿＿＿＿＿＿＿＿＿＿＿＿＿＿＿＿＿＿＿＿＿＿

图 13-11　巴天酸模的植株和花果穗

3. 荞麦

荞麦属一年生草本。

取具花、果的新鲜植株或标本观察：茎直立，高 30~90 cm，上部分枝，绿色或红色，具纵棱，无毛或于一侧沿纵棱具乳头状突起。叶三角形或卵状三角形，顶端渐尖，基部心形，两面沿叶脉具乳头状突起；下部叶具长叶柄，上部较小近无梗；托叶鞘膜质，短筒状，顶端偏斜，无缘毛，易破裂脱落。花序总状或伞房状，顶生或腋生，花序梗一侧具小突起；苞片卵形，绿色，边缘膜质，每苞内具 3~5 花；花梗比苞片长，无关节，花被 5 深裂，白色或淡红色，花被片椭圆形；雄蕊 8，比花被短，花药淡红色；花柱 3，柱头头状。瘦果卵形，具 3 锐棱，暗褐色，无光泽，比宿存花被长。

观察完毕，请写出花程式，并查检索表，写出检索路线。

花程式＿＿＿＿＿＿＿＿＿＿＿＿＿＿＿＿＿＿＿＿＿＿＿＿＿＿＿＿＿＿

检索路线＿＿＿＿＿＿＿＿＿＿＿＿＿＿＿＿＿＿＿＿＿＿＿＿＿＿＿＿＿

4. 扁蓄

蓼属一年生草本。高 15~50 cm。

取具花、果的新鲜植株或标本观察：茎匍匐或斜上，基部分枝甚多，具明显的节及纵沟纹；幼枝上微有棱角。叶互生；叶柄短，亦有近于无柄者；叶片披针形至椭圆形，先端钝或尖，基部楔形，全缘，绿色，两面无毛；托鞘膜质，抱茎，下部绿色，上部透明无色，具明显脉纹，其上之多数平行脉常伸出成丝状裂片。花 6~10 朵簇生于叶腋；花梗短；苞片及小苞片均为白色透明膜质；花被绿色，5 深裂，具白色边缘，结果后，边缘变为粉红色；雄蕊通常 8 枚，花丝短；子房长方形，花柱短，柱头 3 枚。瘦果包围于宿存花被内，仅顶端小部分外露，卵形，具 3 棱，黑褐色，具细纹及小点(图 13-12)。

观察完毕，请写出花程式，并查检索表，写出检索路线。

花程式______________________________

检索路线______________________________

图 13-12　萹蓄

(五) 苋科(Amaranthaceae)

识别特征：多为一年生或多年生草本，稀攀缘藤本或灌木。单叶，互生或对生，无托叶。花两性，稀单性，为腋生的聚伞花序或排成圆锥花序；苞片小，小苞片 2，干膜质；花被片 3~5，常干膜质；雄蕊常和花被片同数且对生；子房上位，1 室，具基生胎座。果为胞果、小坚果或盖裂的胞果，胚环形。

1. 苋

苋属一年生草本。高 80~150 cm。

取具花、果的新鲜植株或标本观察：茎粗壮，绿色或红色，常分枝，幼时有毛或无毛。叶片卵形、菱状卵形或披针形，绿色或常成红色、紫色或黄色、或部分绿色夹杂其他颜色，顶端圆钝或尖凹，具凸尖，基部楔形，全缘或波状缘，无毛；叶柄绿色或红色。花簇腋生，直到下部叶，或同时具顶生花簇成下垂的穗状花序；雄花和雌花混生；苞片及小苞片卵状披针形，透明，顶端有 1 长芒尖，背面具 1 绿色或红色隆起中脉；花被片矩圆形，绿色或黄绿色，顶端有 1 长芒尖，背面具 1 绿色或紫色隆起中脉；雄蕊比花被片长或短。胞果卵状矩圆形，环状横裂，包裹在宿存花被片内(图 13-13)。种子近圆形或倒卵形，黑色或黑棕色，边缘钝。

观察完毕，请写出花程式，并查检索表，写出检索路线。

花程式______________________________

检索路线______________________________

图 13-13　苋

2. 鸡冠花

青葙属一年生直立草本。高 30~80 cm。

取具花、果的新鲜植株或标本观察：全株无毛，粗壮。分枝少，近上部扁平，绿色或带红色，有棱纹凸起。单叶互生，具柄；叶片卵形、卵状披针形或披针形，宽 2~6 cm。花多数，极密生，成扁平肉质鸡冠状、卷冠状或羽毛状的穗状花序，一个大花序下面有数个较小的分枝，分枝圆锥状矩圆形，表面羽毛状；花被片红色、紫色、黄色、橙色或红黄色相间(图 13-14)；苞片、小苞片和花被片干膜质，宿存。胞果卵形，熟时盖裂，包于宿存花被内；种子肾形，黑色，具光泽。

观察完毕，请写出花程式，并查检索表，写出检索路线。

花程式____

检索路线_______________________________________

图 13-14　鸡冠花的植株和花序

3. 牛膝

牛膝属多年生草本。高 70~120 cm。

取具花、果的新鲜枝条或标本观察：茎有棱角或四方形，绿色或带紫色，有白色贴生或开展柔毛，分枝对生。叶片椭圆形或椭圆状披针形，少数倒披针形，顶端尾尖，基部楔形或宽楔形，两面有贴生或开展柔毛；叶柄有柔毛。穗状花序顶生及腋生；总花梗有白色柔毛；花多数，密生；苞片宽卵形，顶端长渐尖；小苞片刺状，顶端弯曲，基部两侧各有 1 卵形膜质小裂片；花被片披针形，光亮，顶端急尖，有 1 中脉；雄蕊长 2~2.5 mm；退化雄蕊顶端平圆，稍有缺刻状细锯齿。胞果矩圆形，黄褐色，光滑；种子矩圆形，黄褐色。

观察完毕，请写出花程式，并查检索表，写出检索路线。

花程式＿＿＿＿＿＿＿＿＿＿＿＿＿＿＿＿＿＿＿＿＿＿＿＿＿＿＿＿＿＿

检索路线＿＿＿＿＿＿＿＿＿＿＿＿＿＿＿＿＿＿＿＿＿＿＿＿＿＿＿＿＿

4. 千日红

千日红属一年生直立草本。高 20~60 cm。

取具花、果的新鲜植株或标本观察：茎粗壮，有分枝，枝略呈四棱形，有灰色糙毛，幼时更密，节部稍膨大。叶片纸质，长椭圆形或矩圆状倒卵形，顶端急尖或圆钝，凸尖，基部渐狭，边缘波状，两面有小斑点、白色长柔毛及缘毛，叶柄有灰色长柔毛。花多数，密生，成顶生球形或矩圆形头状花序，单一或 2-3 个，常紫红色，有时淡紫色或白色；总苞为 2 绿色对生叶状苞片而成，卵形或心形，两面有灰色长柔毛；苞片卵形，白色，顶端紫红色；小苞片三角状披针形，紫红色，内面凹陷，项端渐尖，背棱有细锯齿缘；花被片披针形，不展开，顶端渐尖，外面密生白色绵毛，花期后不变硬；雄蕊花丝连合成管状，顶端 5 浅裂，花药生在裂片的内面，微伸出；花柱条形，比雄蕊管短，柱头 2，叉状分枝。胞果近球形；种子肾形，棕色，光亮。

观察完毕，请写出花程式，并查检索表，写出检索路线。

花程式＿＿＿＿＿＿＿＿＿＿＿＿＿＿＿＿＿＿＿＿＿＿＿＿＿＿＿＿＿＿

检索路线＿＿＿＿＿＿＿＿＿＿＿＿＿＿＿＿＿＿＿＿＿＿＿＿＿＿＿＿＿

（六）藜科（Chenopodiaceae）

识别特征：草本或灌木，多为盐碱地或旱生植物，往往附有粉状或皮屑状物。单叶，互生，肉质，无托叶。花小，单被，常无彩色或草绿色，两性或单性，花萼 3~5 裂，花后常增大宿存；无花瓣，雄蕊与萼片同数对生，花粉球形或近球形，具散孔，一般分布均匀，外层壁厚于内层，外层中具有明显的基柱，形成颗粒状纹理，因孔凹下，花粉轮廓线呈波浪形，子房由 2~3 心皮合成，一室有一弯生胚，着生于子房基底。胞果，常藏于扩大的花萼或花苞中；种子常扁平，胚环状或蹄铁状，围绕胚乳或螺旋状，无胚乳或胚乳分隔为 2。

1. 藜

藜属一年生草本。高 30~150 cm。茎直立，粗壮，具条棱及绿色或紫红色色条，多分枝；枝条斜升或开展。

取具花、果的新鲜植株或标本观察：叶片菱状卵形至宽披针形，长 3~6 cm，宽 2.5~5 cm，先端急尖或微钝，基部楔形至宽楔形，上面通常无粉，有时嫩叶的上面有紫红色粉，下面多少有粉，边缘具不整齐锯齿；叶柄与叶片近等长，或为叶片长度的 1/2（图 13-15）。花两性，花簇于枝上部排列成或大或小的穗状圆锥状或圆锥状花序；花被裂片5，宽卵形至椭圆形，背面具纵隆脊，有粉，先端或微凹，边缘膜质；雄蕊5，花药伸出花被；柱头2。果皮与种子贴生；种子横生，双凸镜状，直径1.2~1.5 mm，边缘钝，黑色，有光泽，表面具浅沟纹；胚环形。

观察完毕，请写出花程式，并查检索表，写出检索路线。

花程式____

检索路线____

图13-15　藜的植株和花果穗

2. 地肤

地肤属一年生草本。高50~100 cm。根略呈纺锤形。

取具花、果的新鲜植株或标本观察：茎直立，圆柱状，淡绿色或带紫红色，有多数条棱，稍有短柔毛或下部几乎无毛；分枝稀疏，斜上。叶披针形或条状披针形，长2~5 cm，宽3~9 mm，无毛或稍有毛，先端短渐尖，基部渐狭入短柄，通常有3条明显的主脉，边缘有疏生的锈色绢状缘毛；茎上部叶较小，无柄，1脉(图13-16)。花两性或雌性，通常1~3个生于上部叶腋，构成疏穗状圆锥花序，花下有时有锈色长柔毛；花被近球形，淡绿色，花被裂片近三角形，无毛或先端稍有毛；翅端附属物三角形至倒卵形，有时近扇形，膜质，脉不很明显，边缘微波状或具缺刻；花丝丝状，花药淡黄色；柱头2，丝状，紫褐色，花柱极短。胞果扁球形，果皮膜质，与种子离生；种子卵形，黑褐色，长1.5~2 mm，稍有光泽；胚环形，胚乳块状。

观察完毕，请写出花程式，并查检索表，写出检索路线。

花程式____

检索路线____

3. 菠菜

菠菜属一年生草本植物。高可达1m，无粉。

取具花、果的新鲜植株或标本观察：根圆锥状，带红色，少为白色。茎直立，中空，脆嫩多汁，不分枝或有少数分枝。叶戟形至卵形，鲜绿色，柔嫩多汁，稍有光泽，全缘或有少数牙齿状裂片。雄花集成球形团伞花序，再于枝和茎的上部排列成有间断的穗状圆锥花序；花被片通常4，花丝丝状，扁平，花药不

图 13-16　地肤

具附属物；雌花团集于叶腋；小苞片两侧稍扁，顶端残留 2 小齿，背面通常各具 1 棘状附属物；子房球形，柱头 4 或 5，外伸。胞果卵形或近圆形，直径约 2.5 mm，两侧扁；果皮褐色。

观察完毕，请写出花程式，并查检索表，写出检索路线。

花程式＿＿＿＿＿＿＿＿＿＿＿＿＿＿＿＿＿＿＿＿＿＿＿＿＿＿＿＿＿＿

检索路线＿＿＿＿＿＿＿＿＿＿＿＿＿＿＿＿＿＿＿＿＿＿＿＿＿＿＿＿＿

4. 猪毛菜

猪毛菜属一年生草本，稀为半灌木或小灌木。高 20~100 cm。

取具花、果的新鲜植株或标本观察：茎自基部分枝，枝互生，伸展，茎、枝绿色，有白色或紫红色条纹，生短硬毛或近于无毛。叶片丝状圆柱形，伸展或微弯曲，生短硬毛，顶端有刺状尖，基部边缘膜质，稍扩展而下延。花序穗状，生枝条上部；苞片卵形，顶部延伸，有刺状尖，边缘膜质，背部有白色隆脊；小苞片狭披针形，顶端有刺状尖，苞片及小苞片与花序轴紧贴；花被片卵状披针形，膜质，顶端尖，果时变硬，自背面中上部生鸡冠状突起；花被片在突起以上部分，近革质，顶端为膜质，向中央折曲成平面，紧贴果实，有时在中央聚集成小圆锥体；花药长 1~1.5 mm；柱头丝状，长为花柱的 1.5~2 倍。种子横生或斜生。

观察完毕，请写出花程式，并查检索表，写出检索路线。

花程式＿＿＿＿＿＿＿＿＿＿＿＿＿＿＿＿＿＿＿＿＿＿＿＿＿＿＿＿＿＿

检索路线＿＿＿＿＿＿＿＿＿＿＿＿＿＿＿＿＿＿＿＿＿＿＿＿＿＿＿＿＿

五、作业

写出本次实验所观察的各科代表植物的花程式及检索路线。

六、思考题

1. 木兰科和毛茛科的原始性表现在哪些方面？
2. 如何判断一朵花中雄蕊的类型和构成雌蕊的心皮数？

实验十四　被子植物分科(二)

十字花科、堇菜科、葫芦科、锦葵科、杨柳科

一、实验目的

通过对各科代表物种的观察，掌握科的主要特征和代表植物。

二、实验材料

油菜(*Brassica napus*)、荠菜、独行菜(*Lepidium apetalum*)、拟南芥(*Arabidopsis thaliana*)、三色堇(*Viola tricolor*)、紫花地丁(*Viola philippica*)、黄瓜、丝瓜(*Luffa cylindrica*)、葫芦(*Lagenaria siceraria*)、南瓜、锦葵(*Malva sinensis*)、蜀葵(*Althaea rosea*)、扶桑(*Hibiscus rosa-sinensis*)、野西瓜苗(*Hibiscus trionum*)、新疆杨(*Populus bolleana*)、毛白杨、胡杨(*Populus diversifolia*)、垂柳(*Salix babylonica*)等具花、果的新鲜标本、腊叶标本或液浸标本。

三、实验用品

体视显微镜、放大镜、镊子、解剖刀，解剖针、刀片、培养皿、载玻片、盖玻片、擦镜纸、吸水纸、纱布、检索表、相关植物志、植物图鉴及植物图片等。

四、实验内容与方法

(一)十字花科(Cruciferae)

识别特征：草本，常有辛辣汁液。单叶互生，无托叶。花两性，整齐，辐射对称；总状花序；花萼4片，分离，排成2轮，每轮2片，直立或开展，有时基部呈囊状；花瓣4片，分离，呈十字花冠，基部常成爪；花瓣白色、黄色、粉红色、淡紫色、淡紫红色或紫色，少数种类花瓣退化或缺少，有的花瓣不等大；花托上有蜜腺，常与萼片对生；雄蕊6个，排成2轮，外轮2个花丝短，内轮4个花丝长，为四强雄蕊；子房上位，由2心皮结合而成，常有1个次生的假隔膜，把子房分为假2室，每室有胚珠1至多个，排列成1或2行，生在胎座框上，形成侧膜胎座；亦有横隔成数室的，每室有1个种子。长角果或短角果，2瓣开裂，少数不裂。

1. 油菜

芸薹属一年生草本。茎直立，分枝较少，株高30~90 cm。

取油菜具花、果的新鲜植株或标本观察：叶互生，分基生叶和茎生叶两种；基生叶不发达，匍匐生长，椭圆形，长 10~20 cm，有叶柄，大头羽状分裂，顶生裂片圆形或卵形，侧生琴状裂片 5 对，密被刺毛，有蜡粉。花黄色，花瓣 4，为典型的十字型花冠；雄蕊 6 枚，为 4 强雄蕊。长角果条形，长 3~8 cm，宽 2~3 mm，先端有喙，果梗长 3~15 mm；由 2 片荚壳组成，中间有一隔膜，两侧各有 10 个左右的种子，种子球形，紫褐色。

观察完毕，请写出花程式，并查检索表，写出检索路线。

花程式 ______________________________

检索路线 ______________________________

2. 荠菜

荠菜属一年生或二年生草本植物。高 30~40 cm，主根瘦长，白色，直下，分枝。

取具花、果的新鲜植株或标本观察：茎直立，单一或基部分枝。基生叶丛生莲座状，挨地，叶羽状分裂，稀全缘，上部裂片三角形，不整齐，顶片特大，叶片有毛；茎生叶狭披针形或披针形，顶部几乎呈线形，基部呈耳状抱茎，边缘有缺刻或锯齿，或近于全缘，叶两面生有单一或分枝的细柔毛，边缘疏生白色长睫毛。花多数，总状花序顶生和腋生；花小，白色，两性；十字花冠，萼 4 片，绿色，开展，卵形，基部平截，具白色边缘；花瓣倒卵形，有爪，4 片，白色；雄蕊 6 枚，为 4 强雄蕊，基部有绿色腺体；雌蕊 1，子房三角状卵形，花柱极短。短角果呈倒三角形，无毛，扁平，先端微凹，长 6~8 mm，宽 5~6 mm，具残存的花柱（图 14-1）；种子约 20~25 粒，成 2 行排列，细小，倒卵形，长约 0.8 mm。

观察完毕，请写出花程式，并查检索表，写出检索路线。

花程式______________________________

检索路线______________________________

图 14-1　荠菜

图 14-2　独行菜

3. 独行菜

独行菜属一年生或二年生草本。高 5~30 cm。茎直立或斜升，多分枝，被微小头状毛。

取具花、果的新鲜植株或标本观察：基生叶莲座状，平铺地面，羽状浅裂或深裂，叶片狭匙形；茎生叶狭披针形至条形，有疏齿或全缘；总状花序顶生；花小，不明显；花瓣不存或退化成丝状，白色，比萼片短；雄蕊 2 或 4；花梗丝状，被棒状毛；萼片舟状，早落，呈椭圆形，无毛或被柔毛，具膜质边缘。短角果近圆形或宽椭圆形，扁平，长 2~3 mm，宽约 2 mm，顶端微缺，上部有短翅，隔膜宽不到 1 mm；果梗弧形，长约 3 mm(图 14-2)。种子椭圆形，平滑，棕红色。

观察完毕，请写出花程式，并查检索表，写出检索路线。

花程式＿＿＿＿＿＿＿＿＿＿＿＿＿＿＿＿＿＿＿＿＿＿＿＿＿＿＿＿

检索路线＿＿＿＿＿＿＿＿＿＿＿＿＿＿＿＿＿＿＿＿＿＿＿＿＿＿＿

4. 拟南芥

又叫鼠耳芥。鼠耳芥属一年生细弱草本。高 20~35 cm，被单毛与分枝毛。

取具花、果的新鲜植株或标本观察：茎不分枝或自中上部分枝，下部有时为淡紫白色，茎上常有纵槽，上部无毛，下部被单毛，偶杂有 2 叉毛。基生叶莲座状，倒卵形或匙形，顶端钝圆或略急尖，基部渐窄成柄，边缘有少数不明显的齿，两面均有 2~3 叉毛；茎生叶无柄，披针形、条形、长圆形或椭圆形。花序为总状花序；萼片长圆卵形，顶端钝、外轮的基部成囊状，外面无毛或有少数单毛；花瓣白色，长圆条形，先端钝圆，基部线形；雄蕊 6 枚，花药黄色；雌蕊圆柱状。角果，果瓣两端钝或钝圆，有 1 中脉与稀疏的网状脉，多为橘黄色或淡紫色；果梗伸展；种子每室 1 行，种子卵形、小、红褐色(图 14-3)。

观察完毕，请写出花程式，并查检索表，写出检索路线。

花程式＿＿＿＿＿＿＿＿＿＿＿＿＿＿＿＿＿＿＿＿＿＿＿＿＿＿＿＿

检索路线＿＿＿＿＿＿＿＿＿＿＿＿＿＿＿＿＿＿＿＿＿＿＿＿＿＿＿

图 14-3　拟南芥

(二) 堇菜科(Violaceae)

识别特征：草本、灌木，稀乔木。叶多基生，单叶互生，托叶形态多变化。花单生或总状花序，辐射对称或两侧对称；萼片与花瓣均 5 基数，下方一花瓣常延伸成距；雄蕊5，子房上位，通常由3心皮合成，侧膜胎座，具1至数颗倒生胚珠。果实为开裂的蒴果或浆果状。

1. 三色堇

堇菜属二年生或多年生草本植物。茎高10~40 cm，全株光滑。地上茎较粗，直立或稍倾斜，有棱，单一或多分枝。

取具花、果的新鲜植株或标本观察：基生叶长卵形或披针形，具长柄；茎生叶卵形、长圆状圆形或长圆状披针形，先端圆或钝，基部圆，边缘具稀疏的圆齿或钝锯齿，上部叶柄较长，下部叶柄较短；托叶大型，叶状，羽状深裂。花大，每个茎上有3~10朵，通常每花有紫、白、黄三色；花梗稍粗，单生叶腋，上部具2枚对生的小苞片；小苞片极小，卵状三角形；萼片绿色，长圆状披针形，先端尖，边缘狭膜质，基部附属物发达，边缘不整齐；上方花瓣深紫堇色，侧方及下方花瓣均为三色，有紫色条纹，侧方花瓣里面基部密被须毛，下方花瓣距较细；子房无毛，花柱短，基部明显膝曲，柱头膨大，呈球状，前方具较大的柱头孔。蒴果椭圆形，无毛。

观察完毕，请写出花程式，并查检索表，写出检索路线。

花程式＿＿＿＿＿＿＿＿＿＿＿＿＿＿＿＿＿＿＿＿＿＿＿＿＿＿＿＿＿＿＿＿＿＿

检索路线＿＿＿＿＿＿＿＿＿＿＿＿＿＿＿＿＿＿＿＿＿＿＿＿＿＿＿＿＿＿＿＿

2. 紫花地丁

堇菜属多年生草本。无地上茎，高4~14 cm，果期高可达20 cm以上。根状茎短，垂直，淡褐色，节密生，有数条淡褐色或近白色的细根。

取具花、果的新鲜植株或标本观察：叶多数，基生，莲座状；叶片下部者通常较小，呈三角状卵形或狭卵形，上部者较长，呈长圆形、狭卵状披针形或长圆状卵形，先端圆钝，基部截形或楔形，稀微心形，边缘具较平的圆齿，两面无毛或被细短毛，有时仅下面沿叶脉被短毛，果期叶片增大；叶柄在花期通常长于叶片1~2倍，上部具极狭的翅，果期长可达10 cm多，上部具较宽之翅，无毛或被细短毛；托叶膜质，苍白色或淡绿色，2/3~4/5与叶柄合生，离生部分线状披针形，边缘疏生具腺体的流苏状细齿或近全缘。花中等大，紫堇色或淡紫色，稀呈白色，喉部色较淡并带有紫色条纹；花梗通常多数细弱，与叶片等长或高出于叶片，无毛或有短毛，中部附近有2枚线形小苞片；萼片卵状披针形或披针形，先端渐尖，基部附属物短，末端圆或截形，边缘具膜质白边，无毛或有短毛；花瓣倒卵形或长圆状倒卵形，侧方花瓣长，里面无毛或有须毛，下方花瓣连距长1.3~2 cm，里面有紫色脉纹；距细管状，末端圆；花药长约2 mm，药隔顶部的附属物长约1.5 mm，下方2枚雄蕊背部的距细管状，末端稍细；子房卵形，无毛，花柱棍棒状，比子房稍长，基部稍膝曲，柱头三角形，两侧及后方稍增厚成微隆起的缘边，顶部略平，前方具短喙。蒴果长圆形，无毛(图14-4)；种子卵球形，淡黄色。

观察完毕，请写出花程式，并查检索表，写出检索路线。

花程式＿＿＿＿＿＿＿＿＿＿＿＿＿＿＿＿＿＿＿＿＿＿＿＿＿＿＿＿＿＿＿＿＿＿

检索路线＿＿＿＿＿＿＿＿＿＿＿＿＿＿＿＿＿＿＿＿＿＿＿＿＿＿＿＿＿＿＿＿

图 14-4　紫花地丁的花和果实

(三)葫芦科(Cucurbitaceae)

识别特征：攀缘或匍匐草本。有卷须。具双韧维管束。单叶互生，掌裂。花单性，同株或异株，单生或为总状花序、圆锥花序；雄花花萼管状，5 裂；聚药雄蕊，花丝两两结合，1 条分离；花冠结合或分离，花瓣 5，多合生；雌蕊由 3 心皮组成，子房下位，有 3 个侧膜胎座，胚珠多枚。瓠果。

1. 黄瓜

黄瓜属一年生蔓生或攀缘草本。茎、枝伸长，有棱沟，被白色的糙硬毛。卷须细，不分歧，具白色柔毛。叶柄稍粗糙，有糙硬毛，长 10~16(~20) cm；叶片宽卵状心形，膜质，长、宽均 7~20 cm，两面甚粗糙，被糙硬毛，3~5 个角或浅裂，裂片三角形，有齿，有时边缘有缘毛，先端急尖或渐尖，基部弯缺半圆形，宽 2~3 cm，深 2~2. 5 cm，有时基部向后靠合。雌雄同株；雄花：常数朵在叶腋簇生，花梗纤细，长 0. 5~1. 5 cm，被微柔毛，花萼筒狭钟状或近圆筒状，长 8~10 mm，密被白色的长柔毛，花萼裂片钻形，开展，与花萼筒近等长，花冠黄白色，长约 2 cm，花冠裂片长圆状披针形，急尖，雄蕊 3，花丝近无，花药长 3~4 mm，药隔伸出，长约 1 mm；雌花单生或稀簇生，花梗粗壮，被柔毛，长 1~2 cm，子房纺锤形，粗糙，有小刺状突起。果实长圆形或圆柱形，长 10~30(~50) cm，熟时黄绿色，表面粗糙，有具刺尖的瘤状突起，极稀近于平滑；种子小，狭卵形，白色，无边缘，两端近急尖，长约 5~10 mm。

观察完毕，请写出花程式，并查检索表，写出检索路线。

花程式 ______________________________

检索路线 ______________________________

2. 丝瓜

丝瓜属一年生攀缘藤本。

取具花、果的部分新鲜植株或标本观察：茎、枝粗糙，有棱沟，被微柔毛。卷须稍粗壮，被短柔毛，通常 2~4 歧。叶柄粗糙，近无毛；叶片三角形或近圆形，通常掌状 5~7 裂，裂片三角形上面深绿色，粗糙，有疣点，下面浅绿色，有短柔毛，脉掌状，具白色的短柔毛。雌雄同株；雄花通常 15~20 朵花，生于总状花序上部，雄蕊通常 5，花初开放时稍靠合，最后完全分离；雌花单生，花梗长 2~10 cm，子房长圆柱状，有柔毛，柱头膨大(图 14-5)。果实圆柱状，直或稍弯，表面平滑，通常有深色纵条纹，未熟时肉质，成熟后干燥，里面呈网状纤维；种子多数，黑色，卵形，平滑，边缘狭翼状。

观察完毕，请写出花程式，并查检索表，写出检索路线。

花程式____________________________________

检索路线__________________________________

图 14-5　丝瓜的雄花和雌花蕾

3. 葫芦

葫芦属一年生攀缘草本。

取具花、果的部分新鲜植株或标本观察：茎、枝具沟纹，被黏质长柔毛，老后渐脱落，变近无毛。叶柄纤细，有和茎枝一样的毛被，顶端有 2 腺体；叶片卵状心形或肾状卵形，不分裂或 3~5 裂，具 5~7 掌状脉，先端锐尖，边缘有不规则的齿，基部心形，弯缺开张，半圆形或近圆形，两面均被微柔毛，叶背及脉上较密。卷须纤细，初时有微柔毛，后渐脱落，变光滑无毛，上部分 2 歧。雌雄同株，雌、雄花均单生；雄花花梗细，比叶柄稍长，花梗、花萼、花冠均被微柔毛，花萼筒漏斗状，长约 2 cm，裂片披针形，花冠黄色，裂片皱波状，先端微缺而顶端有小尖头，5 脉，雄蕊 3；雌花花梗比叶柄稍短或近等长，花萼和花冠似雄花，子房中间缢细，密生黏质长柔毛，花柱粗短，柱头 3，膨大，2 裂。果实初为绿色，后变白色至带黄色(图 14-6)。种子白色，倒卵形或三角形，顶端截形或 2 齿裂，稀圆。

观察完毕，请写出花程式，并查检索表，写出检索路线。

花程式____________________________________

检索路线__________________________________

4. 南瓜

南瓜属一年生蔓生草本植物。

取具花、果的部分新鲜植株或标本观察：茎常节部生根，密被白色短刚毛。叶柄粗壮，被短刚毛；叶片宽卵形或卵圆形，质稍柔软，有 5 角或 5 浅裂，稀钝，侧裂片较小，中间裂片较大，三角形，上面密被黄白色刚毛和茸毛，常有白

图 14-6　葫芦的雌花和雄花

斑，叶脉隆起，各裂片之中脉常延伸至顶端，成一小尖头，背面色较淡，毛更明显，边缘有小而密的细齿，顶端稍钝。卷须稍粗壮，与叶柄一样被短刚毛和茸毛，3~5 歧。雌雄同株；雄花单生，花萼筒钟形，裂片条形，被柔毛，上部扩大成叶状，花冠黄色，钟状，5 中裂，裂片边缘反卷，具皱褶，先端急尖，雄蕊 3，花丝腺体状，花药靠合，药室折曲；雌花单生，子房 1 室，花柱短，柱头 3，膨大，顶端 2 裂。瓠果形状多样，因品种而异，外面常有数条纵沟或无；种子多数，长卵形或长圆形，灰白色，边缘薄。

观察完毕，请写出花程式，并查检索表，写出检索路线。

花程式____

检索路线____

(四)锦葵科(Malvaceae)

识别特征：草本、灌木或乔木。纤维发达，具黏液。单叶互生，常为掌状叶，托叶早落。花两性，稀单性，整齐，辐射对称；萼片 3~5 枚，常基部合生；有副萼(总苞状的小苞片)3 至多数；花瓣 5 枚但常与雄蕊管的基部合生，旋转状排列，近基部与雄蕊管联生；雄蕊多数，花丝联合成管，为单体雄蕊，花药 1 室，花粉粒大，具刺；子房上位，2 至多室，但以 5 室为多，每室有 1 枚或较多的倒生胚珠；中轴胎座。蒴果或分果，分裂成数个果爿，稀为浆果状。

1. 锦葵

二年生或多年生直立草本植物。高 50~90 cm，分枝多，疏被粗毛。

取具花、果的部分新鲜植株或标本观察：叶圆心形或肾形，具 5~7 圆齿状钝裂片，基部近心形至圆形，边缘具圆锯齿，两面均无毛或仅脉上疏被短糙伏毛；叶柄近无毛，但上面槽内被长硬毛；托叶偏斜，卵形，具锯齿，先端渐尖。花 3~11 朵簇生，花梗无毛或疏被粗毛；小苞片 3，长圆形，疏被柔毛；萼裂片 5，宽三角形，两面均被星状疏柔毛；花紫红色或白色，花瓣 5，匙形，先端微缺，爪具髯毛；雄蕊柱长 8~10 mm，被刺毛，花丝无毛；花柱分枝 9~11，被微细毛。果扁圆形，径约 5~7 mm，分果爿 9~11，肾形，被柔毛；种子黑褐色，肾形，长 2 mm。

观察完毕，请写出花程式，并查检索表，写出检索路线。

花程式____

检索路线______________________________________

2. 蜀葵

二年生直立草本。高达 2 m，茎枝密被刺毛。

取具花、果的部分新鲜植株或标本观察：叶近圆心形，掌状 5～7 浅裂或波状棱角，裂片三角形或圆形，上面疏被星状柔毛，粗糙，下面被星状长硬毛或绒毛；叶柄被星状长硬毛；托叶卵形，先端具 3 尖。花腋生，单生或近簇生，排列成总状花序式，具叶状苞片，花梗被星状长硬毛；小苞片杯状，常 6～7 裂，裂片卵状披针形，密被星状粗硬毛，基部合生；萼钟状，5 齿裂，裂片卵状三角形，密被星状粗硬毛；花大，有红、紫、白、粉红、黄和黑紫等色，单瓣或重瓣，花瓣倒卵状三角形，先端凹缺，基部狭，爪被长髯毛；雄蕊柱无毛，花丝纤细，花药黄色；花柱分枝多数，微被细毛。蒴果盘状，被短柔毛，分果爿近圆形，多数，具纵槽(图 14-7)；种子扁圆，肾脏形。

观察完毕，请写出花程式，并查检索表，写出检索路线。

花程式____

检索路线______________________________________

图 14-7 蜀葵的花和叶

3. 扶桑

木槿属常绿大灌木或小乔木。茎直立而多分枝，小枝圆柱形，疏被星状柔毛，高可达 6 m。

取具花、果的新鲜枝条或标本观察：叶似桑叶，互生，阔卵形至狭卵形，长 7～10 cm，具 3 主脉，先端突尖或渐尖，叶缘有粗锯齿或缺刻，基部近全缘秃净或背脉有少许疏毛，形似桑叶。花大，有下垂或直上之柄，单生于上部叶腋间，有单瓣重瓣之分：单瓣者花冠漏斗形，花瓣倒卵形，先端圆，外面疏被柔毛，重瓣者花冠非漏斗形，呈红黄粉白等色(图 14-8)。蒴果卵形，平滑无毛，有喙。

观察完毕，请写出花程式，并查检索表，写出检索路线。

花程式____

检索路线____

图 14-8　扶桑的花

4. 野西瓜苗

一年生草本。

取具花、果的新鲜植株或标本观察：全体被有疏密不等的细软毛。茎稍柔软，直立或稍卧立。基部叶近圆形，边缘具齿裂，中间和下部的掌状叶 3~5 深裂，裂片倒卵状长圆形，先端钝，边缘具羽状缺刻或大锯齿。花单生于叶腋，花梗长 2~5 cm；小苞片多数，线形，具缘毛；花萼 5 裂，膜质，上具绿色纵脉；花瓣 5，淡黄色，紫心；雄蕊多数，花丝相结合成筒状，包裹花柱；子房 5 室，花柱顶端 5 裂，柱头头状。蒴果圆球形，有长毛；种子成熟后黑褐色，粗糙而无毛。

观察完毕，请写出花程式，并查检索表，写出检索路线。

花程式____

检索路线____

(五) 杨柳科(Salicaceae)

识别特征：木本，有速生特性。单叶互生，有托叶。花单性，雌雄异株，柔荑花序，常先叶开放，每花托有 1 膜质苞片；无花被，有花盘或蜜腺；雄蕊 2 至多数；侧膜胎座。蒴果，2~4 瓣裂；种子细小，由珠柄长出多数柔毛。

1. 新疆杨

杨属的银白杨在中国南疆盆地的变种，为高 15~30 m 的乔木植物。树冠窄圆柱形或尖塔形，树皮灰白或青灰色，光滑少裂。

取具花、果的新鲜枝条或标本观察：萌条和长枝叶掌状深裂，基部平截；短枝叶圆形，有粗缺齿，侧齿几对称，基部平截，下面绿色几无毛；叶柄侧扁或近圆柱形，被白绒毛(图 14-9)。雄花序长 3~6 cm，花序轴有毛，苞片条状分裂，边缘有长毛，柱头 2~4 裂，雄蕊 5~20，花盘有短梗，宽椭圆形，歪斜，花药不具细尖；雌花序长 5~10 cm，花序轴有毛，雌蕊具短柄，花柱短，柱头 2，有淡黄色长裂片。蒴果细圆锥形，2 瓣裂，无毛。

观察完毕，请写出花程式，并查检索表，写出检索路线。

花程式____________________

检索路线____________________

图 14-9　新疆杨的萌条和长短枝

2. 毛白杨

杨属落叶大乔木。高达 30 m。树皮幼时暗灰色，壮时灰绿色，渐变为灰白色，老时基部黑灰色，纵裂，粗糙，干直或微弯，皮孔菱形散生，或 2~4 连生。树冠圆锥形至卵圆形或圆形。侧枝开展，雄株斜上，老树枝下垂；小枝(嫩枝)初被灰毡毛，后光滑。芽卵形，花芽卵圆形或近球形，微被毡毛。

取具花、果的新鲜枝条或标本观察：长枝叶阔卵形或三角状卵形，先端短渐尖，基部心形或截形，边缘深齿牙缘或波状齿牙缘，上面暗绿色，光滑，下面密生毡毛，后渐脱落；叶柄上部侧扁，长 3~7 cm，顶端通常有 2(3~4)腺点；短枝叶通常较小，卵形或三角状卵形，先端渐尖，上面暗绿色有金属光泽，下面光滑，具深波状齿牙缘；叶柄稍短于叶片，侧扁，先端无腺点。雄花序长 10~14 (20) cm，雄花苞片约具 10 个尖头，密生长毛，雄蕊 6~12，花药红色；雌花序长 4~7 cm，苞片褐色，尖裂，沿边缘有长毛，子房长椭圆形，柱头 2 裂，粉红色。果序长达 14 cm，蒴果圆锥形或长卵形，2 瓣裂。

观察完毕，请写出花程式，并查检索表，写出检索路线。

花程式____________________

检索路线____________________

3. 胡杨

杨属落叶中型天然乔木。胸径可达 1.5 m。树皮淡灰褐色，下部条裂。萌枝细，圆形，光滑或微有绒毛；成年树小枝泥黄色，有短绒毛或无毛，枝内富含盐量，嘴咬有咸味。芽椭圆形，光滑，褐色，长约 7 mm。长枝和幼苗、幼树上的叶线状披针形或狭披针形，全缘或不规则的疏波状齿牙缘。

取具花、果的新鲜枝条或标本观察：叶形多变化，卵圆形、卵圆状披针形、三角伏卵圆形或肾形，先端有2~4对粗齿牙，基部楔形、阔楔形、圆形或截形，有2腺点，两面同色；稀近心形或宽楔形；叶柄长1~3 cm光滑，微扁，约与叶片等长，萌枝叶柄极短，长仅1 cm，有短绒毛或光滑；叶边缘有很多缺口，叶革质化、枝上长毛。雌雄异株，柔荑花序；苞片菱形，上部常具锯齿，早落；雄花序细圆柱形，长2~3 cm，轴有短绒毛，雄蕊15~25，花药紫红色，花盘膜质，边缘有不规则齿牙，苞片略呈菱形，长约3 mm，上部有疏齿牙；雌花序长约2.5 cm，果期长达9 cm，花序轴有短绒毛或无毛，子房具梗，柱头宽阔，紫红色，长卵形，被短绒毛或无毛，子房柄约与子房等长，柱头3，2浅裂，鲜红或淡黄绿色。蒴果长卵圆形，长10~12 mm，2~3瓣裂，无毛。

观察完毕，请写出花程式，并查检索表，写出检索路线。

花程式＿＿＿＿＿＿＿＿＿＿＿＿＿＿＿＿＿＿＿＿＿＿＿＿＿＿＿＿＿＿

检索路线＿＿＿＿＿＿＿＿＿＿＿＿＿＿＿＿＿＿＿＿＿＿＿＿＿＿＿＿＿

4. 垂柳

柳属高大落叶乔木。高达12~18 m，树冠开展而疏散。树皮灰黑色，不规则开裂。枝细，下垂，淡褐黄色、淡褐色或带紫色，无毛。芽线形，先端急尖。

取具花、果的新鲜枝条或标本观察，叶狭披针形或线状披针形，先端长渐尖，基部楔形两面无毛或微有毛，上面绿色，下面色较淡，锯齿缘；叶柄有短柔毛；托叶仅生在萌发枝上，斜披针形或卵圆形，边缘有齿牙(图14-10)。花序先叶开放，或与叶同时开放；雄花序长1.5~2(3) cm，有短梗，轴有毛，雄蕊2，花丝与苞片近等长或较长，基部多少有长毛，花药红黄色，苞片披针形，外面有毛，腺体2；雌花序长达2~3(5) cm，有梗，基部有3~4小叶，轴有毛，子房椭圆形，无毛或下部稍有毛，无柄或近无柄，花柱短，柱头2~4深裂，苞片披针形，外面有毛，腺体1。蒴果，带绿黄褐色。

观察完毕，请写出花程式，并查检索表，写出检索路线。

花程式＿＿＿＿＿＿＿＿＿＿＿＿＿＿＿＿＿＿＿＿＿＿＿＿＿＿＿＿＿＿

检索路线＿＿＿＿＿＿＿＿＿＿＿＿＿＿＿＿＿＿＿＿＿＿＿＿＿＿＿＿＿

图14-10　垂柳的枝条和雄花序(关雪莲拍摄)

五、作业

写出本次实验所观察的各科代表植物的花程式及检索路线。

六、思考题

为什么具有柔荑花序的杨柳科目植物为被子植物的原始类群之一？

实验十五　被子植物分科(三)

蔷薇科、豆科、唇形科、玄参科

一、实验目的

通过代表植物观察，掌握蔷薇科、豆科、唇形科、玄参科植物的主要特征。

二、实验材料

三裂绣线菊(*Spiraea trilobata*)、山楂(*Crataegus pinnatifida*)、月季(*Rosa chinensis*)、日本樱花(*Cerasus yedoensis*)、合欢(*Albizia julibrissin*)、紫荆(*Cercis chinensis*)、槐(*Sophora japonica*)、益母草(*Leonurus artemisia*)、夏至草(*Lagopsis supina*)、紫苏(*Perilla frutescens*)、地黄(*Rehmannia glutinosa*)、毛泡桐(*Paulownia tomentosa*)等。

三、实验用品

显微镜、体视显微镜、放大镜、镊子、解剖刀、解剖针、刀片、培养皿、载玻片、盖片及全部绘图用具。

四、实验内容与方法

(一)蔷薇科(Rosaceae)

识别特征：草本、灌木或乔木。叶互生，单叶或复叶，有明显托叶。花两性；萼片和花瓣同数，通常4~5，覆瓦状排列；雄蕊5至多数，离生；心皮1至多数。果实为蓇葖果、瘦果、梨果或核果。

1. 绣线菊亚科(Spiraeoideae)

灌木。多单叶，常不具托叶。心皮1~5，离生或基部合生，具2至多数悬垂的胚珠；子房上位。蓇葖果。

取三裂绣线菊新鲜枝条或标本观察(图15-1)：小枝开展，呈之字形弯曲。叶片近圆形，先端3裂，基部圆形或楔形，边缘自中部以上具少数圆钝锯齿，基部具3~5脉。伞形花序具多朵花；花瓣白色，宽倒卵形，先端微凹，长宽近相等；雄蕊多数，比花瓣短；花盘环状，10深裂。果沿腹缝被短柔毛或无毛，萼片直立，宿存。

图 15-1　三裂绣线菊的叶和花序

观察完毕，请写出花程式，并查检索表，写出检索路线。

花程式＿＿＿＿＿＿＿＿＿＿＿＿＿＿＿＿＿＿＿＿＿＿＿＿＿＿＿＿＿＿

检索路线＿＿＿＿＿＿＿＿＿＿＿＿＿＿＿＿＿＿＿＿＿＿＿＿＿＿＿＿＿

2. 苹果亚科(Maloideae)

灌木或乔木。单叶或复叶，有托叶。心皮 2~5，每室具 2 直立的胚珠；子房下位，半下位，2~5 室。梨果或浆果状。

取新鲜山楂枝条或标本观察(图 15-2)：具枝刺；当年生枝紫褐色，老枝灰褐色。叶片宽卵形，先端短渐尖，基部截形至宽楔形，两侧各有 3~5 羽状深裂片，裂片边缘有尖锐稀疏不规则重锯齿；托叶草质，镰形，边缘有锯齿。伞房花序具多花；苞片膜质，线状披针形，边缘具腺齿，早落；花瓣倒卵形或近圆形，白色；雄蕊 20，短于花瓣，花药粉红色。果实近球形或梨形，深红色。

图 15-2　山楂的叶和果实

观察完毕，请写出花程式，并查检索表，写出检索路线。

花程式＿＿＿＿＿＿＿＿＿＿＿＿＿＿＿＿＿＿＿＿＿＿＿＿＿＿＿＿＿＿

检索路线＿＿＿＿＿＿＿＿＿＿＿＿＿＿＿＿＿＿＿＿＿＿＿＿＿＿＿＿＿

3. 蔷薇亚科(Rosoideae)

灌木或草本。多复叶，有托叶。心皮多数，离生，各具 1~2 悬垂或直立的胚珠；子房上位。瘦果，着生在膨大肉质的花托内或花托上。

取月季新鲜枝条或标本观察图 15-3)：直立灌木，小枝有短粗的钩状皮刺。小叶 3~5，稀 7，小叶片宽卵形至卵状长圆形，渐尖，基部近圆形，边缘有锐锯齿，有散生皮刺和腺毛；托叶贴生于叶柄，边缘常有腺毛。花集生；花瓣重瓣至半重瓣，红色或粉红色或白色，倒卵形，先端有凹缺；花柱离生，与雄蕊等长。果卵球形，红色。

图 15-3　月季的叶和花

观察完毕，请写出花程式，并查检索表，写出检索路线。

花程式 ____

检索路线 ____

4. 李亚科(Prunoideae)

乔木或灌木。单叶，有托叶。心皮 1，内含 2 悬垂的胚珠；子房上位。果实为核果。

取日本樱花新鲜枝条或标本观察(图 15-4)：树皮灰色。小枝淡紫褐色，嫩枝绿色。叶片椭圆卵形或倒卵形，先端骤尾尖，基部圆形，边有尖锐重锯齿，齿端有小腺体，有侧脉 7~10 对；叶柄，密被柔毛，顶端有 1~2 个腺体；托叶披针形，有羽裂腺齿，被柔毛，早落。伞形总状花序，有花 3~4 朵，先叶开放；萼片三角状长卵形，长约 5 mm，先端渐尖，边有腺齿；花瓣白色或粉红色，椭圆卵形，先端下凹，全缘二裂；雄蕊约 32 枚，短于花瓣。核果近球形。

图 15-4　日本樱花的叶和花

观察完毕，请写出花程式，并查检索表，写出检索路线。

花程式____

检索路线______________________________________

(二)豆科(Leguminosae)

识别特征：乔木、灌木或草本。叶常互生，常为一回或二回羽状复叶。花两性，辐射对称或两侧对称，通常排成总状花序、聚伞花序、穗状花序、头状花序或圆锥花序；花瓣5，常与萼片的数目相等，多蝶形花冠；雄蕊常10枚，单体或二体雄蕊；雌蕊常单心皮，子房上位，1室，侧膜胎座。荚果。

1. 含羞草亚科(Mimosoideae)

乔木或灌木。常二回羽状复叶。花辐射对称，头状、穗状或总状花序或再排成圆锥花序；花萼管状，常5齿裂，裂片镊合状；花瓣与萼齿同数，镊合状排列，分离或合生成管状；雄蕊5~10。果为荚果。

取合欢新鲜枝条或标本观察(图15-5)：嫩枝和叶轴被绒毛或短柔毛。二回羽状复叶，小叶10~30对，线形至长圆形。头状花序于枝顶排成圆锥花序；花粉红色；花萼、花冠外均被短柔毛。荚果带状。

图15-5　合欢的枝条和荚果

观察完毕，请写出花程式，并查检索表，写出检索路线。

花程式____

检索路线______________________________________

2. 云实亚科(Caesalpinioideae)

乔禾或灌木。一回或二回羽状复叶，稀为单叶。花常两侧对称，总状花序或圆锥花序；花瓣通常5片，假蝶形花冠；雄蕊10枚，花丝离生或合生。荚果开裂或不裂而呈核果状或翅果状。

取紫荆新鲜枝条或标本观察(图15-6)：皮灰白色。叶近圆形，先端急尖，基部浅至深心形。花紫红色或粉红色，2~10余朵成束，簇生于老枝和主干上，常先于叶开放；龙骨瓣基部具深紫色斑纹。荚果扁狭长形。

观察完毕，请写出花程式，并查检索表，写出检索路线。

图 15-6　紫荆的花(左上角)和荚果

花程式＿＿＿＿＿＿＿＿＿＿＿＿＿＿＿＿＿＿＿＿＿＿＿＿＿＿＿＿＿＿

检索路线＿＿＿＿＿＿＿＿＿＿＿＿＿＿＿＿＿＿＿＿＿＿＿＿＿＿＿＿

3. 蝶形花亚科(Papilionoideae)

乔木、灌木或草本。叶互生，常为羽状或掌状复叶，多为 3 小叶。花两性，总状和圆锥状花序，蝶形花冠；雄蕊 10 枚，连合成单体或二体雄蕊管。荚果呈各种形状，沿 1 条或 2 条缝线开裂或不裂。

取槐树新鲜枝条或标本观察(图 15-7)：树皮灰褐色，具纵裂纹。当年生枝绿色，无毛。羽状复叶；叶柄基部膨大，包裹着芽；小叶 4～7 对，先端渐尖，具小尖头，基部宽楔形或近圆形，稍偏斜。圆锥花序顶生；花萼浅钟状；花冠白色或淡黄色，旗瓣近圆形，有紫色脉纹，先端微缺，基部浅心形，翼瓣卵状长圆形，先端浑圆，基部斜戟形，龙骨瓣阔卵状长圆形，与翼瓣等长；二体雄蕊。荚果串珠状。

图 15-7　槐树的枝条和圆锥花序

观察完毕，请写出花程式，并查检索表，写出检索路线。

花程式＿＿＿＿＿＿＿＿＿＿＿＿＿＿＿＿＿＿＿＿＿＿＿＿＿＿＿＿＿＿

检索路线＿＿＿＿＿＿＿＿＿＿＿＿＿＿＿＿＿＿＿＿＿＿＿＿＿＿＿＿

(三)唇形科(Labiatae)

识别特征：草本或木本。常具含芳香气味，茎四棱和对生的枝条。单叶对生。聚伞式轮伞花序或轮伞花序聚合成顶生或腋生的总状、穗状、圆锥状、稀头状的复合花序唇形花冠，2强雄蕊冠生；子房上位，中轴胎座上。坚果。

1. 益母草属(*Leonurus*)

草本。叶3~5裂，下部叶宽大，掌状分裂，上部茎叶及花序上的苞叶渐狭，全缘，具缺刻或三裂。轮伞花序，腋生；花萼倒圆锥形或管状钟形；花冠白、粉红至淡紫色，冠筒比萼筒长，唇形花冠，下唇有斑纹，3裂；雄蕊4，二强雄蕊。坚果锐三棱形。

取益母草新鲜植株或标本观察(图15-8)：茎直立，四棱形，有倒向糙伏毛，多分枝。下部叶卵形，基部宽楔形，掌状3裂，裂片呈长圆状菱形至卵圆形，裂片上再分裂，叶脉突出；茎中部叶轮廓为菱形，较小。花序最上部的苞叶线形或线状披针形；轮伞花序腋生；花冠粉红至淡紫红色，冠檐二唇形，上唇直伸，内凹，长圆形，全缘，3裂，中裂片倒心形，先端微缺。

观察完毕，请写出花程式，并查检索表，写出检索路线。

花程式________________________________

检索路线______________________________

图15-8 益母草的叶和花序

图15-9 夏至草的叶和花序

2. 夏至草属(*Lagopsis*)

草本。叶阔卵形、圆形、肾状圆形至心形，掌状浅裂或深裂。轮伞花序腋生；小苞片针刺状；花小，白色、黄色至褐紫色；花萼管形或管状钟形；花冠二唇形，上唇直伸，全缘或间有微缺，下唇3裂，中裂片宽大，心形；二强雄蕊。小坚果卵圆状三棱形。

取夏至草新鲜植株或标本观察(图15-9)：草本。茎四棱形，具沟槽，带紫红色，密被微柔毛。叶轮廓为圆形，先端圆形，基部心形，3深裂，脉掌状，3~5出。轮伞花序疏花；小苞片弯曲，刺状，密被微柔毛；花萼管状钟形；花冠白色，二唇形，上唇直伸，比下唇长，长圆形，全缘，下唇斜展，3浅裂，中裂片扁圆形，2侧裂片椭圆形。小坚果长卵形。

观察完毕，请写出花程式，并查检索表，写出检索路线。

花程式____

检索路线____

3. 紫苏属(*Perilla*)

一年生草本。有香味。茎四棱形，具槽。叶绿色或常带紫色或紫黑色，具齿。轮伞花序组成偏向一侧的顶生和腋生总状花序。花小，具梗；花萼钟状；花冠白色至紫红色，冠筒短二唇形，上唇微缺，下唇3裂；花盘环状，前面呈指状膨大。小坚果近球形，有网纹。

取新鲜紫苏或标本观察(图15-10)：茎绿色或紫色，钝四棱形，具四槽，密被长柔毛。叶阔卵形或圆形，先端短尖或突尖，基部圆形或阔楔形，边缘在基部以上有粗锯齿，膜质或草质，两面绿色或紫色，下面被贴生柔毛，侧脉7~8对。轮伞花序组成偏向一侧的顶生及腋生总状花序。小坚果近球形，灰褐色。

图15-10　紫苏的叶和花序

观察完毕，请写出花程式，并查检索表，写出检索路线。

花程式____

检索路线____

(四)玄参科(*Scrophulariaceae*)

识别特征：草本或木本。叶下部对生而上部互生、或全对生、或轮生。花序总状、穗状或聚伞状，常合成圆锥花序；花萼宿存；花冠4~5裂，二唇形；雄蕊4枚；子房2室，柱头头状或2裂或2片状。蒴果。

1. 地黄属(*Rehmannia*)

多年生草本。具根茎，植物体被多长柔毛和腺毛。茎直立。叶具柄，互生或基生，叶形变化很大，边缘具齿或浅裂，通常被毛。花单生叶腋或有时在顶部排列成总状花序；萼卵状钟形，具5枚不等长的齿；花冠紫红色或黄色，筒状，稍弯或伸直，端扩大，裂片常5枚，略成二唇形；雄蕊4枚，二强；花柱顶部浅二裂。蒴果具宿萼。

取新鲜地黄植株观察(图15-11)：密被灰白色长柔毛和腺毛。根茎肉质，鲜时黄色，茎紫红色。叶常在茎基部集成莲座状，向上则强烈缩小成苞片；叶片卵形至长椭圆形，上面绿色，下面略带紫色或呈紫红色，边缘具不规则圆齿或钝锯齿；基部渐狭成柄，叶脉在上面凹陷、下面隆起。花在茎顶部略排列成总状花序；萼密被长柔毛和白色长毛；萼齿5枚，矩圆状披针形或卵状披针形；花冠筒多少弓曲，外面紫红色，被长柔毛；花冠裂片，5枚，内面黄紫色，外面紫红色。蒴果卵形至长卵形。

图 15-11 地黄的叶和花序

观察完毕，请写出花程式，并查检索表，写出检索路线。

花程式 ______________________________

检索路线 ______________________________

2. 泡桐属(*Paulownia*)

落叶乔木。树冠圆锥形、伞形或近圆柱形。枝对生；除老枝外全体均被毛。叶对生，有长柄，新枝上有时3枚轮生，心脏形至长卵状心脏形，基部心形，全缘、波状或3~5浅裂。花3~5朵呈聚伞花序组成大型圆锥形；萼钟形或基部渐狭而为倒圆锥形，被毛；花冠大，紫色或白色，花冠管基部狭缩，花冠漏斗状钟形至管状漏斗形，腹部有2条纵褶(仅白花泡桐无明显纵褶)，内面常有深紫色斑点，在纵褶隆起处黄色，二唇形，上唇2裂，多少向后翻卷，下唇3裂，伸长。蒴果卵圆形、卵状椭圆形、椭圆形或长圆形。

取毛泡桐枝条或标本观察：树皮褐灰色。小枝有明显皮孔。叶片心脏形，顶端锐尖头，全缘或波状浅裂，下面毛密或较疏，新枝上的叶较大。

取新鲜花枝或标本观察(图15-12)：花序为金字塔形或狭圆锥形；萼浅钟形，外面绒毛不脱落；花冠紫色，漏斗状钟形，在离管基部约5 mm处弓曲，向上突然膨大，外面有腺毛。蒴果卵圆形，幼时密生黏质腺毛。

观察完毕，请写出花程式，并查检索表，写出检索路线。

花程式 ______________________________

检索路线 ______________________________

图 15-12　毛泡桐的花序

五、作业

1. 写出本次实验所观察的各科代表植物的花程式及检索路线。
2. 通过花和果的特征，列表区别蔷薇科 4 个亚科的不同特征。
3. 通过花的特征，列表区别豆科植物 3 个亚科的不同特征。

六、思考题

通过标本观察，比较唇形科与玄参科的主要区别是什么？

实验十六　被子植物分科(四)

菊科、伞形科、忍冬科、茄科、木犀科

一、实验目的

通过代表植物观察，掌握菊科、伞形科、忍冬科、茄科、木犀科植物的主要特征。

二、实验材料

向日葵、苍术(*Atractylodes Lancea*)、刺儿菜(*Cirsium setosum*)、艾(*Artemisia argyi*)、苦荬菜(*Ixeris polycephala*)、莴苣(*Lactuca sativa*)、蒲公英；蛇床(*Cnidium monnieri*)、短毛独活(*Heracleum moellendorffii*)、金银忍冬(*Lonicera maacki*)、接骨木(*Sambucus williamsii*)、曼陀罗(*Darura stramonium*)、枸杞、紫丁香、连翘等。

三、实验用品

显微镜、体视显微镜、放大镜、镊子、解剖刀、解剖针、刀片、培养皿、载玻片、盖片及全部绘图用具。

四、实验内容与方法

(一)菊科(Asteraceae)

识别特征：草本、亚灌木或灌木，稀为乔木。叶常互生，稀对生或轮生。花两性或单性，五基数，头状花序具总苞；头状花序单生或数个至多数排列成总状、聚伞状、伞房状或圆锥状；花冠管状、舌状或两唇形；雄蕊4~5个，冠生，聚药雄蕊；柱头2裂，子房下位，合生心皮2枚。瘦果。

1. 筒状花亚科(Carduoideae)

头状花序全为筒状花，或边缘舌状花冠，中央管状花冠。植物体不含乳汁。

(1)向日葵属(*Helianthus*)

一年生或多年生草本。叶对生或互生，常离基三出脉。头状花序大，单生或排列成伞房状，外围有一层无性的舌状花，中央两性花；总苞片2至多层；舌状花的舌片开展，黄色；管状花的管部短，上部钟状，上端黄色、紫色或褐色，有5裂片。瘦果长圆形或倒卵圆形，稍扁或具4厚棱。

取向日葵新鲜植物或标本观察(图 16-1)：茎被白色粗硬毛。叶互生，心状卵圆形或卵圆形，顶端急尖或渐尖，基三出脉，边缘有粗锯齿。头状花序极大，单生茎端；总苞片多层，覆瓦状排列；舌状花多数，黄色，无性花；管状花棕色，两性。瘦果倒卵形或卵状长圆形，稍扁。

图 16-1　向日葵的叶和花序

观察完毕，请写出花程式，并查检索表，写出检索路线。

花程式______________________________

检索路线______________________________

(2)苍术属(百术属)(*Atractylodes*)：

多年生草本。具根状茎，结节状。叶互生，边缘有刺。雌雄异株；头状花序同型，单生茎端，小花两性或雌性，小花管状，黄色或紫红色；总苞生钟状，苞叶 2 层，羽状全裂、深裂或半裂。

取苍术新鲜植株或标本观察(图 16-2)：根状茎平卧或斜升，呈疙瘩状。叶硬纸质，边缘或裂片边缘有针刺状缘毛或三角形刺齿或重刺齿。总苞片 5~7 层；小花白色。瘦果倒卵圆状，被稠白色长直毛。

图 16-2　苍术的叶

观察完毕，请写出花程式，并查检索表，写出检索路线。

花程式______________________________

检索路线______________________________

(3)蓟属(*Cirsium*)

草本。叶缘有刺。头状花序在茎枝顶端排成伞房花序、伞房圆锥花序、总状花序或集成复头状花序；总苞片多层，边缘全缘；花托被稠密的长托毛；小花红色、红紫色，管部，5裂。瘦果光滑。

取刺儿菜新鲜植物或标本观察(图16-3)：基生叶和中部茎叶椭圆形、长椭圆形或椭圆状倒披针形，无叶柄，叶缘有细密的针刺或刺齿。头状花序多单生茎顶；小花紫红色或白色，全为管状花管，单性花或两性花，雌花序较大，花序外总苞片约6层，覆瓦状排列。瘦果淡黄色。花果期5~9月。

图16-3　刺儿菜的叶和花序

观察完毕，请写出花程式，并查检索表，写出检索路线。

花程式______________________________

检索路线______________________________

(4)蒿属(*Artemisia*)

草本，少数灌木。具有挥发性气味。茎丛生，具棱。叶互生，一至三回，叶缘锯齿或裂齿。头状花序于茎枝上呈穗状花序；总苞片具毛，3~4层；花异型；边花雌性，管状，中央化两性，管状。瘦果具纵纹，无毛。

取艾新鲜植株或标本观察(图16-4)：植株具浓香，茎枝具蛛丝状毛。叶厚纸质，被柔毛；下部叶宽卵形，羽状深裂，裂片2~3枚；中部叶卵形，羽状深裂或半裂，叶脉明显，背面凸起；上部叶浅裂。头状花序呈穗状或复穗状。

图16-4　艾的叶和花序

观察完毕，请写出花程式，并查检索表，写出检索路线。

花程式 ____________________

检索路线 ____________________

2. 舌状花亚科(Cichorioideae)

舌状花冠，头状花序。植物体具乳汁，花粉粒外壁有刺脊。

(1)莴苣属(*Lactuca*)

草本。叶全缘或羽状分裂。头状花序组成各种复花序；总苞片3~5层，质地薄；花全为舌状花，黄色。连萼瘦果扁平。

取莴苣新鲜植株或标本观察(图16-5)：叶丛生于基部，叶基部心形或半抱茎，边缘波状或细锯齿。头状花序生在枝顶，排列成伞房状圆锥花序；花黄色。

图16-5 莴苣的叶和花序

观察完毕，请写出花程式，并查检索表，写出检索路线。

花程式____________________

检索路线____________________

(2)蒲公英属(*Taraxacum*)

多年生草本，具白色乳汁。叶基生，莲座状，叶片匙形或披针形或倒披针形，羽状浅裂到深裂。头状花序生于花茎顶端，花全为舌状花，黄色；总苞片2列。连萼瘦果纺锤形，有棱，先端延伸成喙，冠毛多。

取蒲公英新鲜植株或标本观察(图16-6)：叶倒卵状披针形，边缘波状齿或羽状深裂，顶端裂片大，三角形，每侧裂片3~5片，常具齿。头状花序一个直立；总苞2~3层；花黄色，边缘舌状花具紫红色条纹。

观察完毕，请写出花程式，并查检索表，写出检索路线。

花程式____________________

检索路线____________________

(3)苦荬菜属(*Ixeris*)

一年生或多年生草本。基生叶花期生存。头状花序同型，舌状，含多数舌状小花(10~26枚)，多数或少数在茎枝顶端排成伞房状花序；舌状小花黄色，舌片顶端5齿裂；冠毛白色，2层，纤细，不等长，微粗糙，宿存或脱落。

图 16-6 蒲公英的叶和花序（右上角为果序）

取苦荬菜新鲜植株或标本观察（图 16-7）：茎直立，上部伞房花序状分枝，分枝弯曲斜升。基生叶线形或线状披针形，顶端急尖，基部渐狭成长或短柄；中下部茎叶披针形或线形，顶端急尖，基部箭头状半抱茎。头状花序多数，在茎枝顶端排成伞房状花序；总苞片 3 层，舌状小花黄色，少白色。瘦果扁平，褐色，长椭圆形。

图 16-7 苦荬菜的叶和花序

观察完毕，请写出花程式，并查检索表，写出检索路线。

花程式________________________________

检索路线______________________________

（二）伞形科（Umbelliferae）

识别特性：一年生至多年生草本。茎常圆形，稍有棱和槽，中空。叶互生，叶片常一回掌状分裂或一至四回羽状分裂的复叶，或一至二回三出式羽状分裂的复叶；叶柄基部有叶鞘，无托叶。花小，两性或杂性，呈顶生或腋生的复伞形花序或单伞形花序；总苞片，全缘或齿裂；花萼齿 5 或无；花瓣 5，花蕾时呈覆瓦状或镊合状排列，基部窄狭，顶端钝圆或有内折的小舌片或顶端延长如细线；雄蕊 5，与花瓣互生。分果。

1. 蛇床属(*Cnidium*)

一年生至多年生草本。叶为二至三回羽状复叶，末回裂片线形、披针形至倒卵形。复伞形花序顶生或侧生；总苞片线形至披针形；小总苞片线形、长卵形至倒卵形，具膜质边缘；花白色，稀带粉红色。果实卵形至长圆形，果棱翅状，常木栓化；分果横剖面近五角形。

取蛇床新鲜植株或标本观察(图 16-8)：茎直多分枝，中空，表面具深条棱，粗糙。上部叶柄鞘状；叶片卵形至三角状卵形，二至三回三羽状全裂，羽片轮廓卵形至卵状披针形。复伞形花序；总苞片 6~10，线形至线状披针形，具细睫毛；小伞形花序具花 15~20，萼齿无；花瓣白色，先端具内折小舌片。分生果长圆状，主棱 5，均扩大成翅。

图 16-8　蛇床的叶和花序

观察完毕，请写出花程式，并查检索表，写出检索路线。

花程式 ____

检索路线 ____

2. 独活属(*Heracleum*)

二年生或多年生草本。茎直立，分枝。叶有柄，叶柄有宽展的叶鞘；叶片三出式或羽状多裂，边缘有锯齿以至不同程度的半裂和分裂。复伞形花序，花序梗顶生与腋生；小总苞数片，全缘；花白色、黄色或染有红色；花瓣倒卵形至倒心脏形。果实圆形侧棱通常有翅。

取短毛独活新鲜植株或标本观察(图 16-9)：叶有柄；叶片轮廓广卵形，三出式分裂，裂片边缘具粗大的锯齿，尖锐至长尖；茎上部叶有显著宽展的叶鞘。复伞形花序顶生和侧生；花瓣白色，二型。分生果圆状倒卵形，顶端凹陷。

观察完毕，请写出花程式，并查检索表，写出检索路线。

花程式____

检索路线____

图 16-9 独活的叶和花序

(三) 忍冬科(Caprifoliaceae)

识别特征：灌木或木质藤本。叶对生；叶柄基部连合。聚伞或轮伞花序，或由聚伞花序集合成伞房式或圆锥式复花序。花两性；花冠合瓣，辐状、钟状、筒状、高脚碟状或漏斗状；雄蕊 5 枚，或 4 枚而二强；子房下位，中轴胎座。果实为浆果、核果或蒴果。

1. 忍冬属(*Lonicera*)

灌木。老枝树皮条状剥落。叶对生，全缘。花成对腋生；花冠白色、黄色、淡红色或紫红色，钟状、筒状或漏斗状，或二唇形；雄蕊 5；子房柱头头状。果实为浆果，红色、蓝黑色或黑色。

取金银忍冬新鲜枝条或标本观察(图 16-10)：叶纸质，常卵状椭圆形至卵状披针形，顶端渐尖或长渐尖，基部宽楔形至圆形。花生叶腋，总花梗短于叶柄；苞片条形；小苞片多少连合成对；花冠先白色后变黄色，唇形，筒长约为唇瓣的 1/2。果实暗红色，圆形。

图 16-10 金银忍冬的叶和花

观察完毕，请写出花程式，并查检索表，写出检索路线。

花程式 ____________________

检索路线 ____________________

2. 接骨木属(*Sambucus*)

落叶乔木或灌木。奇数羽状复叶，叶对生；托叶叶状或退化成腺体。花序由聚伞合成顶生的复伞或圆锥花序；花小，白色或黄白色；花冠辐状，5裂；雄蕊5，开展；柱头2~3裂。浆果状核果红黄色或紫黑色。

取接骨木新鲜枝条或标本观察(图16-11)：老枝淡红褐色，具明显的长椭圆形皮孔。羽状复叶有小叶2~3对，侧生小叶片卵圆形、狭椭圆形至倒矩圆状披针形，顶端渐尖至尾尖，边缘具不整齐锯齿，基部楔形或圆形，有时心形，两侧不对称，顶生小叶卵形或倒卵形，叶揉搓后有臭气。花与叶同出，圆锥形聚伞花序顶生，花序分枝多成直角开展；花冠蕾时带粉红色，开后白色或淡黄色；雄蕊与花冠裂片等长，开展，花药黄色；子房3室，柱头3裂。果实红色。

图16-11　接骨木的叶、花序(右下角)和果序

观察完毕，请写出花程式，并查检索表，写出检索路线。

花程式______________________________

检索路线______________________________

(四)茄科(Solanaceae)

识别特征：多草本。单叶互生。花两性；花萼宿存；花冠辐状、漏斗状、高脚碟状、钟状或坛状；雄蕊与花冠裂片同数而互生；子房由2枚心皮合生而成，2室；中轴胎座。果实为多汁浆果或干浆果，或者为蒴果。

1. 曼陀罗属(*Datura*)

草本、半灌木、灌木或小乔木。茎直立，二歧分枝。单叶互生，有叶柄。花大型，常单生于枝分叉间或叶腋；花萼长管状，筒部5棱形或圆筒状，贴近于花冠筒或膨胀而不贴于花冠筒，5浅裂或稀同时在一侧深裂；花冠长漏斗状或高脚碟状，白色、黄色或淡紫色，筒部长，顶端5浅裂；雄蕊5，花丝下部贴于花冠筒内而上部分离。蒴果、规则或不规则4瓣裂，或者浆果状，表面生硬针刺或无针刺而光滑。

取曼陀罗新鲜枝条或标本观察(图 16-12)：植株近于平滑。茎粗壮，圆柱状，淡绿色或带紫色，下部木质化。叶广卵形，顶端渐尖，基部不对称楔形，边缘有不规则波状浅裂，裂片顶端急尖，侧脉每边 3~5 条，直达裂片顶端。花单生于枝叉间或叶腋，直立，筒部有 5 棱角；花冠漏斗状，下半部带绿色，上部白色或淡紫色；雄蕊不伸出花冠。蒴果直立生，卵状，表面生有坚硬针刺，4 瓣裂。

图 16-12　曼陀罗的叶和花(关雪莲拍摄)

观察完毕，请写出花程式，并查检索表，写出检索路线。

花程式＿＿＿＿＿＿＿＿＿＿＿＿＿＿＿＿＿＿＿＿＿＿＿＿＿＿＿＿＿＿

检索路线＿＿＿＿＿＿＿＿＿＿＿＿＿＿＿＿＿＿＿＿＿＿＿＿＿＿＿＿＿

2. 枸杞属(*Lycium*)

灌木。有刺。单叶互生或簇生，全缘。花单生于叶腋或簇生于极度缩短的侧枝上；花萼钟状，具 2~5 萼齿或裂片；花冠漏斗状，5 裂或稀 4 裂；雄蕊 5。浆果，具肉质的果皮。

取枸杞新鲜枝条或标本观察(图 16-13)：茎多分枝，枝条细弱，弓状弯曲或俯垂，有纵条纹，具棘刺，小枝顶端锐尖成棘刺状。单叶互生或 2~4 枚簇生，卵形、卵状菱形、长椭圆形、卵状披针形，顶端急尖，基部楔形。花长枝上单生或双生于叶腋，在短枝上则同叶簇生；花冠漏斗状，淡紫色，5 深裂，裂片卵形；雄蕊较花冠稍短，或因花冠裂片外展而伸出花冠。浆果红色，卵状。

观察完毕，请写出花程式，并查检索表，写出检索路线。

花程式＿＿＿＿＿＿＿＿＿＿＿＿＿＿＿＿＿＿＿＿＿＿＿＿＿＿＿＿＿＿

检索路线＿＿＿＿＿＿＿＿＿＿＿＿＿＿＿＿＿＿＿＿＿＿＿＿＿＿＿＿＿

(五)木犀科(Oleacea)

识别特征：乔木或藤状灌木。叶对生，单叶、三出复叶或羽状复叶，稀羽状

图 16-13　枸杞的枝条、花和幼果

分裂。花辐射对称，两性，聚伞花序排列成圆锥花序，或为总状、伞状、头状花序，顶生或腋生，或聚伞花序簇生于叶腋；花萼 4 裂；花冠 4 裂；雄蕊 2 枚，生于花冠管上或花冠裂片基部；子房上位，由 2 心皮组成 2 室，柱头 2 裂或头状。果为翅果、蒴果、核果、浆果或浆果状核果。

1. 丁香属(*Syringa*)

落叶灌木或小乔木。小枝近圆柱形或带四棱形，具皮孔。叶对生，单叶，全缘。花两性，聚伞花序排列成圆锥花序，顶生或侧生；花萼小，钟状，具 4 齿，宿存；花冠高脚碟状或近幅状，裂片 4 枚；雄蕊 2 枚；柱头 2 裂。果为蒴果，微扁。

取紫丁香新鲜枝条或标本观察(图 16-14)：树皮灰褐色或灰色。叶片革质或厚纸质，卵圆形至肾形，宽常大于长，先端短凸尖至长渐尖或锐尖，基部心形、截形至近圆形，或宽楔形；萌枝上叶片呈长卵形。圆锥花序直立；花冠紫色；花药黄色。果倒卵状椭圆形、卵形至长椭圆形。

图 16-14　丁香的枝、叶和花序

观察完毕，请写出花程式，并查检索表，写出检索路线。

花程式 ____

检索路线 ____

2. 连翘属(*Forsythia*)

直立或蔓性落叶灌木。枝中空或具片状髓。单叶对生，稀 3 裂至三出复叶，具锯齿或全缘。花两性，1 至数朵着生于叶腋，先于叶开放；花萼深 4 裂，多少宿存；花冠黄色，钟状，深 4 裂，较花冠管长；雄蕊 2 枚，着生于花冠管基部。果为蒴果，2 室，室间开裂。

取连翘新鲜枝条或标本观察(图 16-15)：枝开展或下垂，小枝略呈四棱形，节间中空。叶通常为单叶，或 3 裂至三出复叶，叶片卵形，先端锐尖，基部圆形，叶缘除基部外具锐锯齿或粗锯齿。花单生或 2 至数朵着生于叶腋，先于叶开放；花冠黄色。果卵球形、卵状椭圆形或长椭圆形，先端喙状渐尖。

图 16-15　连翘的花

观察完毕，请写出花程式，并查检索表，写出检索路线。

花程式____

检索路线____

五、作业

1. 写出本次实验所观察的各科代表植物的花程式及检索路线。

2. 解剖观察舌状花亚科和管状花亚科代表植物的茎、叶、花，列表说明各结构特征的区别？

3. 列表比较菊科、伞形科、忍冬科、茄科、木犀科的特征。

六、思考题

1. 试编制菊科、伞形科、忍冬科、茄科、木犀科的植物检索表。

2. 通过哪些特征可以辨别木犀科的连翘和金钟花？

3. 试分析哪些特征使菊科成为被子植物第一大科。

实验十七　被子植物分科(五)

泽泻科、禾本科、莎草科、百合科、鸢尾科、兰科

一、实验目的

1. 通过对各科代表物种的观察，掌握科的主要特征及代表植物。
2. 通过比较，掌握单子叶植物与双子叶植物的主要区别。

二、实验材料

慈姑(*Sagittaria sagittifolia*)、东方泽泻(*Alisma orientalis*)、小麦、纤毛鹅观草(*Roegneria ciliaris*)、香附子(莎草)(*Cyperus rotundus*)、异穗薹草(*Carex heterostachya*)、葱、百合、鸢尾、唐菖蒲(*Gladiolus gandavensis*)、文心兰(*Oncidium hybridum*)、石斛(*Dendrobium* sp.)等具花、果的新鲜植株、腊叶标本或液浸标本。

三、实验用品

体视显微镜、放大镜、镊子、解剖刀、解剖针、刀片、培养皿、载玻片、盖玻片、擦镜纸、吸水纸、纱布、检索表、相关植物志、植物图鉴及植物图谱等。

四、实验内容与方法

(一)泽泻科(Alismataceae)

识别特征：水生或沼生草本。叶常基生，基部鞘状。花被2轮，每轮3片；雄雌蕊多数分离、螺旋状排列于凸起的花托上或轮生于扁平的花托上。聚合瘦果。

1. 慈姑

多年生水生植物。地下有球茎。

取具花、果的新鲜植株或标本观察(图17-1)：叶基生，叶片箭头状，全缘，叶柄较长，中空。圆锥花序，每节轮生3~5朵花；花单性，雌雄同株；花序下部为雌花，具短梗；上部为雄花，具细长花梗；分别取雌雄花各一朵解剖观察，花萼、花冠各3，二者互生，花萼绿色，花冠白色；雄花雄蕊多数，雌花心皮多数，均离生、螺旋状排列在凸起的花托上。聚合瘦果。

观察完毕，请写出程式，并查检索表，写出检索路线。

花程式____

检索路线____

图 17-1 慈姑的花序

图 17-2 东方泽泻的植株

2. 东方泽泻

多年生水生植物。地下具短根茎。

取具花、果的新鲜植株或标本观察(图 17-2)：叶基生；叶片长椭圆形至卵形，全缘，两面光滑。具大型轮状分枝的圆锥花序；取一朵花在体视显微镜下解剖观察，花两性，萼片 3，广卵形，绿色或稍带紫色，宿存；花瓣 3，白色，倒卵形；雄蕊 6；雌蕊多数，离生，轮生于扁平的花托上；子房倒卵形，侧扁，花柱侧生。瘦果多数，扁平，倒卵形。

观察完毕，请写出花程式，并查检索表，写出检索路线。

花程式____

检索路线______________________________________

(二) 禾本科(Gramineae)

识别特征：秆常圆柱形，节节间明显，节间常中空。叶互生，2 列，叶鞘开裂。由小穗组成各种花序；子房上位。颖果。

1. 小麦

一二年生草本。

取具花、果的新鲜植株或标本观察(图 17-3)：茎圆柱形，中空，有节和节间。叶分为叶片和叶鞘两部分，叶鞘开裂，叶片与叶鞘之间有叶耳和叶舌，叶舌短小，膜质。复穗状花序顶生直立，由约 10~20 个小穗互生于总穗轴两侧，每节生小穗(穗状花序)，小穗两侧压扁；取 1 个小穗解剖观察，可见小穗基部两侧各有 1 枚颖片，近革质，对着基部第一朵花的叫外颖，另一侧的为内颖；每小穗有 3~5 朵花，但上部的花常不结果；取 1 朵花解剖，最外有一片外稃，顶端具芒或无芒，在外稃对面有一片质薄而透明的苞片为内稃；拨开内外稃可见在子房基部有 2 枚具毛且透明的浆片；雄蕊 3 枚；子房上位，羽毛状柱头 2 裂，子房 1 室 1 胚珠。子房壁与种子紧密结合形成禾本科特有的颖果，颖果腹面有纵沟。

观察完毕，请写出程式，并查检索表，写出检索路线。

花程式____

检索路线____

图 17-3　小麦的花序

图 17-4　纤毛鹅观草的花序

2. 纤毛鹅观草

多年生草本植物。

取具花、果的新鲜植株或标本观察(图 17-4)：秆单生或成疏丛，直立，基部节常膝曲，平滑无毛，常被白粉。叶鞘无毛，稀可基部叶鞘于接近边缘处具有柔毛；叶片扁平，两面均无毛，边缘粗糙；叶舌干膜质。复穗状花序顶生，直立或稍下垂，小穗疏松互生于总穗轴两侧，每节具 1 小穗；取 1 个小穗解剖观察，每个小穗含 6~12 小花，顶生小穗正常发育，颖片椭圆状披针形，先端常具短尖头，两侧或一侧常具齿，边缘与边脉上具有纤毛；取 1 朵花解剖观察，外稃长圆状披针形，背部被粗毛，边缘具长而硬的纤毛，上部具有明显的 5 脉，具基盘及顶端延伸成粗糙反曲的芒，内稃长为外稃的 2/3，先端钝头；与小麦比较观察，注意浆片、雄蕊数目及雌蕊特点等。

观察完毕，请写出程式，并查检索表，写出检索路线。

花程式____

检索路线____

观察本科其他常见植物的鲜株或标本：水稻(*Oryza sativa*)，玉蜀黍也称玉米(*Zea mays*)，高粱(*Sorghum vulgare*)，大麦(*Hordeum vulgare*)等。

(三)莎草科(Cyperaceae)

识别特征：茎常三棱形，实心。叶常 3 列，叶鞘闭合。子房上位，小坚果。

1. 香附子(莎草)

多年生草本。具须根。

取具花、果的新鲜植株或标本观察(图 17-5)：匍匐细长，纺锤形褐色块茎(药用香附子)；叶基生，线形，排成 3 列；叶鞘闭合抱茎；茎直立，三棱形，实心。顶端具 2~3 枚叶状总苞片和数个长短不等的伞，伞顶端着生数个穗状(小穗)，小穗略扁，棕色，两侧互生许多无被两性花；从小穗中部选取 1 朵开放小花置体视显微镜下解剖观察，外有棕色颖片(又称苞片)1 片，拨开颖片可见没有花被，仅有雄蕊 3 枚，雌蕊 1 枚，子房上位，花柱 1，柱头 3 裂。小坚果三棱状。

观察完毕，请写出程式，并查检索表，写出检索路线。

花程式____________________________________

检索路线___________________________________

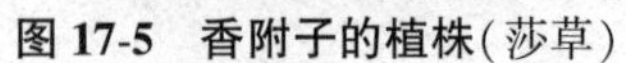

图 17-5 香附子的植株(莎草)

图 17-6 异穗薹草的植株和花序

2. 异穗薹草

多年生草本植物。

取具花、果的新鲜枝条或标本观察(图 17-6)：具长匍匐根状茎，秆高 20~30 cm，三棱柱形，纤细。叶基生短于秆，宽 2~3 mm，基部具褐色闭合叶鞘。穗状花序，小穗 3~4 枚，上部 1~2 枚为雄性，其余小穗雌性；总苞片短，叶状或刚毛状，较花序短；分别取雌雄各一朵置体视显微镜下解剖观察，雄花颖片卵形或圆形，褐色或紫色；果囊卵形至椭圆形，肿胀三棱形，稍长于鳞片，无脉，上部急缩成喙，喙顶端具 2 小齿。小坚果三棱形。

观察完毕，请写出程式，并查检索表，写出检索路线。

花程式____________________________________

检索路线___________________________________

观察禾本科其他常见植物的鲜株或标本：荸荠(*Eleocharis dulcis*)，又叫马蹄，棕红色球茎可食用，也可药用。油莎豆(油莎草)(*Cyperus esculentus*)，根状茎多而细长，顶端有膨大块茎，其块茎可食用，根状茎含丰富脂肪，为栽培油料植物。

(四)百合科(Liliaceae)

识别特征：单叶。整齐花，花被，排成轮；雄蕊 6 枚；子房上位，3 心皮 3 室；中轴胎座。蒴果或浆果。

1. 葱

多年生草木。

取具花、果的新鲜植株或标本观察(图 17-7)：鳞茎圆柱状。叶圆筒状，中空，向顶端渐狭。花葶圆柱状，中空，顶生伞形花序球状，外有膜质总苞开花时 2 裂；取 1 朵小花解剖观察，小花花梗细，基部无小苞片；花被片 6，2 轮排列，白色；雄蕊 6 枚，排成 2 轮，花丝等长，锥形，在基部合生并与花被片贴生；子房上位，倒卵状；横切子房，可见子房 3 室，每室 2 胚珠，中轴胎座。蒴果室背开裂；种子黑色。

观察完毕，请写出程式，并查检索表，写出检索路线。

花程式____

检索路线____

图 17-7　葱的花序和植株

图 17-8　百合及花部解剖

2. 百合

解剖观察观赏用百合鲜花(图 17-8)，花被片 6，2 轮互生排列，每轮同色、同形；雄蕊 6 枚，排成 2 轮，丁字着药；子房上位，横切子房，可见子房 3 室，每室 2 胚珠(实为立体纵向 2 排，即每室胚珠多数)，中轴胎座。

观察完毕，请写出程式，并查检索表，写出检索路线。

花程式____

检索路线____

观察本科其他常见植物的鲜株或标本：洋葱(*Allium cepa*)，鳞茎大而呈扁球形，鳞叶肉质肥厚。韭菜(*A. tuberosum*)，植株有根茎，基生叶线形，扁平。蒜(*A. sativum*)，鳞茎(蒜头)由数个或单个肉质、瓣状的小鳞茎(俗称蒜瓣)组成，基生叶带状，花葶圆柱状，称蒜薹。黄花菜(*Hemerocallis citrina*)，花大，黄色花干制加工后可食。郁金香(*Tulipa gesneriana*)等。

(五) 鸢尾科(Iridaceae)

识别特征：草本。叶常基生成 2 列，叶鞘基部套叠呈扁平状。蝎尾状聚伞花序顶生；花两性，花被片 6 枚，2 轮；雄蕊 3；子房下位。蒴果。

1. 鸢尾

多年生草本植物。

取具花、果的新鲜植株或标本观察(图 17-9)：根状茎短而粗壮。叶剑形，基部套叠，2 列。花大而美丽，形成单歧聚伞花序；取朵花解剖观察，两性花，花被片 6，2 轮排列，辐射对称，下部合成 1 管，外轮花被片中部 1 行鸡冠状；雄蕊 3 枚；子房下位，花柱及柱头 3 裂似花瓣状，横切子房，可见 3 室，每室胚珠多数。蒴果。

观察完毕，请写出程式，并查检索表，写出检索路线。

花程式____

检索路线____

图 17-9　鸢尾的花

图 17-10　唐菖蒲的花

2. 唐菖蒲

唐菖蒲(图 17-10)属多年生草木植物，有扁球形地下球茎：观察开花植株，茎粗壮直立，无分枝或分枝叶硬质剑形，基部套叠，2 列。花茎高出叶上，蝎尾状聚伞花序，顶生着花 12~24 朵排成 2 列，侧向一边，每朵花生于草质佛焰苞内，无梗；花大而美丽，颜色多样；取一朵花解剖观察，为两性花，花被片 6，2 轮排列，两侧对称，筒呈膨大的漏斗形，稍向上弯；雄蕊 3 枚；子房下位，柱头 3 裂，横切子房，可见 3 室，每室胚珠多数。蒴果。

观察完毕，请写出程式，并查检索表，写出检索路线。

花程式____

检索路线____

观察鸢尾科其他常见植物的鲜株或标本：马蔺(*Iris lactea*)，具根茎，叶丛生，狭线形，每花茎着花 2~3 朵，花堇蓝色。番红花(*Crocus sativus*)，球茎扁圆形，叶基生，狭线形，花单生葶顶，花大，芳香，通常红紫色，柱头深红色。射干(*Belamcanda chinensis*)，花被片橘黄色而具有暗红色斑点。

(六)兰科(Orchidaceae)

识别特征：草本。陆生、腐生或附生草本。花两侧对称，形成唇瓣；雄蕊与雌蕊结合成合蕊柱；花粉结合成花粉块；子房下位，3心皮1室。蒴果；种子细小，极多。

1. 文心兰

文心兰(图17-11)属多年生草木，有气生根。观察解剖文心兰鲜切花，其每朵花为两性花，两侧对称，花被片6，花色以黄色和棕色为主，外轮3片萼片状，大小相等，内轮3片花瓣状，其中间向轴的一片形状奇特称为唇瓣；唇瓣宽大似舞女的裙摆；注意观察其雄蕊与花柱、柱头通常合生成合蕊柱；子房下位，常作180°扭转，横切子房，可见3心皮1室，侧膜胎座。

观察完毕，请写出程式，并查检索表，写出检索路线。

花程式____

检索路线______________________________________

图17-11　文心兰的花

图17-12　石斛的花和花序

2. 石斛

石斛(图17-12)属多年生附生草木。观察石斛鲜切花植株，其为总状花序；取1朵花解剖观察，为两性花，两侧对称，花被片6，许多品种的瓣边均为紫色，瓣心为白色，外轮3片萼片状，大小相等，内轮3片花瓣状，中间的唇瓣略圆；与文心兰一样，其雄蕊与花柱、柱头合生成合蕊柱；子房下位，常作180°扭转，横切子房，可见3心皮1室，侧膜胎座。

观察完毕，请写出程式，并查检索表，写出检索路线。

花程式____

检索路线______________________________________

观察本科其他常见植物的鲜株或标本：春兰(*Cymbidium goeringii*)，叶4~6片集生，狭线形，花单生，花葶直立，花黄绿色。蕙兰(夏兰)(*C. faberi*)，叶线形，5~7片，花葶直立，总状花序，花淡黄绿色，唇瓣绿白色，具紫红斑点。建兰(秋兰)(*C. ensifolium*)，叶带状丛生，总状花序具多花，花淡黄绿色，有暗紫色条纹。寒兰(*C. kanran*)，叶狭线形丛生，总状花序直立，外花被片狭长，内花被片短而宽，花色多样。墨兰(报岁兰)(*C. sinense*)，叶剑形丛生，总状花序具多花，花瓣多具紫褐色条纹。

五、作业

1. 写出本次实验所观察各科代表植物的花程式及检索路线。

2. 以本次实验观察的植物的花部特征为依据，以平行检索表形式自行编制一份本次实验观察到的植物的分类检索表。

六、思考题

1. 比较禾本科与莎草科、百合科与鸢尾科及单子叶植物和双子叶植物的区别。

2. 说明单子叶植物中泽泻科的原始性及兰科进化性的特征。

附录1　常见种子植物分科检索表

1. 胚珠裸露，无子房包被；不具果实和真花(裸子植物门 Gymnospermae) ························ 2
1. 胚珠包藏于子房内；有果实和真花(被子植物门 Angiospermae) ································ 9
2. 茎不分枝，叶为大型羽状复叶；雌雄异株 ························ 1. 苏铁科 Cycadaceae(176)
2. 茎分枝，叶为单叶；雌雄同株或异株 ·· 3
3. 叶扇形；雌雄异株；种子核果状，外种皮肉质 ···················· 2. 银杏科 Ginkgoaceae(176)
3. 叶针形、线形或鳞片状；雌雄同株或异株；种子集生呈球果状、浆果状或核果状 ········· 4
4. 小灌木或亚灌木；花具花被；叶退化成鳞片状，对生 ················ 7. 麻黄科 Ephedraceae
4. 乔木，具主干；花无花被 ··· 5
5. 非球果，种子核果状或浆果状；叶为线状披针形 ················ 3. 罗汉松科 Podocaepaceae
5. 常为球果，稀浆果状不开裂；叶为针形、刺状或鳞片状 ······································ 6
6. 叶及果鳞螺旋状排列，或叶为簇生 ·· 7
6. 叶及果鳞对生或轮生 ··· 8
7. 果鳞或苞鳞分离，每果鳞上着生2个胚珠 ····························· 4. 松科 Pinaceae(176)
7. 果鳞或苞鳞愈合，每果鳞上着生2~9个胚珠························· 5. 杉科 Taxodiaceae(176)
8. 常绿；叶鳞片状或针刺状 ··· 6. 柏科 Cupressaceae(176)
8. 落叶乔木；叶线形，交互对生，扭转成2列状 ······················· 5. 杉科 Taxodiaceae(176)
9. 子叶2个；叶片常具网状脉；花4~5基数(双子叶植物纲 Dicotyledoneae) ················ 10
9. 子叶1个；叶片常具平行脉；花3基数，少4基数(单子叶植物纲 Monocotyledoneae) ······
·· (177)
10. 花无真正的花冠，花萼有或无，有时花萼呈花瓣状 ··· 11
10. 花有花冠与花萼，或有两层以上花瓣状的花被片 ·· 56
11. 花单性 ·· 12
11. 花两性或杂性 ·· 31
12. 柔荑花序，或至少雄花为柔荑花序或头状花序 ·· 13
12. 非柔荑花序 ·· 17
13. 子房上位 ··· 14
13. 子房下位 ··· 15
14. 植株常具乳汁；有花萼；聚花果；种子无毛 ·························· 13. 桑科 Moraceae(178)
14. 植株不具乳汁；无花萼，有腺体或花盘；蒴果；种子有毛 ······ 8. 杨柳科 Salicaceae(177)
15. 复叶；子房1室 ·· 9. 胡桃科 Juglandaceae(177)
15. 单叶；子房2~7室 ·· 16
16. 雌雄花皆为柔荑花序、头状花序或穗状花序；子房2室；坚果藏于叶状或囊状总苞 ······
··· 10. 桦木科 Betulaceae(177)
16. 雌花单生或簇生；坚果下托壳斗或藏于多刺果壳························ 11. 山毛榉科 Fagaceae
17. 水生；叶轮生 ·· 28. 金鱼藻科 Ceratophyllaceae

17. 陆生；叶非轮生 …………………………………………………………………… 18
18. 子房每室具多数胚珠 ……………………………………………… 71. 秋海棠科 Begoniaceae
18. 子房每室具 1 至数枚胚珠 ……………………………………………………………… 19
19. 寄生植物 …………………………………………………………… 17. 桑寄生科 Loranthaceae
19. 非寄生植物 …………………………………………………………………………… 20
20. 子房 1~2 室 …………………………………………………………………………… 21
20. 子房 3~5 室 …………………………………………………………………………… 29
21. 乔木 ……………………………………………………………………………………… 22
21. 草本 ……………………………………………………………………………………… 26
22. 枝叶具硬胶质，撕断叶片有胶质丝相连 ……………………… 40. 杜仲科 Eucommlaceae
22. 枝叶不具硬胶质 ………………………………………………………………………… 23
23. 果实为核果 ………………………………………………… 55. 漆树科 Anacardiaceae(186)
23. 果实为翅果 ……………………………………………………………………………… 24
24. 单叶互生；果实周边具翅 ……………………………………… 12. 榆科 Ulmaceae(177)
24. 羽状复叶，对生；果实顶端具翅 ……………………………………………………… 25
25. 果实为单翅果 ………………………………………………… 88. 木犀科 Oleacea(190)
25. 果实为双翅果………………………………………………… 58. 槭树科 Aceraceae(187)
26. 花柱或柱头 1，不裂或微裂 ……………………………………… 14. 荨麻科 Urticaceae
26. 花柱或柱头 2~5 个或呈 2 条状 ………………………………………………………… 27
27. 雌雄同株…………………………………………………… 113. 菊科 Compositae(194)
27. 雌雄异株 ………………………………………………………………………………… 28
28. 叶掌状分裂或全裂 ……………………………………………… 13. 桑科 Moraceae(178)
28. 叶三角状卵形或戟形 …………………………………… 20. 藜科 Chenopodiaceae(178)
29. 花药、子叶具油点………………………………………………………… 49. 芸香科 Rutaceae
29. 花药、子叶不具无油点 ………………………………………………………………… 30
30. 灌木；叶对生；无乳汁 ……………………………………… 54. 黄杨科 Buxaceae(186)
30. 草本或亚灌木；叶常互生，如为对生则有乳汁 …………… 53. 大戟科 Euphorbiaceae(185)
31. 子房每室具多数胚珠 …………………………………………………………………… 32
31. 子房每室具 1 至数枚胚珠 ……………………………………………………………… 37
32. 子房下位或半下位 ……………………………………………………………………… 33
32. 子房上位 ………………………………………………………………………………… 34
33. 茎直立；花辐射对称，雄蕊着生于花萼上；子房 1 室 … 38. 虎耳草科 Saxifragaceae(182)
33. 茎缠绕；花两侧对称，雄蕊着生在子房上；子房 6 室 ……… 18. 马兜铃科 Aristolochiaceae
34. 心皮 2 至多数，分离或上部分离 ……………………………………………………… 35
34. 心皮合生 ………………………………………………………………………………… 36
35. 复叶或多少分裂，裂片全缘或具齿裂 …………………………… 29. 毛茛科 Ranunculaceae(180)
35. 单叶不裂，缘具锯齿；心皮与花萼裂片同数，上部分离下部联合 ……………………
…………………………………………………………………… 38. 虎耳草科 Saxifragaceae(182)
36. 花序聚伞状；萼片草质 ……………………………………… 26. 石竹科 Caryophyllaceae(179)
36. 花序呈穗状、头状或圆锥状；萼片为干膜质 ………………… 21. 苋科 Amaranthaceae(179)
37. 心皮 2 至多数，离生或近离生 ………………………………………………………… 38
37. 心皮单一或数枚合生，有时成熟后心皮分离 ………………………………………… 40

38. 复叶或多少分裂 …………………………………………… 29. 毛茛科 Ranunculaceae(180)
38. 单叶全缘 ………………………………………………………………………………… 39
39. 草本；叶互生；花托平坦或稍隆起 ………………………… 23. 商陆科 Phytolaccaceae
39. 灌木；叶对生；花托凹陷 ………………………………… 33. 蜡梅科 Calycanthaceae
40. 子房下位或半下位 ……………………………………………………………………… 41
40. 子房上位 ………………………………………………………………………………… 42
41. 水生或沼生；叶轮生…………………………………………… 81. 杉叶藻科 Hippuridaceae
41. 陆生，常为半寄生；叶互生 …………………………………… 16. 檀香科 Santalaceae
42. 草本 ……………………………………………………………………………………… 43
42. 木本 ……………………………………………………………………………………… 51
43. 托叶鞘状抱茎 ………………………………………………… 19. 蓼科 Polygonaceae(178)
43. 托叶非鞘状或无托叶 …………………………………………………………………… 44
44. 花萼花瓣状 ……………………………………………………………………………… 45
44. 花萼非花瓣状 …………………………………………………………………………… 49
45. 花萼分离或基部稍合生 ………………………………………………………………… 46
45. 花萼基部合生呈筒状；单叶 …………………………………………………………… 47
46. 单叶；浆果 ……………………………………………………… 23. 商陆科 Phytolaccaceae
46. 羽状复叶；瘦果 ………………………………………………… 42. 蔷薇科 Rosaceae(182)
47. 花下具5裂的萼状总苞；栽培 ………………………………… 22. 紫茉莉科 Nyctaginaceae
47. 花下无萼状总苞；野生 ………………………………………………………………… 48
48. 胚珠1个，位于子房近顶端处 ……………………………………… 73. 瑞香科 Thymelaeaceae
48. 胚珠数个，位于特立中央胎座上；盐碱地植物 ………… 86. 报春花科 Primulaceae(189)
49. 花柱1或缺；雄蕊6；角果 …………………………………… 36. 十字花科 Cruciferae(181)
49. 花柱2或更多；雄蕊少于6；非角果 …………………………………………………… 50
50. 花无干膜质苞片 ……………………………………………… 20. 藜科 Chenopodiaceae(170)
50. 花具干膜质苞片……………………………………………… 21. 苋科 Amaranthaceae(179)
51. 花萼联合具萼筒，常呈花瓣状 ………………………………………………………… 52
51. 花萼分离或微联合 ……………………………………………………………………… 55
52. 萼管弯曲；叶为2回羽状深裂 ………………………………… 15. 山龙眼科 Proteaceae
52. 萼管直立；叶不分裂 …………………………………………………………………… 53
53. 花下具各种颜色的叶状总苞…………………………………… 22. 紫茉莉科 Nyctaginaceae
53. 花下无叶状总苞 ………………………………………………………………………… 54
54. 叶无毛或背面有毛；萼筒整个脱落 …………………………… 73. 瑞香科 Thymelaeaceae
54. 叶背具银白色的鳞片；萼筒下部宿存 ………………………… 74. 胡颓子科 Elaeagnaceae
55. 树皮绿色；叶为大型掌状裂叶，蓇葖果 ……………………… 66. 梧桐科 Sterculiaceae(188)
55. 树皮粗糙褐色；叶不分裂或微分裂；翅果 ……………………… 12. 榆科 Ulmaceae(177)
56. 花冠有分离的花瓣 ……………………………………………………………………… 57
56. 花冠联合或多少联合 ………………………………………………………………… 139
57. 花具2至多数离生心皮组成的离生单雌蕊 ……………………………………………… 58
57. 花具1枚心皮组成的单雌蕊或多个心皮联合为复雌蕊 ………………………………… 70
58. 雄蕊10以上；超过花瓣数的2倍 ……………………………………………………… 59
58. 雄蕊10或更少，不超过花瓣数的2倍 ………………………………………………… 63

59. 花单性；雌雄异株；花药 4 室 ………………………………… 31. 防己科 Menispermaceae
59. 花两性；花药 1~2 室 ……………………………………………………………………… 60
60. 雄蕊生于杯状花托(花筒)的边缘 ………………………… 42. 蔷薇科 Rosaceae(182)
60. 雄蕊生于凸出的花托上 ……………………………………………………………………… 61
61. 离生单雌蕊，平列着生于肉质花托的凹陷中 ……………………… 27. 睡莲科 Nymphaeaceae
61. 离生单雌蕊，螺旋状排列于隆起或圆柱状的花托上 ………………………………………… 62
62. 草本或木本；无托叶；若为木本，其萼片 4~5 ………… 29. 毛茛科 Ranunculaceae(180)
62. 木本；有托叶和环状托叶痕；有萼瓣之分或萼片和花瓣相似，均为 3 基数 ……………
……………………………………………………………………… 32. 木兰科 Magnoliaceae(180)
63. 花单性或杂性 ………………………………………………………………………………… 64
63. 花两性 ………………………………………………………………………………………… 67
64. 乔木 …………………………………………………………………………………………… 65
64. 木质或革质藤本；单叶 ……………………………………………………………………… 66
65. 奇数羽状复叶 ………………………………………………… 50. 苦木科 Simarubaceae(185)
65. 单叶，掌状分裂，具叶柄下芽；雌、雄花都密集成球形的头状花序 ……………………
……………………………………………………………………… 41. 悬铃木科 Platanaceae(182)
66. 雄蕊 5；木质藤本 ………………………………………………… 32. 木兰科 Magnoliaceae(180)
66. 雄蕊 6~9；草质藤本 ……………………………………………… 31. 防己科 Menispermaceae
67. 有萼、瓣之分；萼片 5，绿色，着生在花托边缘 …………………………………………… 68
67. 萼、瓣难分；花被着生在壶形花托外面，排列成数层 ………… 33. 蜡梅科 Calycanthaceae
68. 花柱 2~4 条 ……………………………………………………… 38. 虎耳草科 Saxifragaceae(182)
68. 花柱 5 条 ……………………………………………………………………………………… 69
69. 叶肉质 …………………………………………………………………… 37. 景天科 Crassulaceae
69. 叶非肉质 …………………………………………………… 45. 牻牛儿苗科 Geraniaceae(185)
70. 雄蕊多数，10 个以上或超过花瓣数的 2 倍 ………………………………………………… 71
70. 雄蕊少数，10 个或更少，不多于花瓣数的 2 倍 …………………………………………… 91
71. 雄蕊单体或丛生成数群，至少外轮的雄蕊丛生 …………………………………………… 72
71. 雄蕊分离 ……………………………………………………………………………………… 77
72. 花下常有副萼(苞片)；花药 1 室 ……………………………… 65. 锦葵科 Malvaccae(188)
72. 花下常无副萼(苞片)；花药 2 室 ……………………………………………………………… 73
73. 肉质植物 ………………………………………………………………………… 24. 番杏科 Aizoaceae
73. 非肉质植物 …………………………………………………………………………………… 74
74. 胚珠只一枚成熟 ………………………………………………………… 64. 椴树科 Tiliaceae(188)
74. 胚珠 2 枚以上成熟 …………………………………………………………………………… 75
75. 荚果……………………………………………………………………… 43. 豆科 Leguminosae(184)
75. 蒴果 …………………………………………………………………………………………… 76
76. 叶含油点 ……………………………………………………………………… 68. 藤黄科 Guttiferae
76. 叶不含油点 ……………………………………………………………………… 67. 山茶科 Theeaceae
77. 子房上位 ……………………………………………………………………………………… 78
77. 子房下位或半下位 …………………………………………………………………………… 82
78. 萼片 2，早落……………………………………………………… 34. 罂粟科 Papaveraceae(181)
78. 萼片 4~5 或更多 ……………………………………………………………………………… 79

79. 叶有油腺点 ………………………………………………… 49. 芸香科 Rutaceae
79. 叶无油腺点 ………………………………………………………………… 80
80. 萼片花瓣状 ………………………………………… 29. 毛茛科 Ranunculaceae(180)
80. 萼片非花瓣状 ……………………………………………………………… 81
81. 花瓣皱缩具长爪 ………………………………… 75. 千屈菜科 Lythraceae(188)
81. 花瓣平展不具爪 ……………………………………… 42. 蔷薇科 Rosaceae(182)
82. 水生 ………………………………………………… 27. 睡莲科 Nymphaeaceae
82. 陆生 ……………………………………………………………………… 83
83. 萼片 2 ……………………………………………………………………… 84
83. 萼片非 2 …………………………………………………………………… 85
84. 萼片花瓣状；蒴果纵裂 ……………………………… 71. 秋海棠科 Begoniaceae
84. 萼片非花瓣状；蒴果环状盖裂 ………………… 25. 马齿苋科 Portulacaceae(179)
85. 肉质植物 …………………………………………………………………… 86
85. 非肉质植物 ………………………………………………………………… 87
86. 常无叶，植物体具刺；花柱 1 条 ……………………… 72. 仙人掌科 Cactaceae
86. 有叶，植物体无刺；无花柱或花柱分离 ………………… 24. 番杏科 Aizoaceae
87. 植物体含挥发油，揉其叶有香味 ……………………… 77. 桃金娘科 Myrtaceae
87. 植物体不含挥发油，叶无香味 ……………………………………………… 88
88. 花瓣 4 ……………………………………………… 38. 虎耳草科 Saxifragaceae(182)
88. 花瓣 5~7 或更多 …………………………………………………………… 89
89. 蒴果，成熟后开裂 ………………………………… 75. 千屈菜科 Lythraceae(188)
89. 浆果或梨果，成熟后不开裂 ……………………………………………… 90
90. 浆果；无托叶 …………………………………………… 76. 石榴科 Punicaceae
90. 梨果；有托叶 ……………………………………… 42. 蔷薇科 Rosaceae(182)
91. 花整齐，辐射对称 ………………………………………………………… 92
91. 花不整齐，左右对称或不对称 …………………………………………… 130
92. 雄蕊与花瓣同数 …………………………………………………………… 93
92. 雄蕊与花瓣不同数 ………………………………………………………… 114
93. 雄蕊与花瓣对生 …………………………………………………………… 94
93. 雄蕊与花瓣互生 …………………………………………………………… 96
94. 雄蕊 6，花药瓣裂或纵裂 ……………………………… 30. 小檗科 Berberidaceae
94. 雄蕊 4~5 …………………………………………………………………… 95
95. 直立灌木或乔木；核果 ………………………… 62. 鼠李科 Rhamnaceae(187)
95. 攀缘藤本有卷须；浆果 ……………………………… 63. 葡萄科 Vitaceae(187)
96. 雄蕊 2 ……………………………………………… 79. 柳叶菜科 Oenotheraceae
96. 雄蕊 4~5(6) ………………………………………………………………… 97
97. 子房上位 …………………………………………………………………… 98
97. 子房下位或半下位 ………………………………………………………… 108
98. 有花盘 ……………………………………………………………………… 99
98. 无花盘 ……………………………………………………………………… 104
99. 子房 1 室 …………………………………………………………………… 100
99. 子房 2~5 室 ………………………………………………………………… 101

100. 叶小、鳞片状；胚珠多 ………………………………… 69. 柽柳科 Tamaricace
100. 叶非鳞片状；胚珠 1 ………………………………… 55. 漆树科 Anacardiaceae(186)
101. 单叶 ………………………………………………………… 102
101. 复叶 ………………………………………………………… 103
102. 种子有假种皮；叶缘无硬刺 ……………………… 57. 卫矛科 Celastraceae(186)
102. 种子无假种皮；叶缘具向下生长的硬刺 ………………… 56. 冬青科 Aquifoliaceae
103. 核果；种子无翅 ……………………………………… 50. 苦木科 Simarubaceae(185)
103. 蒴果；种子有翅 ……………………………………… 51. 楝科 Meliaceae(185)
104. 花丝基部联合形成单体雄蕊 ………………………… 47. 亚麻科 Linaceae
104. 雄蕊花丝离生 ………………………………………………… 105
105. 复叶或裂叶；常有退化雄蕊 ………………… 45. 牻牛儿苗科 Geraniaceae(185)
105. 单叶不裂 ……………………………………………………… 106
106. 有时具退化雄蕊 …………………………………… 38. 虎耳草科 Saxifragaceae(182)
106. 不具退化雄蕊 ………………………………………………… 107
107. 叶在膨大的节上对生；特立中央胎座 ……………… 26. 石竹科 Caryophyllaceae(179)
107. 叶互生或于上部近对生或轮生；侧膜胎座 ………………… 39. 海桐花科 Pittosporaceae
108. 伞形花序或复伞形花序 ……………………………………… 109
108. 非伞形花序 …………………………………………………… 110
109. 浆果或核果 ……………………………………………… 82. 五加科 Araliaceae
109. 双悬果 ………………………………………………… 83. 伞形科 Umbelliferae(189)
110. 子房半下位 …………………………………………… 75. 千屈菜科 Lythraceae(188)
110. 子房下位 ……………………………………………………… 111
111. 灌木或小乔木；枝条常紫红色；叶对生 ……………… 84. 山茱萸科 Cornaceae(189)
111. 草本 …………………………………………………………… 112
112. 水生；叶菱形 ……………………………………………… 78. 菱科 Hydrocaryaceae
112. 陆生或湿生；叶非菱形 ……………………………………… 113
113. 攀缘茎有卷须；瓠果 ………………………………… 111. 葫芦科 Cucurbitaceae(194)
113. 直立茎无卷须；蒴果 ………………………………… 79. 柳叶菜科 Oenotheraceae
114. 雄蕊倍于花瓣数 ……………………………………………… 115
114. 雄蕊非花瓣的倍数 …………………………………………… 124
115. 子房上位 ……………………………………………………… 116
115. 子房下位或半下位 …………………………………………… 122
116. 乔木 …………………………………………………………… 117
116. 草本 …………………………………………………………… 118
117. 果或核果 ………………………………………………… 51. 楝科 Meliaceae(185)
117. 翅果 ……………………………………………………… 50. 苦木科 Simarubaceae(177)
118. 单叶对生，全缘 ……………………………………… 26. 石竹科 Caryophyllaceae(179)
118. 单叶或复叶，互生或间有对生 ……………………………… 119
119. 头状花序；荚果 ……………………………………… 43. 豆科 Leguminosae(184)
119. 花单生或呈疏花序；蒴果或离(分)果 ………………………… 120
120. 偶数羽状复叶，互生或间有对生；雄蕊分离 ………… 48. 蒺藜科 Zygophyllaceae(185)
120. 掌状复叶或裂叶；雄蕊基部连合 …………………………… 121

121. 叶为掌状复叶，小叶放射状排列于叶轴顶端 …………… 44. 酢浆草科 Oxalidaceae(185)
121. 叶为掌状圆裂或尖裂 ……………………………………… 45. 牻牛儿苗科 Geraniaceae(185)
122. 子房半下位 ………………………………………………… 38. 虎耳草科 Saxifragaceae(182)
122. 子房下位 ……………………………………………………………………………………… 123
123. 水生或沼生；每心皮内胚珠1；叶为复叶 ……………………… 80. 小二仙草科 Haloragaceae
123. 陆生或湿生；每心皮内胚珠多数；叶为单叶 ………………… 79. 柳叶菜科 Oenotheraceae
124. 花瓣4；雄蕊6 ………………………………………………………………………………… 125
124. 花瓣与雄蕊非上述情况 ……………………………………………………………………… 127
125. 二体雄蕊 …………………………………………………… 34. 罂粟科 Papaveraceae(181)
125. 雄蕊分离 ……………………………………………………………………………………… 126
126. 雄蕊等长 …………………………………………………………… 35. 白花菜科 Capparidaceae
126. 四强雄蕊 …………………………………………………… 36. 十字花科 Cruciferae(181)
127. 花两性 …………………………………………………… 25. 马齿苋科 Portulacaceae(179)
127. 花单性或杂性 ………………………………………………………………………………… 128
128. 草本；攀缘茎有卷须 ………………………………………… 111. 葫芦科 Cucurbitaceae(194)
128. 乔木 …………………………………………………………………………………………… 129
129. 叶对生；翅果 …………………………………………………… 58. 槭树科 Aceraceae(187)
129. 叶互生；坚硬蒴果 ………………………………………… 60. 无患子科 Sapindaceae(187)
130. 子房1室 ……………………………………………………………………………………… 131
130. 子房2~5室 …………………………………………………………………………………… 133
131. 蒴果 …………………………………………………………………………………………… 132
131. 荚果 ……………………………………………………………… 43. 豆科 Leguminosae(184)
132. 子房由2心皮合生 ………………………………………… 34. 罂粟科 Papaveraceae(181)
132. 子房由3~5心皮合生 ……………………………………………… 70. 堇菜科 Violaceae(188)
133. 子房2室 ……………………………………………………… 52. 远志科 Polygalaceae(185)
133. 子房3室或5室 ……………………………………………………………………………… 134
134. 子房3室 ……………………………………………………………………………………… 135
134. 子房5室 ……………………………………………………………………………………… 138
135. 乔木 …………………………………………………………………………………………… 136
135. 草本 …………………………………………………………………………………………… 137
136. 叶对生，掌状复叶 ………………………………………… 59. 七叶树科 Hippocastanaceae
136. 叶互生，羽状复叶 ………………………………………… 60. 无患子科 Sapindaceae(187)
137. 花有距 ………………………………………………………… 46. 旱金莲科 Tro paeolaceae
137. 花无距 …………………………………………………… 60. 无患子科 Sapindaceae(187)
138. 叶掌状分裂，有托叶 ……………………………………… 45. 牻牛儿苗科 Geraniaceae(185)
138. 叶不分裂，无托叶；茎多液汁 ………………………………… 61. 凤仙花科 Balsaminaceae
139. 子房上位 ……………………………………………………………………………………… 140
139. 子房下位 ……………………………………………………………………………………… 170
140. 花整齐，辐射对称 …………………………………………………………………………… 141
140. 花不整齐，左右对称或不对称 ……………………………………………………………… 160
141. 雄蕊与花瓣同数 ……………………………………………………………………………… 142
141. 雄蕊与花瓣不同数 …………………………………………………………………………… 155

142. 雄蕊与花瓣对生；花柱 1 条 …………………………………… 86. 报春花科 Primulaceae
142. 雄蕊与花瓣互生 ………………………………………………………………………… 143
143. 植株有乳汁 ……………………………………………………………………………… 144
143. 植株无乳汁 ……………………………………………………………………………… 146
144. 叶互生；蒴果 …………………………………………… 92. 旋花科 Convolvulaceae(191)
144. 叶对生或间有互生 ………………………………………………………………………… 145
145. 雄蕊分离，花柱合生 …………………………………… 90. 夹竹桃科 Apocynaceae(190)
145. 雄蕊联合，花柱离生 …………………………………… 91. 萝藦科 Asclepiadaceae(190)
146. 茎蔓缠绕 ……………………………………………… 92. 旋花科 Convolvulaceae(190)
146. 茎直立或因水生而呈匍匐状 ……………………………………………………………… 147
147. 子房 2 室或深 4 裂状如 4 室 ……………………………………………………………… 148
147. 子房不为 2 室 …………………………………………………………………………… 153
148. 子房深 4 裂，果实为 4 小坚果或瘦果，少有子房不裂而呈核果状 ……………………… 149
148. 子房和果实非上述情况 …………………………………………………………………… 150
149. 叶对生，茎 4 棱 ………………………………………………… 96. 唇形科 Labiatae(192)
149. 叶互生，茎圆柱形 ……………………………………… 94. 紫草科 Boraginaceae(191)
150. 侧膜胎座或边缘胎座 ……………………………………………………………………… 151
150. 中轴胎座 ………………………………………………………………………………… 152
151. 蒴果……………………………………………………………… 89. 龙胆科 Gentianaceae
151. 蓇葖果 ………………………………………………… 90. 夹竹桃科 Apocynaceae(190)
152. 花冠 4 裂，干膜质 …………………………………… 106. 车前科 Plantaginaceae(193)
152. 花冠 5 裂，非干膜质 …………………………………………… 97. 茄科 Solanaceae(192)
153. 子房 1 室或 3 室 ………………………………………………………………………… 154
153. 子房 5 室或更多 …………………………………………………… 85. 杜鹃花科 Ericaceae
154. 子房 1 室，侧膜胎座…………………………………………… 89. 龙胆科 Gentianaceae
154. 子房 3 室，中轴胎座 ………………………………………… 93. 花荵科 Polemoniaceae
155. 雄蕊多于花瓣数 …………………………………………………………………………… 156
155. 雄蕊少于花瓣数 …………………………………………………………………………… 159
156. 复叶 ……………………………………………………………………………………… 157
156. 单叶 ……………………………………………………………………………………… 158
157. 心皮 1；荚果 …………………………………………………… 43. 豆科 Leguminosae(184)
157. 心皮 5；蒴果 …………………………………………… 44. 酢浆草科 Oxalidaceae(185)
158. 乔木；花单性或杂性 ……………………………………… 87. 柿树科 Ebenaceae(189)
158. 肉质草本；花两性 ……………………………………………… 37. 景天科 Crassulaceae
159. 雄蕊 2 …………………………………………………………… 88. 木犀科 Oleaceae(190)
159. 雄蕊 4 ………………………………………………… 95. 马鞭草科 Verbenaceae(191)
160. 可育雄蕊 5 ………………………………………………………… 85. 杜鹃花科 Ericaceae
160. 可育雄蕊 2 或 4 …………………………………………………………………………… 161
161. 子房每室有 1 枚胚珠 ……………………………………………………………………… 162
161. 子房每室有 2 个以上胚珠 ………………………………………………………………… 164
162. 子房 1 室…………………………………………………… 105. 透骨草科 Phrymaceae
162. 子房 2~4 室 ……………………………………………………………………………… 163

163. 子房深 4 裂 …………………………………………………… 96. 唇形科 Labiatae(192)
163. 子房不裂 ……………………………………………… 95. 马鞭草科 Verbenaceae(191)
164. 子房 1 室或不完全 2 室 ……………………………………………………………… 165
164. 子房 2~4 室 …………………………………………………………………………… 167
165. 雄蕊 2 个；水生捕虫 …………………………………………… 103. 狸藻科 Lentibulariaceae
165. 雄蕊 4 个 ……………………………………………………………………………… 166
166. 寄生，无绿色素 ………………………………………………… 101. 列当科 Orobanchaceae
166. 非寄生，叶绿色，基生或对生 ……………………… 102. 苦苣苔科 Gesneriaceae(193)
167. 子房 4 室或不完全 4 室 ………………………………………… 100. 脂麻科 Pedaliaceae
167. 子房 2 室 ……………………………………………………………………………… 168
168. 花下有大型苞叶；雄蕊 2 ……………………………………… 104. 爵床科 Acanthaceae
168. 花下无大型苞叶；雄蕊 4，2 强或 2 ……………………………………………………… 169
169. 种子有毛 ………………………………………………… 99. 紫葳科 Bignoniaceae(193)
169. 种子无毛 ……………………………………………… 98. 玄参科 Scrophulariaceae(192)
170. 非头状花序 ……………………………………………………………………………… 171
170. 头状花序，有总苞 ………………………………………………………………………… 176
171. 草本攀缘，有卷须；花单性；瓠果或蒴果状盖裂 ……… 111. 葫芦科 Cucurbitaceae(194)
171. 草本或木本，直立无卷须；花两性；非瓠果 ………………………………………… 172
172. 雄蕊与花冠裂片同数 ……………………………………………………………………… 173
172. 雄蕊少于花冠裂片数 ……………………………………………………………………… 175
173. 有托叶或轮生无托叶 ………………………………………… 107. 茜草科 Rubiaceae(193)
173. 无托叶 …………………………………………………………………………………… 174
174. 叶对生；花辐射或左右对称，非钟形 ………………… 108. 忍冬科 Caprifoliaceae(193)
174. 叶互生或轮生，少数间有对生；花辐射对称，钟形；常有乳汁 ……………………………
…………………………………………………………………… 112. 桔梗科 Campanulaceae
175. 灌木；叶全缘或具齿 ………………………………… 108. 忍冬科 Caprifoliaceae(193)
175. 草本；叶分裂 ……………………………………………………… 109. 败酱科 Valerianaceae
176. 雄蕊分离 ………………………………………………………… 110. 川续断科 Dipsacaceae
176. 雄蕊花药结合，花丝分离 …………………………………… 113. 菊科 Compositae(194)
177. 水生飘浮，具微小叶状体 ………………………………… 126. 浮萍科 Lemnaceae(201)
177. 具茎叶，或叶退化呈鞘状或鳞片状 ……………………………………………………… 178
178. 棕榈状，乔木或灌木，叶大型；花序极大，具佛焰苞 ………………………………………
……………………………………………………………………… 124. 棕榈科 Palmae(201)
178. 非棕榈状 ………………………………………………………………………………… 179
179. 禾草状；花集成小穗，下具颖片或否；无花被，而以稃片，鳞片或刚毛代之 ……… 180
179. 非禾草状；如为禾草状则其花非上述情况 …………………………………………… 181
180. 茎节明显，外圆中空；叶常 2 列，叶鞘于一边开裂；花药中部附着；颖果 ………………
………………………………………………………………… 122. 禾本科 Gramineae(197)
180. 茎节不明显，三棱形，少圆形，中实；叶 3 列，叶鞘闭合；花药基部附着；瘦果 ………
………………………………………………………………… 123. 莎草科 Cyperaceae(200)
181. 花单性 …………………………………………………………………………………… 182
181. 花两性 …………………………………………………………………………………… 191

182. 陆生 …… 183
182. 水生或沼生 …… 186
183. 无花被 …… 184
183. 有花被 …… 185
184. 单叶或裂叶宽，羽状脉或网状脉；花序间无毛，有佛焰苞 …… 125. 天南星科 Araceae(201)
184. 叶带状线形，平行脉；花序间生长毛状苞片，无佛焰苞…… 114. 香蒲科 Typhaceae(197)
185. 子房上位；叶退化而以叶状枝代之 …… 130. 百合科 Liliaceae(202)
185. 子房下位；有叶 …… 132. 薯蓣科 Dioscoreaceae(203)
186. 沉水或浮生 …… 187
186. 挺水，植物体上部露出水面 …… 189
187. 叶缘有硬刺或齿 …… 117. 茨藻科 Najadaceae(197)
187. 叶全缘，无刺或齿 …… 188
188. 有花被；子房下位 …… 121. 水鳖科 Hydrocharitaceae(197)
188. 无真花被；子房上位…… 116. 眼子菜科 Potamogetonaceae(197)
189. 有真花被 …… 119. 泽泻科 Alismataceae(197)
189. 无真花被 …… 190
190. 长柱形穗状花序，花间夹生长毛 …… 114. 香蒲科 Typhaceae(197)
190. 簇生头状花序，花间无毛或于雄花下围生鳞片 …… 115. 黑三棱科 Sparganiaceae(197)
191. 水生；花序穗状，雄蕊 4 个，有宽大花萼状药隔 …… 116. 眼子菜科 Potamogetonaceae(197)
191. 陆生或沼生 …… 192
192. 子房上位或半下位 …… 193
192. 子房下位 …… 200
193. 心皮 2 至数个，分离，即该花有 2 至数个离生雌蕊 …… 194
193. 心皮单生或数个合生，即该花具 1 心皮雌蕊(单雌蕊)或复雌蕊 …… 195
194. 总状或圆锥花序；每心皮具胚珠 1 枚 …… 119. 泽泻科 Alismataceae(197)
194. 伞形花序；每心皮具胚珠多数 …… 120. 花蔺科 Butomaceae(197)
195. 花被花瓣状，或有萼片或花瓣之分 …… 198
195. 花被萼片状 …… 196
196. 有花柱，分离或单生而有 3 柱头 …… 129. 灯心草科 Juncaceae(202)
196. 无花柱或很短 …… 197
197. 肉穗花序；花丝长 …… 125. 天南星科 Araceae(201)
197. 穗形总状花序；花丝短 …… 118. 芝菜科 Scheuchzeriaceae
198. 花被有萼瓣之分，具佛焰苞…… 127. 鸭跖草科 Commelinaceae(201)
198. 花被花瓣状，无萼瓣之分，不具佛焰苞 …… 199
199. 花被整齐，雄蕊相似；陆生，地下部具根茎、球茎或鳞茎 … 130. 百合科 Liliaceae(202)
199. 花被不整齐，雄蕊不相似；沼生或水生 …… 128. 雨久花科 Pontederiaceae(202)
200. 花整齐 …… 201
200. 花不整齐 …… 203
201. 退化雄蕊显著无花药 …… 134. 美人蕉科 Cannaceae(203)
201. 无退化雄蕊 …… 202

202. 雄蕊6 ………………………………………………………… 131. 石蒜科 Amaryllidaceae(202)
202. 雄蕊3，与外轮花被对生 …………………………………………… 133. 鸢尾科 Iridaceae(203)
203. 雄蕊和雌蕊合生 ………………………………………………… 135. 兰科 Orchidaceae(203)
203. 雄蕊和雌蕊分离 …………………………………………………………………………… 204
204. 雄蕊3，全部发育 ………………………………………………… 133. 鸢尾科 Iridaceae(203)
204. 雄蕊退化成花瓣状，常只有半个雄蕊发育 …………… 134. 美人蕉科 Cannaceae(203)

附录2　常见种子植物属、种检索表

1. 苏铁科 Cycadaceae

苏铁属 *Cycas* L.　苏铁 *C. revoluta* Thunb.

2. 银杏科 Ginkgoaceae

银杏属 *Ginkgo* L.　银杏 *G. biloba* L.

4. 松科 Pinaceae

1. 茎无长短枝区别；叶螺旋状着生于枝上(云杉属 *Picea* Dier) ································ 2
1. 茎有长短枝的区别；叶在长枝上螺旋排列，在短枝上簇生 ································ 3
2. 一年生枝或多或少的有毛及白粉，小枝基部宿存的芽鳞或多或少向外反卷 ································ 1. 白杄 *P. meyeri* Rehd. et Wils.
2. 一年生枝无毛及白粉，小枝基部宿存的芽鳞紧贴小枝，不反卷 ··· 2. 青杄 *P. wilsonii* Mast.
3. 叶在长枝上螺旋状散生，在短枝上5针以上簇生，种鳞顶端扁平，不加厚(雪松属 *Cedrus* Trew.) ································ 3. 雪松 *C. deodara* Loud.
3. 叶2~5针一束，簇生短枝上，种鳞顶端加厚(松属 *Pinus* L.) ································ 4
4. 针叶基部鳞叶不下延，叶鞘早落，叶内具1个维管束 ································ 5
4. 针叶基部鳞叶下延，叶鞘宿存，叶内具2个维管束 ································ 6
5. 叶5针一束 ································ 4. 华山松 *P. armandii* Franch.
5. 叶3针一束 ································ 5. 白皮松 *P. bungeana* Zucc.
6. 叶2针一束，针叶细长柔软，长12~20 cm ································ 6. 马尾松 *P. massoniana* Lamb.
6. 叶2针一束，针叶较粗硬 ································ 7
7. 叶内树脂道边生 ································ 8
7. 叶内树脂道中生 ································ 7. 黑松 *P. thunbergii* Parl.
8. 叶长10~15 cm ································ 8. 油松 *P. tabulaeformis* Carr.
8. 叶长4~9 cm ································ 9. 樟子松 *P. sylvestris* L. var. *mongolica* Litv.

5. 杉科 Taxodiaceae

1. 叶和种鳞均为对生；叶在侧生小枝上排成2列，冬季与枝一同脱落(水杉属 *Metasequoia* Miki.) ································ 1. 水杉 *M. glyptostroboides* Hu et Cheng
1. 叶和种鳞均为螺旋状互生；常绿 ································ 2
2. 叶条状披针形，边缘有锯齿；苞鳞大，革质，种鳞小；种子两侧有翅(杉木属 *Cunninghamia* R. Br.) ································ 2. 杉木 *C. lanceolata*(Lamb.)Hook.
2. 叶针形，两侧略扁；苞鳞小，木质，种鳞大，盾形；种子边缘有窄翅(柳杉属 *Cryptomeria* D. Don) ································ 3. 柳杉 *C. fortunei* Hooibrenk ex Dtto et Dietr.

6. 柏科 Cupressaceae

1. 球果的种鳞木质或近革质，熟时张开；种子常有翅，稀无翅 ································ 2
1. 球果的种鳞肉质，熟时不张开或顶端微裂；种子无翅 ································ 3

2. 种鳞扁平或鳞背隆起，有钩状尖头，覆瓦状排列；球果当年成熟；鳞叶长4 mm以内，种鳞4对，发育种鳞有2粒种子，种子无翅(侧柏属 *Platycladus* Spach.) ………………………… 1. 侧柏 *P. orientalis* Franco
2. 种鳞盾形，隆起，镊合状排列；球果翌年成熟；鳞叶长2 mm以内，种鳞4对，发育种鳞有5~6粒种子，种子边缘有窄翅(柏木属 *Cupressus* L.) ……………… 2. 柏木 *C. funebris* Endl.
3. 全为刺叶或全为鳞叶，或同一树上刺叶、鳞叶兼有，刺叶基部无关节，下延，球果熟时种鳞顶端完全合生(圆柏属 *Sabina* Mill.) ……………………………………………… 4
3. 全为刺叶，基部有关节，不下延，球花单生于叶腋；球果熟时种鳞顶端微裂(刺柏属 *Juniperus* L.) ……………………………………………………………………… 5
4. 树冠广圆形或圆锥形；刺叶、鳞叶兼有 ……………………… 3. 圆柏 *S. chinensis*(L.) Ant.
4. 树冠窄圆柱形，大枝扭转向上，全为鳞叶 ……… 4. '龙柏' *S. chinensis*(L.) Ant. 'Kaizuca'
5. 叶上面中脉绿色，两侧各有1条白色或灰色气孔带……………… 5. 刺柏 *J. formosana* Hay.
5. 叶上面无绿色中脉，有1条白色气孔带 …………………… 6. 杜松 *J. wrigida* Sieb. et Zucc.

8. 杨柳科 Salicaceae

1. 花序上的苞片条裂，花具花盘而无蜜腺，冬芽具数枚鳞片，顶芽常存在(杨属 *Populus* L.) ……………………………………………………………………… 2
1. 花序上的苞片全缘，花具蜜腺而无花盘，冬芽具1个鳞片，无顶芽(柳属 *Salix* L.) …… 3
2. 嫩枝和幼叶密被白毛，蒴果2裂；叶缘具波状或不规则裂；短枝的叶背面和叶柄上的绒毛脱落，叶柄先端常具腺体 ……………………………… 1. 毛白杨 *P. tomentosa* Carr.
2. 嫩枝和叶背面光滑无毛或被稀柔毛，蒴果3裂；树皮老时灰黑色，深裂…………………… ……………………………………………… 2. 加拿大杨 *P. canadensis* Moench
3. 雌花具2腺体 ……………………………………………………………… 4
3. 雌花具1腺体，枝条下垂…………………………………… 3. 垂柳 *S. babylorica* L.
4. 枝条不卷曲 ……………………………………………………………… 5
4. 枝条卷曲 ……………………… 4. 龙爪柳 *S. matsudana* var. *matsudana* f. *tortuosa*(Vilm.) Rehd.
5. 枝条不下垂 ……………………………………………………………… 6
5. 枝条下垂 ………………………… 5. 绦柳 *S. matsudana* var. *matsudana* f. *pendula* Schneid.
6. 树冠半圆形，如同馒头状 …… 6. 馒头柳 *S. matsudana* var. *matsudana* f. *umbraculifera* Rehd.
6. 树冠非半圆形……………………………………………… 7. 旱柳 *S. matsudana* Koidz.

9. 胡桃科 Juglandaceae

1. 坚果具双翅，总叶轴具狭翅(枫杨属 *Pterocarya* Kunth) ……… 1. 枫杨 *P. stenoptera* C. DC.
1. 核果，总叶轴无翅；小叶全缘，无毛(核桃属 *Juglans* L.) ……………… 2. 核桃 *J. regia* L.

10. 桦木科 Betulaceae

桦木属 *Betula L.*

1. 树皮灰白色，成层剥裂 ………………………………………… 1. 白桦 *B. platyphylla* Suk.
1. 树皮黑褐色，龟裂 ……………………………………………… 2. 黑桦 *B. davurica* Pall.

12. 榆科 Ulmaceae

1. 羽状脉，侧脉9~16对；翅果近圆形(榆属 *Ulmus* L.) …………………………………… 2
1. 三出脉，侧脉6对以下；核果近球形(朴树属 *Celtis* L.) ………………………………… 3
2. 小枝无膨大的木栓层及凸起的木栓翅；翅果长1.2-2 cm ……………… 1. 榆 *U. pumila* L.
2. 萌发枝及幼树小枝有时两侧具对生木栓翅，间或上下有微凸木栓翅，稀在较老的小枝上有

4 条等宽的木栓翅；翅果长 1.5~4.7(常 2.5~3.5) cm …… 2. 大果榆 *U. macrocarpa* Hance

3. 果单生叶腋，稀 2~3 集生，成熟时黄或橙黄色 …………………… 3. 朴树 *C. sinensis* Pers.

3. 果单生叶腋，稀 2 集生，成熟时蓝黑色 ……………… 4. 黑弹树(小叶朴) *C. bungeana* Bl.

13. 桑科 Moraceae

1. 木本，具乳汁 ………………………………………………………………………… 2
1. 草本，无乳汁 ………………………………………………………………………… 6
2. 隐头花序(无花果属 *Ficus* L.) ………………………………………………………… 3
2. 非隐头花序 ……………………………………………………………………………… 4
3. 叶掌状 3~5 裂，上面粗糙，下面具细毛 ………………………… 1. 无花果 *F. carica* L.
3. 叶革质，全缘 ……………………………………………… 2. 印度橡皮树 *F. elastica* Roxb.
4. 雌雄花均呈柔荑花序；聚花果长圆形，果熟时子房柄不伸长(桑属 *Morus* L.) …………… 5
4. 雄花呈柔荑花序；雌花成球形头状花序，果熟时子房柄伸长(构树属 *Broussonetia* Vent.) … ……………………………………………………………… 3. 构树 *B. papyrifera* Vent.
5. 叶缘锯齿的先端不具刺芒尖，叶表面近光滑，背面脉上具疏毛，脉腋具簇毛；花柱不明显或无 ……………………………………………………………………… 4. 桑 *M. alba* L.
5. 叶缘锯齿的先端具刺芒尖；叶表面粗糙，背面光滑或有柔毛；花柱明显 …………………… ……………………………………………………………… 5. 蒙桑 *M. mongolica* Schneid.
6. 单叶对生，草质藤本，具钩刺(葎草属 *Humulus* L.) …………… 6. 葎草 *H. scandens* Merr.
6. 叶掌状裂，互生，茎直立，无钩刺(大麻属 *Cannabis* L.) ……………… 7. 大麻 *C. sativa* L.

19. 蓼科 Polygonaceae

1. 花被片 6，两轮排列；内花被片常随果实而增大，瘦果不具翅(酸模属 *Rumex* L.) ……… 2
1. 花被片 5，少数为 4 ………………………………………………………………………… 3
2. 花单性，雌雄异株；基生叶及茎下部叶的基部箭形，内轮花被片果时显著增大 …………… ……………………………………………………………………… 1. 酸模 *R. acetosa* L.
2. 花两性，基生叶及茎下部叶的基部圆形或近心形，内轮花被片全缘 ……………………… ……………………………………………………………… 2. 巴天酸模 *R. patientia* L.
3. 瘦果常与花被等长或稍长(蓼属 *Polygonum* L.) ……………………………………… 4
3. 瘦果成熟超出花被 1~2 倍(荞麦属 *Fagopyrum* Mill.) ………………………………… 5
4. 叶柄具关节，托叶鞘常 2 裂，先端常破裂，花单生或数朵簇生于叶腋 …………………… ……………………………………………………………………… 3. 萹蓄 *P. aviculare* L.
4. 叶柄无关节，托叶鞘圆筒形，先端截平；花形成花序，花被 4 裂，叶正面常具黑褐色斑点 ……………………………………………………………… 4. 酸模叶蓼 *P. lapathifolium* L.
5. 瘦果表面光滑，三棱形；栽培 ………………………………… 5. 荞麦 *F. esculentum* Moench.
5. 瘦果表面有小突起或小瘤状物，有 3 条窄纵沟；野生或栽培 …………………………… ……………………………………………………… 6. 苦荞麦 *F. tartaricum* (L.) Gaertn.

20. 藜科 Chenopodiaceae

1. 叶圆柱形，小苞片发达，草质或肉质，围抱花被，果时花被具横生翅(猪毛菜属 *Salsola* L.) ……………………………………………………………………… 1. 猪毛菜 *S. collina* Pall.
1. 叶扁平，子房与花被分生 ……………………………………………………………………… 2
2. 花单性，植株无星状毛；小苞片在中部以上结合，胞果具刺(菠菜属 *Spinacia* L.) ………… ……………………………………………………………………… 2. 菠菜 *S. oleracea* L.

2. 花两性，花被5裂，胞果常包藏在花被内 ………………………………………………………… 3
3. 植株被柔毛，果熟时，花被具横生翅(地肤属 *Kochia* roth.) ………………………………………
…………………………………………………………………… 3. 地肤 *K. scoparia* (L.) Schrad.
3. 植株无毛或具白粉，果熟时，花被无横生翅(藜属 *Chenopodium* L.) …………………………… 4
4. 叶全缘，卵圆形或阔卵形，具小尖头 …………………… 4. 尖头叶藜 *C. acuminatum* Willd.
4. 叶缘具牙齿或缺刻 …………………………………………………………………………………… 5
5. 茎平卧或斜向上，上面绿，下面带紫色，被厚粉，中脉明显 …… 5. 灰绿藜 *C. glaucum* L.
5. 茎直立，叶两面均绿色或被粉粒 …………………………………………………………………… 6
6. 叶长圆状卵形，3浅裂，中裂片较长，两侧边缘几乎平行 ………… 6. 小藜 *C. serotinum* L.
6. 叶卵状三角形，菱状卵形，近全缘或略具不整齐齿 ……………………… 7. 藜 *C. album* L.

21. 苋科 Amaranthaceae

1. 叶对生，花成细长的穗状花序(牛膝属 *Achyranthes* L.) ………… 1. 牛膝 *A. bidentate* B. L.
1. 叶互生 ……………………………………………………………………………………………… 2
2. 花两性(青葙属 *Celosia* L.)，花多数密生成扁平肉质鸡冠状、卷冠状或羽毛状的穗状花序
………………………………………………………………………… 2. 鸡冠花 *C. cristata* L.
2. 花单性(苋属 *Amaranthus* L.) ……………………………………………………………………… 3
3. 叶柄基部有一对针刺；苞片常变成2锐刺，少数有1刺或无刺 …… 3. 刺苋 *A. spinosus* L.
3. 叶柄基部无刺；苞片不变成刺 ……………………………………………………………………… 4
4. 植株密被糙毛；花被片5，雄蕊5；圆锥花序较粗，胞果包在宿存花被内 …………………
……………………………………………………………………… 4. 反枝苋 *A. retroflexus* L.
4. 植株无毛或近无毛；花被片3，雄蕊3 ……………………………………………………………… 5
5. 胞果环状开裂；花簇由下部腋生，向上延续成顶生穗状花序；叶片颜色为绿、红、紫或相杂
…………………………………………………………………………… 5. 苋 *A. tricolor* L.
5. 胞果不开裂；茎平卧上升；叶片顶端凹缺 ……………………… 6. 凹头苋 *A. lividus* L.

25. 马齿苋科 Portulacaceae

马齿苋属 *Portulaca* L. 马齿苋 *P. oleracea* L.

26. 石竹科 Caryophyllaceae

1. 萼片离生，花瓣近无爪 ……………………………………………………………………………… 2
1. 萼片合生，花瓣具爪 ………………………………………………………………………………… 4
2. 花柱5条，花瓣深2裂(鹅肠菜属 *Malachium* Fries) ………… 1. 鹅肠菜 *M. aquaticum* Fries.
2. 花柱3条，花瓣先端2裂或深裂(繁缕属 *Stellaria* L.) ……………………………………… 3
3. 叶卵形；花单生叶腋或呈顶生疏散的聚伞花序，花瓣比萼片短 ……………………………
…………………………………………………………………… 2. 繁缕 *S. media*(L.)Cyr.
3. 叶卵状椭圆形；聚伞花序常生于叶腋，花瓣和萼片等长 …… 3. 中国繁缕 *S. chinensis* Regel
4. 萼外具叶状苞片(石竹属 *Dianthus* L.) …………………………………………………………… 5
4. 萼外无苞片 ………………………………………………………………………………………… 6
5. 聚伞花序具多花(3朵以上)，集成头状 ……………………… 4. 五彩石竹 *D. barbatus* L.
5. 花单生或2~3朵成聚伞花序 ……………………………………………… 5. 石竹 *D. chinensis* L.
6. 多年生草本；萼外无棱，花瓣白色或淡粉色(肥皂草属 *Saqponaria* L.) ……………………
…………………………………………………………………… 6. 肥皂草 *S. officinalis* L.
6. 一年生草本；萼外有宽棱5条，花瓣粉红色(麦蓝菜属 *Vaccaria* Medic.) ……………………
………………………………………………………… 7. 麦蓝菜(王不留行) *V. segetalis* Garcke

29. 毛茛科 Ranunculaceae

1. 叶对生；无花瓣，萼片成花瓣状，花柱果时延长成羽毛状(铁线莲属 *Clematis* L.) ……… 2
1. 叶互生或基生 …… 5
2. 直立草本 …… 3
2. 藤本植物 …… 4
3. 叶为三出复叶；萼片 4，花蓝色 …… 1. 大叶铁线莲 *C. heracleifolia* DC.
3. 叶为 1~2 回羽状复叶；萼片 6，花白色 …… 2. 棉团铁线莲 *C. hexapetala* Pall.
4. 叶为一回羽状复叶；萼片 4，花蓝白色 …… 3. 羽叶铁线莲 *C. pinnata* Maxim.
4. 叶为二回羽状复叶；萼片 4，花白色 …… 4. 短尾铁线莲 *C. brevicaudata* DC.
5. 花两侧对称 …… 6
5. 花辐射对称 …… 10
6. 上萼片风兜状(乌头属 *Aconitum* L.) …… 7
6. 上萼片有距，花瓣 2 …… 9
7. 茎缠绕；叶掌状三裂至中部附近；萼片淡紫色 …… 5. 两色乌头 *A. alboviolaceum* Kom.
7. 茎直立 …… 8
8. 叶掌状全裂；萼片黄色 …… 6. 牛扁 *A. barbatum* Pers.
8. 叶掌状全裂；萼片紫色，上萼片盔形 …… 7. 草乌(北乌头) *A. kusnezafii* Reichb.
9. 心皮 3(翠雀属 *Delphinium* L.) …… 8. 翠雀 *D. grandiflorum* L.
9. 心皮 1[飞燕草属 *Consolida*(DC.)S. F. Gray] …… 9. 飞燕草 *C. ajacis*(L.)Schur
10. 花瓣 5，基部具漏斗状距，雄蕊外伸(楼斗菜属 *Aquilegia* L.) …… 10. 楼斗菜 *A. viridiflora* Pall.
10. 花瓣无距 …… 11
11. 花有环状或杯状花盘，花大，直径在 6 cm 以上(芍药属 *Paeonia* L.) …… 12
11. 花无花盘，花直径在 6 cm 以下 …… 13
12. 多年生草本；小叶不分裂；花数朵生茎上部，花盘不发达，肉质 …… 11. 芍药 *P. lactiflora* Pall.
12. 灌木；小叶分裂；花盘发达，草质，花单生茎顶 …… 12. 牡丹 *P. suffruticosa* Andr.
13. 叶为 2~4 回羽状复叶；花序通常为紧密的圆锥花序或聚伞花序，花小，花瓣缺(唐松草属 *Thalicturm* L.) …… 14
13. 叶为单叶或三出复叶；花序常为疏松的聚伞花序或花单独顶生 …… 15
14. 花丝棒状或披针形，柱头无翅，花序伞房状 …… 13. 瓣蕊唐松草 *T. petaloideum* L.
14. 花丝丝形，柱头有宽翅，圆锥花序伞形 …… 14. 东亚唐松草 *T. minus* L.
15. 花瓣缺，萼片花瓣状，花柱果时伸长呈羽毛状(白头翁属 *Pulsatilla* L.) …… 15. 白头翁 *P. chinensis*(Bge.)Regel.
15. 花瓣存在，黄色，花柱果时不呈羽毛状(毛茛属 *Ranunculus* L.) …… 16
16. 多年生草本；基生叶为单叶，3 深裂 …… 16. 毛茛 *R. japonicus* Thunb.
16. 一年生草本 …… 17
17. 全株被伸展的硬毛；基生叶为 3 出复叶 …… 17. 茴茴蒜 *R. chinensis*(Bge.)Regel.
17. 全株近无毛；单叶，3 裂 …… 18. 石龙芮 *R. sceleratus* L.

32. 木兰科 Magnoliaceae

1. 聚合小坚果，有翅；叶两侧有波状裂或凹缺，有长叶柄(鹅掌楸属 *Lirodendron* L.) …… 1. 鹅掌楸 *L. chinensis*(Hemsl.)Sarg.

1. 聚合蓇葖果；叶全缘或叶先端稀有凹裂，叶柄短或近无柄 …………………………………… 2
2. 花顶生；无雌蕊柄(木兰属 *Magnolia* L.) ……………………………………………………… 3
2. 花腋生；有雌蕊柄(含笑属 *Michelia* L.) ……………………………………………………… 6
3. 常绿乔木；叶片革质，叶片背面有锈色短绒毛 …… 2. 荷花玉兰(洋玉兰)*M. grandiflora* L.
3. 落叶乔木或灌木；叶片背面无锈色短绒毛 ………………………………………………… 4
4. 花被片大小近相等，无萼片与花瓣之分，花白色，小乔木 …… 3. 玉兰 *M. denudata* Desr.
4. 花被片大小不等，外轮花被片较小 …………………………………………………………… 5
5. 花与叶同时或稍后开放，外轮花被片带绿色，内轮花被片紫红色 ……………………………
　……………………………………………………………… 4. 辛夷(紫玉兰)*M. liliflora* Desr.
5. 花先叶开放，外轮花被片较小或与内轮近等长，所有花被片均为紫色 ………………………
　…………………………………………………………… 5. 二乔玉兰 *M. soulangeana* Soul. -Bod.
6. 花白色 …………………………………………………………………… 6. 白兰花 *M. alba* DC.
6. 花淡黄色或淡褐紫色 ……………………………………… 7. 含笑花 *M. figo*(Lour.)Spreng.

34. 罂粟科 Papaveracea

1. 植株具乳汁或液汁；雄蕊多数 ……………………………………………………………… 2
1. 植株不具乳汁或液汁；雄蕊 4~6 ……………………………………………………………… 4
2. 蒴果球形或椭圆形，顶孔开裂，有乳汁；花黄、红、粉红或白色(罂粟属 *Papaver* L.) … 3
2. 蒴果细长纵裂，具黄褐色液汁；叶羽状全裂；花黄色(白屈菜属 *Chelidonium* L.) …………
　……………………………………………………………………………… 1. 白屈菜 *C. majus* L.
3. 茎生叶基部抱茎；叶、花梗常光滑 …………………………………… 2. 罂粟 *P. somniferum* L.
3. 茎生叶基部不抱茎，叶、花梗被刚毛，花紫红色，洋红色至白色，但不呈黄色，花在花蕾期下垂；叶有羽状裂和不规则锯齿 ……………………………………… 3. 虞美人 *P. rhoeas* L.
4. 雄蕊 4；花辐射对称(角茴香属 *Fypecoum* L.)花黄色，蒴果线形 … 4. 角茴香 *H. erectum* L.
4. 雄蕊 6，结合成 2 体，花两侧对称 …………………………………………………………… 5
5. 外侧 2 花瓣基部呈囊状；花有小苞片(荷苞牡丹属 *Dicentra* Bernh.) …………………………
　…………………………………………………………… 5. 荷苞牡丹 *D. spectabilis*(L.)Lem.
5. 外侧 1 花瓣基部成距；花无小苞片(紫堇属 *Corydalis* DC.)；无地下块茎，茎生叶较多，茎生叶与基生叶同型，苞片羽状分裂，花粉红色至紫红色，蒴果线形，下垂 ……………………
　………………………………………………………………… 6. 紫堇 *Corydalis edulis* Maxim.

36. 十字花科 Cruciferae

1. 羽状复叶，花白色(豆瓣菜属 *Nasturtium* R. Br.) …………… 1. 豆瓣菜 *N. officinale* R. Br.
1. 单叶 …………………………………………………………………………………………… 2
2. 长角果 ………………………………………………………………………………………… 3
2. 短角果 ………………………………………………………………………………………… 6
3. 果成熟后不开裂，植株被硬长毛，果实在种子间缢缩(萝卜属 *Raphanus* L.)，花紫色 ……
　…………………………………………………………………………………… 2. 萝卜 *R. sativus* L.
3. 果成熟后开裂 ………………………………………………………………………………… 4
4. 叶为羽状浅裂或深裂，花黄色(蔊菜属 *Rorippa* Scop.) …… 3. 沼生蔊菜 *R. islandica* Borbas.
4. 叶为大头羽状分裂或全缘；花紫色、黄色 ……………………………………………………… 5
5. 花紫色，上部叶抱茎；长角果线形，具 4 棱(诸葛菜属 *Orychophragmus* Bge.) ………………
　…………………………………………………… 4. 二月蓝(诸葛菜)*O. violaceus* O. E. Schulz.
5. 花黄色，角果顶端具圆锥状长喙(芸薹属 *Brassica* L.) ……………………………………… 8

6. 花黄色，植株无毛（焯菜属 *Rorieppa* Scop.）………………………… 5. 风花菜 *R. globosa* Thell.
6. 花白色或无花瓣 …………………………………………………………………………………… 7
7. 花瓣存在、退化或无；短角果椭圆形（独行菜属 *Lepidium* L.）…………………………………
……………………………………………………………………………… 6. 独行菜 *L. apetalum* Willd.
7. 花瓣4；植株具单毛；短角果倒三角形（荠菜属 *Capsella* Medic.）………………………………
…………………………………………………………………… 7. 荠菜 *C. bursa-pastoris* Medic.
8. 基生叶边缘波状，叶柄扁平，有翅，心叶包叠呈头状或圆筒状（栽培）………………………
……………………………………………………………………………… 8. 白菜 *B. pekinensis* Rupr.
8. 基生叶边缘不呈波状，叶柄无翅，心叶不包叠 ………………………………………………… 9
9. 叶大头羽状分裂 …………………………………………… 9. 油菜 *B. campestris* var. *oleifera* DC.
9. 叶全缘，叶柄扁平而肥厚……………………………………… 10. 青菜（小油菜）*B. chinensis* L.

38. 虎耳草科 Saxifragacae

1. 花非1~3朵 ……………………………………………………………………………………… 2
1. 花1~3朵，生于侧枝顶端，直径2.5~3.7 cm（溲疏属 *Deutzia* Thunb. ……………………………
…………………………………………………………………… 1. 大花溲疏（*D. grandiflora* Bunge）
2. 伞房花序，多花（溲疏属 *Deutzia* Thunb.）…………………… 2. 小花溲疏（*D. parviflora* Bunge）
2. 总状花序，花5~9朵；花序轴长3~5 cm（山梅花属 *Philadelphus* L.）……………………………
……………………………………………………………………… 3. 太平花 *P. pekinenses* Rupr.

41. 悬铃木科 Platanaceae

悬铃木属 *Platanus* L.

1. 果球2~6个串生；叶5~7深裂 …………………………………… 1. 法国梧桐 *P. orientalis* L.
1. 果球通常单生；叶3~5裂，叶裂宽大于长，背面具绒毛…… 2. 美国梧桐 *P. occidentalis* L.

42. 蔷薇科 Rosaceae

1. 果为开裂的蓇葖果；托叶有或无 ………………………………………………………………… 2
1. 果实不开裂，具托叶 ……………………………………………………………………………… 3
2. 单叶；心皮5，离生；无托叶（绣线菊属 *Spiraea* L.）………… 1. 三裂绣线菊 *S. trilobata* L.
2. 羽状复叶，具托叶，大型圆锥花序（珍珠梅属 *Sorbaria* A. Br. et Aehers）……………………
……………………………………………………………………………… 2. 珍珠梅 *S. kirilowii* Maxim.
3. 子房下位或半下位；心皮2~5，合生，梨果，常单叶（苹果亚科）…………………………… 4
3. 子房上位 …………………………………………………………………………………………… 7
4. 心皮成熟时变为硬骨质；枝具刺（山楂属 *Crataegus* L.）………… 3. 山楂 *C. pinnatifida* Bge.
4. 心皮成熟时革质或纸质，枝无刺，伞房花序 ……………………………………………………… 5
5. 花柱离生；果肉内含石细胞（梨属 *Pyrus* L.）……………… 4. 白梨 *P. bretschneideri* Rehod.
5. 花柱基部连合，果肉内无石细胞（苹果属 *Malus* Mill.）………………………………………… 6
6. 萼片脱落；果实较小，直径多在1.5 cm以下 ………… 5. 西府海棠 *M. micrornalus* Makino
6. 萼片宿存；果实较大，直径多在2 cm以上 …………………………… 6. 苹果 *M. pumila* Mill.
7. 心皮1，核果，萼常脱落，单叶（李亚科），枝具实髓，花柱顶生（李属 *Prunus* L.）……… 8
7. 心皮常多数，瘦果，萼宿存，常为复叶（蔷薇亚科）…………………………………………… 18
8. 果实一侧有沟，常被蜡粉，有时被短柔毛 ………………………………………………………… 9
8. 果实外面无沟，不被蜡粉……………………………………………………………………… 13
9. 腋芽单生，顶芽缺，叶在芽内席卷状 …………………………………………………………… 10

9. 腋芽3，顶芽存在，叶在芽内对折状 ………………………………………………………… 11
10. 子房和果实无毛，花3朵，簇生，有梗 ……………………………… 7. 李 *P. salicina* Lindl.
10. 子房和果实被短柔毛，花无梗；树皮灰褐色且木栓质 ……………… S. 杏 *P. armeniaca* L.
11. 灌木；枝有刺，叶先端3裂片，叶缘具重锯齿 ………………… 9. 榆叶梅 *P. triloba* Lindl.
11. 乔木；枝无刺，叶缘具单锯齿 ……………………………………………………………… 12
12. 花托(萼筒)被短毛；果大，果肉多汁 ……………………………… 10. 桃 *P. perica* Batsch.
12. 花托(萼筒)无毛；果小，果肉干燥 ………………………… 11. 山桃 *P. davidiana* Franch.
13. 花多数，10朵以上，总状花序，苞片小型 ……………………………… 12. 稠李 *P. padus* L.
13. 花单生或少数呈总状花序 ……………………………………………………………………… 14
14. 腋芽3，两侧为花芽；花梗常短，叶表面有皱纹；嫩枝、叶片、子房和果实密被短柔毛 ………………………………………………………………… 13. 毛樱桃 *P. tomentosa* Thunb.
14. 腋芽单生；花梗长或短；果实黑色或红色 ……………………………………………… 15
15. 叶片边缘具重锯齿而无芒，花托筒状，萼片花后反折；花白色；核果红色 ……………… ……………………………………………………………… 14. 樱桃 *P. pseudocerasus* Lindl.
15. 叶片边缘锯齿有芒尖；萼片花后平展；花白色或粉红色；核果黑色 ………………… 16
16. 花托圆筒状，被短柔毛；叶片下面沿叶脉具短柔毛……… 15. 日本樱花 *P. yedoensis* Mats.
16. 花托钟状，无毛，叶片两面光滑 ……………………………………………………………… 17
17. 花单瓣，叶片边缘微具刺芒……………………………………… 16. 樱花 *P. serrulata* Lindl.
17. 花重瓣，叶片边缘具长刺芒，花柄细长下垂 ……………………………………………… ……………………………………………………… 17. 日本晚樱 *P. serrulata* var. *lannesiana* Rehd.
18. 灌木 ……………………………………………………………………………………………… 19
18. 草本；花具副萼 ……………………………………………………………………………… 23
19. 枝无刺；单叶，具重锯齿；花黄色(棣棠花属 *Kerria* DC.) ……… 18. 棣棠 *K. japonica* DC.
19. 枝具刺；羽状复叶；蔷薇果(蔷薇属 *Rosa* L.)……………………………………………… 20
20. 花柱多伸出花托筒口外 ……………………………………………………………………… 21
20. 花柱形成头状，塞于花托筒口 ……………………………………………………………… 22
21. 花多数，成圆锥花序，花柱合生；叶下面被柔毛 ……… 19. 多花蔷薇 *R. multiflora* Thunb.
21. 花单生或数朵簇生，花柱离生；小叶3~5枚，叶下面无毛，托叶缘有腺毛，萼片羽状分裂 …………………………………………………………………………… 20. 月季 *R. chinensis* Jacq.
22. 小叶片较大，长1~5 cm；有苞片；小枝被绒毛，小叶皱褶 … 21. 玫瑰 *R. rugosa* Thunb.
22. 小叶片小，长8~15 mm；无苞片，花黄色 …………………… 22. 黄刺玫 *R. xanthina* Lindl.
23. 花托成熟时肉质；花白色，副萼比萼片小，三出复叶(草莓属 *Fragaria* L.) ……………… ……………………………………………………………………… 23. 草莓 *F. ananassa* Duch.
23. 花托成熟时干燥(委陵菜属 *Potentilla* L.) ………………………………………………… 24
24. 花常单生；羽状复叶，小叶7~13，无匍匐茎；茎平卧生 … 24. 朝天委陵菜 *P. supina* L.
24. 花多数，顶生或腋生聚伞花序；羽状复叶小叶下面密生灰白色绒毛 ………………… 25
25. 小叶边缘有钝齿；全株密被白色绒毛……………………………… 25. 翻白草 *P. discolor* Bge.
25. 小叶羽状分裂 ……………………………………………………………………………… 26
26. 植株密被长柔毛，小叶羽状中裂至深裂，密生白绒毛，裂片近三角形，先端尖 ………… …………………………………………………………………… 26. 委陵菜 *P. chinensis* Ser.
26. 小叶排列整齐，羽状深裂至全裂，裂片线形；茎平卧或斜升 ………………………………… ……………………………………………………………… 27. 多茎委陵菜 *P. multicaulis* Bge.

43. 豆科 Leguminosae

1. 花辐射对称，花瓣在花芽中为镊合排列，中下部合生(含羞草亚科)，雄蕊多数，花丝多少结合；荚果扁平，不裂(合欢属 *Albizia* Durazz) ………………… 1. 合欢 *A. julibrissin* Durazz.
1. 花两侧对称，花瓣在花芽中覆瓦状排列 …………………………………………………………… 2
2. 假蝶形花冠，旗瓣在最内方(云实亚科)；单叶，茎枝上无刺(紫荆属 *Cercis* L.) ……………………………………………………………………………………………… 2. 紫荆 *C. chinensis* Bge.
2. 蝶形花冠，旗瓣在最外方(蝶形花亚科) ……………………………………………………… 3
3. 雄蕊 10，分离或基部结合，荚果圆柱状，种子间收缩(槐属 *Sophora* L.) ……………………………………………………………………………………………… 3. 槐 *S. japonica* L.
3. 雄蕊 10，结合成二体雄蕊；复叶 ……………………………………………………………… 4
4. 叶为三出复叶 ……………………………………………………………………………………… 5
4. 叶为 4 枚以上小叶组成的复叶 …………………………………………………………………… 11
5. 灌木；叶为长圆形，先端钝；苞片宿存，每苞腋内常有二花弯下花梗无关节(胡枝子属 *Lespedeza* Michx.)；萼裂片先端为长刺毛状……………… 4. 达呼里胡枝子 *L. davurica* Schindl.
5. 草本；托叶小，非膜质，常比叶柄短 ………………………………………………………… 6
6. 小叶边缘有锯齿，羽状三出复叶 ……………………………………………………………… 7
6. 小叶全缘 …………………………………………………………………………………………… 8
7. 荚果弯曲呈马蹄形或螺旋状，少数呈镰刀状(苜蓿属 *Medicago* L.)；花冠蓝紫色，荚果螺旋状 ……………………………………………………………………………………… 5. 紫花苜蓿 *M. sativa* L.
7. 荚果直或稍弯；总状花序细长，龙骨瓣与翼瓣等长或稍短；荚果小卵形或球形，先端无喙；托叶基部全缘，花黄色(草木犀属 *Melilotus* Mill) …………… 6. 草木犀 *M. suaveolens* Ledeb.
8. 总状花序轴上无节瘤状突起，花柱上部无毛(大豆属 *Glycine* L.) …… 7. 大豆 *G. max* Merr.
8. 总状花序轴上有节瘤状突起，花柱上部有毛，二体雄蕊 …………………………………… 9
9. 龙骨瓣先端有螺旋状卷曲的喙(菜豆属 *Phaseolus* L.)；花为白色或淡紫色，托叶基部着生 ……………………………………………………………………………………… 8. 菜豆 *P. vulgaris* L.
9. 龙骨瓣先端钝或有喙，但不卷曲 ……………………………………………………………… 10
10. 荚果细长，圆柱形；柱头侧生且倾斜，其下部里面有毛(豇豆属 *Vigna* Savi.)；缠绕草本，顶生小叶基部两侧各有浅而圆的裂片 ………………………………… 9. 豇豆 *V. sinensis* Endl.
10. 荚果扁平，镰刀形；柱头顶生其下部周围或里面有毛(扁豆属 *Dolichos* L.) ……………………………………………………………………………………… 10. 扁豆 *D. lablab* L.
11. 偶数羽状复叶 ……………………………………………………………………………………… 12
11. 奇数羽状复叶 ……………………………………………………………………………………… 14
12. 小叶 2 对，叶轴顶端无卷须，亦不呈针刺状(落花生属 *Arachis* L.) ……………………………………………………………………………………… 11. 落花生 *A. hypogaes* L.
12. 叶轴顶端有卷须或变成刺毛状 ………………………………………………………………… 13
13. 花柱圆柱形，其上部周围有长柔毛或一束须毛；卷须发达，小叶先端截形或稍凹，花序比叶长(野豌豆属 *Vicia* L.) ………………………………… 12. 三齿萼野豌豆 *V. bungei* Ohwi.
13. 花柱扁平，其上部里面有柔毛，雄蕊管口截形，托叶比小叶大(豌豆属 *Pisum* L.) ……………………………………………………………………………………… 13. 豌豆 *P. sativum* L.
14. 木本 ………………………………………………………………………………………………… 15
14. 草本 ………………………………………………………………………………………………… 17
15. 乔木；具托叶刺(洋槐属 *Robinia* L.) ……………………………… 14. 洋槐 *R. pseudoacacia* L.

15. 灌木或藤本 …………………………………………………………………………………… 16
16. 藤本；总状花序下垂(紫藤属 *Wisteria* Nutt.) …………………… 15. 紫藤 *W. sinensis* Sweet.
16. 直立灌木；总状花序直立；无丁字毛，叶具透明腺点(紫穗槐属 *Amorpha* L.) ……………
…………………………………………………………………………… 16. 紫穗槐 *A. fruticosa* L.
17. 龙骨瓣较短，常无地上茎(米口袋属 *Gueldenstaedtia* Fisch.) ………………………………
…………………………………………………………………………… 17. 米口袋 *C. multiflora* Bge.
17. 龙骨瓣长，与旗瓣近等长，多具地上茎，花白色或带粉红色，顶部小叶线形；无丁字毛(黄芪属 *Astragalus* L.) ………………………… 18. 草木犀状黄芪 *A. melilotoides* Pall.

44. 酢浆草科 Oxalidaceae

酢浆草属 *Oxalis* L.

1. 花紫红色 ……………………………………………………… 1. 多花酢浆草 *O. martiana* Zucc.
1. 花黄色；茎平卧，有托叶 …………………………………………… 2. 酢浆草 *O. corniculata* L.

45. 牻牛儿苗科 Geraniaceae

1. 花两侧或辐射对称，无距 ………………………………………………………………………… 2
1. 花稍两侧对称，有距；距贴生于花梗，不明显；叶表面具马蹄形斑纹(天竺葵属 *Pelargonium* LHerit.) ……………………………………………… 1. 天竺葵 *P. hortorum* Bail.
2. 叶多回羽状深裂；蒴果喙部自下而上呈螺旋状弯曲(牻牛儿苗属 *Erodium* L Her.) …………
…………………………………………………… 2. 牻牛儿苗(太阳花) *E. stephanianum* Willd.
2. 叶掌状分裂，圆形或肾形，基生叶具长柄(老鹳草属 *Geranium* L.) ………………………
…………………………………………………………………… 3. 老鹳草 *G. wilfordii* Maxim.

48. 蒺藜科 Zygophyliaceae

蒺藜属 *Tribulus* L. 蒺藜 *T. terrestris* L.

50. 苦木科 Simarubaceae

臭椿属 *Ailanthus* Desf. 臭椿 *A. altissima* Swingle

51. 楝科 Meliaceae

1. 二至三回羽状复叶(楝属 *Melia* L.)，小叶边缘有锯齿或浅裂；花序与羽叶近等长，子房5~6室；核果长1.5~2 cm ……………………………………………… 1. 苦楝 *M. azedarach* L.
1. 一回羽状复叶或复叶，具3小叶 ……………………………………………………………… 2
2. 雄蕊花丝几乎全部合生成一管；果为浆果，种子无翅(栽培)(米仔兰属 *Aglaia* Lour.) ……
……………………………………………………………… 2. 米仔兰(米兰) *A. odorata* Lour.
2. 雄蕊花丝分离；蒴果，种子有翅(香椿属 *Toona* Roem.) ……………………………………
…………………………………………………………… 3. 香椿 *T. sinensis*(A. Juss.) Roem.

52. 远志科 Polygalaceae

远志属 *Polygala* L.

1. 蒴果圆形，具狭翅，无缘毛 …………………………………… 1. 远志 *P. tenuifolia* Willd.
1. 蒴果近倒心形，具狭翅及短缘毛 ………………………………… 2. 西伯利亚远志 *P. sibirica* L.

53. 大戟科 Euphorbiaceae

1. 植物体具乳汁；无花被，杯状聚伞花序(大戟属 *Euphorbia* L.) ………………………… 2
1. 植物体无乳汁；有花被，不呈杯状聚伞花 ………………………………………………… 5
2. 肉质植物，植物体具刺；花序苞片鲜红色，栽培观赏 ……………………………………
…………………………………………………………… 1. 虎刺 *E. milii* Desmoul. ex Baiss.

2. 非肉质植物，植物体不具刺 …………………………………………………………… 3
3. 茎平卧，叶对生，叶缘有齿；花序无轮生的苞叶 …………… 2. 地锦草 *E. humifusa* Willd.
3. 直立草本或灌木 ……………………………………………………………………… 4
4. 草本；开花时上部叶绿色，花序顶生，总花序有5~6伞梗，各具2回分叉小伞梗；叶互生，全缘；伞梗基具轮生苞叶 ………………………………………… 3. 猫眼草 *E. lunulata* Bge.
4. 灌木；茎上部叶开花时红色，栽培观赏 …………………… 4. 一品红 *E. pulcherrima* Willd.
5. 木本 …………………………………………………………………………………… 6
5. 草本 …………………………………………………………………………………… 8
6. 三出复叶，落叶植物(重阳木属 *Bischofia* Blume) ……………………………………………… 5. 重阳木 *B. polycarpa* (Levl.) Airy-Shaw
6. 单叶 …………………………………………………………………………………… 7
7. 乔木；子房每室1胚珠；有乳汁；无花(乌桕属 *Sapium* P. Br.)；叶菱形，长与宽约相等 ……………………………………………………………… 6. 乌桕 *S. sebiferum*(L.) Roxb.
7. 灌木；子房每室2胚珠；无乳汁；有花瓣(雀儿舌头属 *Leptopus* Deene.) …………………………………………………………… 7. 雀儿舌头 *L. chinenses* Pojark.
8. 叶柄盾状着生，雄蕊多数，呈多体雄蕊(蓖麻属 *Ricinus* L.) ……… 8. 蓖麻 *R. communis* L.
8. 叶柄基部着生，雄蕊分离，叶缘有齿，花序腋生，雄花无瓣，8枚雄蕊(铁苋菜属 *Acalypha* L.) …………………………………………………………… 9. 铁苋菜 *A. australis* L.

54. 黄杨科 Buxaceae

黄杨属 *Buxus* L.

1. 灌木或小乔木，高1~6 m，节间长5~20 mm；叶长15~35 mm，宽8~20 mm ……………………………………………………… 1. 黄杨 *B. sinica* (Rehd. et Wils.) Cheng
1. 生长低矮，枝条密集，节间长3~6 mm；叶长7~10 mm，宽5~7 mm ……………………… 2. 小叶黄杨 *B. sinica*(Rehd. et Wils.) Cheng subsp. *sinica* var. *parvifolia* M. Cheng

55. 漆树科 Anacardiaceae

1. 灌木，高3~5 m；单叶互生(黄栌属 *Cotinus* Mill.) …………………………………… 2
1. 乔木，高5~8 m；奇数羽状复叶(盐肤木属 *Rhus* L. emend. Moench) ……………………………………………………………… 1. 青麸杨 *R. potaninii* Maxim.
2. 叶倒卵形或卵圆形，两面或尤其叶背显著被灰色柔毛；花序被柔毛 ……………………………… 2. 灰毛黄栌(红叶) *C. coggygria* Scop. var. *cinerea* Engl.
2. 叶多为阔椭圆形，稀圆形，叶背、尤其沿脉上和叶柄密被柔毛；花序无毛或近无毛 …… ………………………………………… 3. 毛黄栌 *C. coggygria* Scop. var. *pubescens* Engl.

57. 卫矛科 Celastraceae

卫矛属 *Euonymus* L.

1. 常绿 ………………………………………………………………………………… 2
1. 落叶 ………………………………………………………………………………… 3
2. 灌木，高可达3 m；小枝四棱，具细微皱突；叶革质，倒卵形，表面有光泽 ……………………………………………… 1. 冬青卫矛(大叶黄杨) *E. japonicus* Thunb.
2. 藤本灌木，高1 m至数米；小枝方棱不明显；叶薄革质，椭圆形、长方椭圆形或长倒卵形 ……………………………………………… 2. 扶芳藤 *E. fortunei*(Turcz.) Hand. -Mazz.
3. 枝条具木栓翅 ………………………………………………………………………… 4

3. 枝条不具木栓翅 …………………………………………………………………………………… 5
4. 高 1~3 m；叶柄长 1~3 mm ……………………… 3. 卫矛(鬼箭羽) *E. alatus*(Thunb.) Sieb.
4. 高 3~4 m；叶柄长 8~15 mm ………………………………… 4. 栓翅卫矛 *E. phellomanus* Loes.
5. 灌木；花期散发出鱼腥臭味………………………………………… 5. 腥臭卫矛 *E. chensianus*
5. 小乔木，高达 6 m；花期不散发出鱼腥臭味 ……… 6. 华北卫矛(白杜) *E. maackii* Rupr.

58. 槭树科 Aceraceae

槭属 *Acer* L.

1. 单叶 ……………………………………………………………………………………………… 2
1. 复叶，基数羽状，小叶 3~7(9)；果翅成锐角或直角……………… 1. 复叶槭 *A. negundo* L.
2. 叶片 3~5 裂 ……………………………………………………………………………………… 3
2. 叶片 5~9 裂 ……………………………………………………………………………………… 4
3. 叶片 3 裂，裂片全缘；果翅展开呈锐角 …………………… 2. 三角枫 *A. buergerianum* Miq.
3. 叶片具 3~5 深裂；中央裂片锐尖，侧裂片钝尖，向前伸展，各裂片的边缘均具不整齐的钝尖锯齿，裂片间的凹缺钝尖；果翅张开近于直立或呈锐角 … 3. 茶条槭 *A. ginnala* Maxim.
4. 叶柄基部有乳汁；叶片常 5 裂，裂片边缘全缘 ………………………………………………… 5
4. 叶柄基部无乳汁；叶片常 7 裂，裂片边缘有锯齿 ……………………………………………… 6
5. 叶片基部心形或近截形，果翅长为坚果的 1.5~2 倍 ……………………………………………………………………………………… 4. 五角枫(色木槭) *A. mono* Maxim.
5. 叶片基部截形或浅心形，果翅与小坚果近等长……… 5. 元宝槭(平基槭) *A. truncatum* Bge.
6. 叶片绿色……………………………………………………………… 6. 鸡爪槭 *A. palmatum* Thunb.
6. 叶片紫红色 ………………………………… 7. 红枫 *A. palmatum* Thunb. f. *atropur* Scher.

60. 无患子科 Sapindaceae

1. 总状花序；花瓣白色，基部红色或黄色，有清晰的脉纹；蒴果，室裂为 3 果瓣，果壳坚硬(文冠果属 *Xanthoceras* Bunge) ……………………………… 1. 文冠果(*X. sorbifolium* Bunge)
1. 聚伞圆锥花序；花淡黄色，瓣片基部的鳞片初时黄色，开花时橙红色；蒴果圆锥形，具 3 棱，果瓣卵形，外面有网纹(栾树属 *Koelreuteria* Laxm.) … 2. 栾树(*K. paniculata* Laxm.)

62. 鼠李科 Rhamnaceae

枣属 *Zizyphus* Mill.

1. 枝条不呈"之"字形弯曲 ……………………………………………………………………………… 2
1. 枝条呈"之"字形弯曲……………………………… 1. '龙爪枣' *Z. jujuba* Mill. 'Tortuosa'
2. 乔木；果长 1.5~5 cm，味甜，核尖……………………………………… 2. 枣 *Z. jujube* Mill.
2. 灌木；果长 0.7~1.5 cm，味酸，核钝头 ……………………………………………………………………………… 3. 酸枣 *Z. jujube* Mill. var. *spinosa* Hu ex H. F. Chow

63. 葡萄科 Vitaceae

1. 枝髓褐色；圆锥花序，无皮孔，花瓣在顶端相互连合为帽状(葡萄属 *Vitis* L.) ……………………………………………………………………………………………… 1. 葡萄 *V. vinifera* L.
1. 枝髓白色；聚伞花序，有皮孔，花瓣分离 ……………………………………………………… 2
2. 花序腋生，或有时着生于膨大的节上，花 4 数，两性，柱头小，不分裂(乌蔹莓属 *Cayratia* Juss.)；叶无毛或近无毛；花瓣无角状突起 ………… 2. 乌蔹莓 *C. japonica*(Thunb.) Gagn.
2. 花序顶生或与叶对生，花 5 数 …………………………………………………………………… 3
3. 卷须末端具吸盘 …………………………………………………………………………………… 4

3. 无吸盘，花盘环状与子房离生(蛇葡萄属 *Ampelopsis* Michx.)；单叶，3~5浅裂或深裂，小枝无毛 ………………………………………………… 3. 葎叶蛇葡萄 *A. humulifolia* Bge.
4. 掌状3小叶(爬山虎属 *Parthenocissus* Planch.) …………… 4. 爬山虎 *P. fricuspidata* Planch.
4. 掌状5小叶(爬山虎属 *Parthenocissus* Planch.) ……………………………………………………………………………… 5. 五叶地锦 *Parthenocissus quinquefolia*(L.)Planch.

64. 椴树科 Tiliaceae

1. 苞片长舌状，与花序柄下半部合生(椴树属 *Tilia.*) ………………………………… 2
1. 苞片钻形，长3~5 mm(扁担杆属 *Grewia* L.) …………………… 1. 扁担杆 *G. biloba* G. Don
2. 叶阔卵状圆形，长12~17 cm，宽8~13 cm ………………… 2. 大叶椴 *T. platyphyllos* Stop.
2. 叶阔卵形或圆形，长4~6 cm，宽3.5~5.5 cm …… 3. 小叶椴(蒙椴) *T. mongolica* Maxim.

65. 锦葵科 Malvaceae

1. 子房由多心皮呈环形排列，分果 ……………………………………………… 2
1. 子房由数个心皮组成，蒴果 ………………………………………………… 4
2. 无副萼，子房每室具2枚以上胚珠(苘麻属 *Abutilon* Mill.) … 1. 苘麻 *A. theophrasti* Medic.
2. 有副萼，子房每室具1枚胚珠 ……………………………………………… 3
3. 副萼3，分离；花小，径为3~4 cm(锦葵属 *Malva* L.) …………… 2. 锦葵 *M. sinensis* Cav.
3. 副萼3~9，基部合生，花大，径约6 cm以上(蜀葵属 *Althaea* L.) … 3. 蜀葵 *A. rosea* Cav.
4. 花柱不分枝，副萼3，宽大；种子具长毛(草棉属 *Gossypium* L.) ……………………………………………………………… 4. 陆地棉 *G. hirsutum* L.
4. 花柱分离，副萼多数，狭小；种子无毛(木槿属 *Hibiscus* L.) ……… 5. 木槿 *H. syriacus* L.

66. 梧桐科 Sterculiaceae

梧桐属 *Firmiana* Marsal.　梧桐(青桐) *F. platanifolia* (L. f.) Marsili

67. 山茶科 Theaceae

山茶属 *Camellia* L.

1. 苞片与萼片明显区别，有花梗，叶片薄革质，子房3室 … 1. 茶树 *C. sinensis*(L.)O. Ktze
1. 苞片与萼片无明显区别，有花梗 ……………………………………………… 2
2. 花丝基部离生或稍合生；花瓣离生，白色；叶片厚革质；花大，5~10 cm ……………………………………………………………… 2. 油茶 *C. oleifera* Abel.
2. 花丝合生成短管；花瓣基部合生，红色，有时淡白；苞片及萼片9~10 ……………………………………………………………… 3. 山茶 *C. japonica* L.

70. 堇菜科 Violaceae

堇菜属 *Viola* L.

1. 具地上茎，托叶叶状，羽状裂；花大，黄紫白三色 ………………… 1. 三色堇 *V. tricolor* L.
1. 无地上茎，托叶小，花小，蓝紫或浅紫色 ……………………………………… 2
2. 叶狭长，长圆形或卵状长圆形，萼附属物末端平截或有齿 ……………………………………………………………… 2. 紫花地丁 *V. yedoensis* Makino
2. 叶宽，长圆状卵形，萼附属物长，且末端具尖齿，开花早于上种 ……………………………………………………………… 3. 早开堇菜 *V. prionantha* Bge.

75. 千屈菜科 Lythraceae

1. 落叶灌木或小乔木，高可达7 m；树皮平滑，灰色或灰褐色；枝常具4棱，顶生圆锥花序(紫薇属 *Lagerstroemia* L.) ………………………………… 1. 紫薇 *L. indica* L.

1. 多年生草本，高30~100 cm；全株青绿色，略被粗毛或密被绒毛；枝干多扭曲，小枝纤细，花组成小聚伞花序，簇生(千屈菜属 *Lythrum* L.) …………………… 2. 千屈菜 *L. salicaria* L.

83. 伞形科 Umbelliferac

1. 果被刺毛或刚毛，总苞片叶状，羽状分裂；叶羽状全裂；具肉质圆锥根(胡萝卜属 *Daucus* L.) ………………………………………………………… 1. 胡萝卜 *D. carota* L. var. *sativus* Hoffm.
1. 果无毛 ……………………………………………………………………………………… 2
2. 花非黄色，白色、绿白色，偶带紫色 ……………………………………………………… 3
2. 花黄色；叶最终裂片丝状，无总苞和小总苞片；果侧棱狭翅状(茴香属 *Foeniculum* Mill.) ……………………………………………………………………… 2. 茴香 *F. vulgare* Mill.
3. 花序外缘花的外侧花瓣增大呈辐射瓣；果球形，侧棱无宽翅；萼齿明显(芫荽属 *Coriandrum* L.) ……………………………………………………… 3. 芫荽(香菜)*C. sativum* L.
3. 伞形花序的花瓣均等大 …………………………………………………………………… 4
4. 萼齿明显 …………………………………………………………………………………… 5
4. 萼齿不明显，果各棱近相等 ……………………………………………………………… 6
5. 叶为一回羽状全裂，叶柄具关节(泽芹属 *Sium* L.) …………………… 4. 泽芹 *S. suave* Walt.
5. 叶为二至三回羽状全裂；小伞形花序不为球形；果棱肥厚、钝圆、木栓质(水芹属 *Oenanthe* L.) ……………………………………………………… 5. 水芹 *O. decumbens* K. Pd.
6. 分果果棱均成翅状，果背腹扁，果棱翅木栓质；花柱较花柱基长2~3倍(蛇床属 *Cnidium* Cuss.) ……………………………………………… 6. 蛇床 *C. monnieri* (D.) Cuss.
6. 果棱稍突起或不显，均不成翅状；每棱中具油管1条 ………………………………… 7
7. 果球形，不开裂，无总苞及小总苞片(芹属 *Apium* L.) …………… 7. 芹菜 *A. graveolens* L.
7. 果长圆形，心皮柄2裂，具总苞和小总苞片(葛缕子属 *Carum* L.) ………………………… ………………………………………………………… 8. 田葛缕子 *C. buriaticum* Turcz.

84. 山茱萸科 Cornaceae

梾木属 *Swida* Opiz

1. 灌木，高达3 m；树皮紫红色；幼枝有淡白色短柔毛，后即秃净而被蜡状白粉，老枝红白色，散生灰白色圆形皮孔及略微突起的环形叶痕 …………………… 1. 红瑞木 *S. alba* Opiz
1. 乔木，高3~15 m …………………………………………………………………………… 2
2. 叶长9~16 cm，侧脉5~8对；树皮灰褐色或灰黑色；幼枝粗壮，灰绿色，有棱角，微被灰色贴生短柔毛，不久变为无毛，老枝圆柱形，疏生灰白色椭圆形皮孔及半环形叶痕……… ……………………………………………… 2. 梾木 *S. macrophylla* (Wall.) Sojúk
2. 叶长4~12(~15.5)cm，侧脉4~5对；树皮褐色；幼枝对生，绿色，略有棱角，密被灰白色贴生短柔毛，老后黄绿色，无毛 …………………… 3. 毛梾 *S. walteri*(Wanger.)Sojak

86. 报春花科 Primulaceae

点地梅属 *Andorsace* L. 点地梅 *A. umbellata* Merr.

87. 柿树科 Ebenacea

柿树属 *Diospyros* L.

1. 幼枝有褐色绒毛，叶下面淡绿色；花冠外面有毛；果径3~8 cm，熟后橘黄色或黄色 …… ………………………………………………………………… 1. 柿树 *D. kaki* L.f.
1. 幼枝有灰色绒毛或无毛，叶下面带白色；花冠外面无毛；果径1.5~2 cm，熟后变黑色 … ………………………………………………………………… 2. 黑枣 *D. lotus* L.

88. 木犀科 Oleaceae

1. 翅果 ………………………………………………………………………………………… 2
1. 非翅果 ……………………………………………………………………………………… 3
2. 单叶全缘；果近圆形，周围具翅(雪柳属 *Fontanesia* Labill.)……… 1. 雪柳 *F. fortunei* Carr.
3. 羽状复叶；果椭圆形或线形，仅顶端具翅(白蜡树属 *Fraxinus* L.)；花无花瓣，花序着生于二年生枝之侧 ………………………… 2. 洋白蜡 *F. pennsilvenica* Marsh. var. *lanceolata* Sarg.
3. 蒴果2裂；单叶，稀三出或羽状复叶 …………………………………………………… 4
3. 核果或浆果 ………………………………………………………………………………… 7
4. 花黄色；枝中空或具片状髓；叶常有齿(连翘属 *Forsythia* Vahl.) …………………… 5
4. 花紫或白色；枝具实髓；单叶全缘(丁香属 *Syringa* L.) ……………………………… 6
5. 枝在节间中空，叶卵形，常3裂或3出；萼裂长5~7 mm，与花冠管等长 ………………………………………………………………………………………… 3. 连翘 *F. suspensa* Vahl.
5. 枝在节间常具片状髓，叶卵状披针形或长圆状披针形，不分裂，萼裂长2.5~3.5 mm，较花冠管短 ……………………………………………………………… 4. 金钟花 *F. viridissima* Lindl.
6. 灌木；叶无毛且不裂；圆锥花序侧生，花冠管远较萼长………… 5. 紫丁香 *S. oblata* Lindl.
6. 小乔木；花冠管不长或微长于萼 ………… 6. 暴马丁香 *S. reticulata* var. *mandshurica* Hara.
7. 浆果；羽状复叶或三出复叶，稀单叶，对生或互生，全缘；花黄、浅粉至白色(茉莉属 *Jasminum* L.)…………………………………………………………………………………… 8
7. 核果；单叶对生 …………………………………………………………………………… 9
8. 单叶；花白色，聚伞花序腋生或顶生；常绿灌木 ………… 7. 茉莉花 *J. sambac* (L.) Aiton
8. 三出复叶；花黄色，花单生于二年生枝叶腋；落叶灌木 ……… 8. 迎春 *J. nudiflorum* Lindl.
9. 花多簇生叶腋，花冠裂片覆瓦状排列，常绿，叶革质，椭圆形，全缘或稍上部有细锯齿，侧脉明显(木犀属 *Osmanthus* Lour.) ……………… 9. 桂花(木犀)*O. fragrans*(Thunb.)Lour.
9. 花序为顶生圆锥花序(女贞属 *Ligustrum* L.) …………………………………………… 10
10. 常绿乔木；叶革质；小枝光滑无毛……………………… 10. 女贞(冬青) *L. lucidum* Ait.
10. 落叶或半常绿灌木；叶薄草质；小枝具短柔毛……………… 11. 小叶女贞 *L. quihoui* Carr.

90. 夹竹桃科 Apocynaceae

1. 叶互生；花黄色(黄花夹竹桃属 *Thevetia* Adans.) … 1. 黄花夹竹桃 *T. peruviana* K. Schum.
1. 叶轮生；花红或白色(夹竹桃属 *Nerum* L.) …………………… 2. 夹竹桃 *N. indicum* Mill.

91. 萝藦科 Sclepiadaceae

1. 茎木质；花丝分离(杠柳属 *Periploca* L.) ………………………… 1. 杠柳 *P. sepium* Bge.
1. 茎草质；花丝合生成管状 ………………………………………………………………… 2
2. 副花冠与合蕊冠等长或长，柱头与雄蕊近等高(鹅绒藤属 *Cynanchum* L.) ……………… 3
2. 副花冠较合蕊冠低，柱头丝状，高出雄蕊之外(萝藦属 *Metaplexis* R. Br.) ………………………………………………………………… 2. 萝藦 *M. japonica* (Thunb.) Makino
3. 茎直立；叶线形至线状披针形；花白或黄绿色 ………………………………………… 4
3. 茎缠绕 ……………………………………………………………………………………… 5
4. 花冠黄绿色，副花冠裂片卵形，与合蕊冠等长，药隔顶端的膜片卵形；果长圆柱形 ………………………………………………………………… 3. 徐长卿 *C. paniculatum* Kitag.
4. 花冠白色，副花冠三角状披针形，比合蕊冠长，药隔顶端的膜片狭三角形；果纺锤形 …………………………………………………………… 4. 地梢瓜 *C. thesioides* K. Schum.

5. 叶线形至披针形；花白色 ………………… 5. 雀瓢 *C. thesioides* K. Schum var. *australe* Tsiang.
5. 叶心形；二歧聚伞花序，花白色，副花冠条裂 ……… 6. 鹅绒藤(白前) *C. chinense* R. Br.

92. 旋花科 Convolvulaceae

1. 寄生；无叶缠绕植物，茎黄色或紫红色(菟丝子属 *Cuscuta* L.) ………………………………… 2
1. 非寄生；叶正常；茎绿色 …………………………………………………………………………… 3
2. 茎黄色细小；花序排成圆球状，花柱2条 ………………………… 1. 菟丝子 *C. chinensis* Lam.
2. 茎紫红色粗壮，表面粗突；穗形总状花序，花柱1条 ……………………………………………
………………………………………………………… 2. 金灯藤(日本菟丝子) *C. japonica* Choisy.
3. 柱头头状，球形或近球形，花冠漏斗状，雄蕊不超出花冠外 ……………………………… 4
3. 柱头2裂，线形或扁平 ……………………………………………………………………………… 5
4. 子房2室(番薯属 *Ipomoea* L.) …………………………………………… 3. 番薯 *I. batatas* L. am.
4. 子房3室(牵牛属 *Pharbitis* Choisy.)；叶圆心形，全缘 …… 4. 圆叶牵牛 *P. purpurea* Viogt.
5. 苞片叶状，宽大，包围花萼(打碗花属 *Calystegia* R. Br.) ……………………………………… 6
5. 苞片狭小，位于花下一定距离着生(旋花属 *Convolvulus* L) ………… 5. 田旋花 *C. arvensis* L.
6. 植株密被硬毛，叶全缘或稍作戟形，叶柄极短 ………………… 6. 藤长苗 *C. prllita* G. Don.
6. 植株无毛或有柔毛，叶掌状，叶柄较叶片长 ……………………………………………………
………………………………………………… 7. 打碗花(小旋花) *C. hederacea* Wall. ex Roxb.

94. 紫草科 Boraginaceae

1. 子房非4深裂，花柱顶生，花白色，伞房状聚伞花序；果实核果状(砂引草属 *Messerschmidia* L.) ……………………………………… 1. 砂引草 *M. rosmarinifolia* Wild. ex Roem. et Schult.
1. 子房4深裂，花柱基生 ……………………………………………………………………………… 2
2. 花冠喉部或筒部无鳞片状附属物，花柱2裂；小坚果具柄(紫筒草属 *Stenosolenium* Turcz.)
……………………………………………………………………………… 2. 紫筒草 *S. saxatile* Turcz.
2. 花冠喉部或筒部具5个向内凸出、与花冠裂片对生的鳞片状附属物 ……………………… 3
3. 小坚果棱背上具刺(鹤虱属 *Lappula* Moench.) ………………… 3. 鹤虱 *L. myosotis* V. Wolf.
3. 小坚果棱背上无刺 …………………………………………………………………………………… 4
4. 小坚果肾形，密生瘤状凸起，腹面有凹陷(斑种草属 *Bothriospermum* Bge.) ………………
…………………………………………………………………………… 4. 斑种草 *B. chinensis* Bunge.
4. 小坚果四面体形，无瘤状凸起，腹面无凹陷(附地菜属 *Trigonotis* Stever.) ………………
………………………………………………………………………… 5. 附地菜 *T. peduncularis* Benth.

95. 马鞭草科 Verbenaceae

1. 叶为掌状复叶；花有柄，圆锥花序(牡荆属 *Vitex* L.) …………………………………………
…………………………………………………… 1. 荆条 *V. negundo* L. var. *heterophylla* Rehd.
1. 单叶；花无柄，穗状或头状花序 …………………………………………………………………… 2
2. 灌木；头状花序，2核果(马缨丹属 *Lantana* L.) ………… 2. 马缨丹(五色梅) *L. camara* L.
2. 草本；穗状花序，4枚小坚果(马鞭草属 *Verbena* L.) ………………………………………… 3
3. 穗状花序短缩成伞房状，顶生，长2~3.5 cm，花冠长2~2.5 cm …………………………
……………………………………………………………………… 3. 美女樱 *V. phlogiflora* Cham.
3. 穗状花序细长如鞭，顶生或腋生，长约25 cm，花冠长4~8 mm …………………………
………………………………………………………………………… 4. 马鞭草 *V. officinalis* L.

96. 唇形科 Labiatae

1. 能育雄蕊2，另2枚退化或不显 …………………………………………………………………… 2

1. 能育雄蕊 4 ………………………………………………………………………………………… 4
2. 花萼非二唇形，具 5 齿，花冠非二唇形，5 裂近相等；叶无裂(地笋属 *Lycopus* L.) ………
………………………………………………………………………………… 1. 地笋 *L. lucidus* Turcz.
2. 花萼及花冠二唇形，药隔伸长，花丝先端具关节(鼠尾草属 *Salvia* L.) …………………… 3
3. 花冠红色，萼红色，具 8 脉，外面无毛；栽培 ………… 2. 一串红 *S. splendens* Ker. -Gawl.
3. 花冠淡蓝紫色，花萼外具金黄色腺点；单叶 …………………… 3. 雪见草 *S. plebeia* R. Br.
4. 花冠整齐，4 裂(薄荷属 *Mentha* L.) ………………………… 4. 薄荷 *M. haplocalyx* Briq.
4. 花冠明显 2 裂 ……………………………………………………………………………… 5
5. 花冠筒包于萼内；叶掌状 3 深裂(夏至草属 *Lagopsis* Bge.) ……………………………………
……………………………………………………………… 5. 夏至草 *L. supina* Ik. ex Knorr.
5. 花冠筒不包于萼内 ……………………………………………………………………………… 6
6. 唇形花冠，雄蕊常伸出花冠，后一对雄蕊比前一对短，花柱裂片近等长，花腋生(益母草属 *Leonurus* L.) ……………………………………………………………………………………… 7
6. 花冠近辐射对称，轮伞花序 2 花，组成偏向一侧的顶生或腋生总状花序(紫苏属 *Perilla* L.)
……………………………………………………………………… 6. 紫苏 *P. frutescens* Britt.
7. 叶掌状分裂，最上部叶不分裂 ……………………………… 7. 益母草 *L. japonicus* Houtt.
7. 叶掌状分裂，最上部叶 3 全裂 ……………………………… 8. 细叶益母草 *L. sibiricus* L.

97. 茄科 Solanaceae

1. 木本；枝节上具刺；花簇生叶腋(枸杞属 *Lycium* L.) ……………… 1. 枸杞 *L. chinense* Mill.
1. 草本 ……………………………………………………………………………………………… 2
2. 浆果；花冠管短 …………………………………………………………………………………… 3
2. 蒴果；花冠管长 …………………………………………………………………………………… 8
3. 花药靠合，围绕花柱 ……………………………………………………………………………… 4
3. 花药分离 …………………………………………………………………………………………… 7
4. 花药顶孔开裂(茄属 *Solanum* L.) ……………………………………………………………… 5
4. 花药纵裂，花药顶端延长成一个凸尖(番茄属 *Lycopersicum* Mill.) ……………………………
…………………………………………………………………… 2. 番茄 *L. esculentum* Mill.
5. 羽状复叶，具块茎，浆果蓝色 …………………………………… 3. 马铃薯 *S. tuberosum* L.
5. 单叶，无块茎 ……………………………………………………………………………………… 6
6. 花白色；叶卵圆形；浆果紫黑色，簇生；野生 ………………………… 4. 龙葵 *S. nigrum* L.
6. 花紫色，单生；植株被星状毛；栽培 ……………………………… 5. 茄 *S. melongena* L.
7. 花萼 5 浅裂，花后自膨大成卵囊状，基部稍内凹，包围果实，子房 2 室(酸浆属 *Physalis* L.)
……………………………………………… 6. 酸浆 *P. alkekengi* L. var. *franchetii* Makino
7. 花萼花后不增大，花白色(辣椒属 *Capsicum* L.) ………………………… 7. 辣椒 *C. annuum* L.
8. 蒴果 2 瓣裂，不具刺(烟草属 *Nicotiana* L.) ……………………………… 8. 烟草 *N. tabacum* L.
8. 蒴果 4 瓣裂或不规则裂，具刺(曼陀罗属 *Datura* L.) ………… 9. 曼陀罗 *D. stramonium* L.

98. 玄参科 Scrophulariaceae

1. 乔木；花萼革质，密被星状毛(泡桐属 *Paulowina* Sieb. et Zucc.) ……………………………
………………………………………………………………………… 1. 毛泡桐 *P. tomentosa* Steud.
1. 草本；花萼草质或膜质，茎叶无星状毛 …………………………………………………………… 2
2. 栽培观赏；花冠基部膨大成囊状或荷包状 ………………………………………………………… 3
2. 野生；花冠基部不膨大成囊状或荷包状 …………………………………………………………… 4

3. 花冠基部膨大呈囊状，可育雄蕊 4 枚(金鱼草属 *Antirrhinum* L.) ……………………………………… 2. 金鱼草(龙头花)*A. majus* L.
3. 花冠呈荷包状，可育雄蕊 2 枚(荷包花属 *Calceolaria* L.) ……………………………………… 3. 荷包花 *C. crenatiflora* Cav. Icon.
4. 花冠上唇呈盔状，花萼下有 1 对小苞片，花黄色；叶羽状分裂(阴行草属 *Siphonostegla* Benth.) ……………………………… 4. 阴行草 *S. chinensis* Benth.
4. 花冠上唇伸直或向后反卷，非盔状 ……………………………… 5
5. 花大，长 2.5 cm 以上 ……………………………… 6
5. 花小，长不足 1 cm，顶生总状花序(通泉草属 *Mazus* Lour.) ……………………………… 7
6. 叶常基生，具少数茎生叶；萼 5 浅裂，花冠有毛，上下唇近相等(地黄属 *Rehmannia* Libosch. ex Fisch. et Mey.) ……………………… 5. 地黄 *R. glutionsa* Libosch. ex Fisch. et Mey.
6. 茎生叶互生；萼 5 深裂，花冠无毛，上唇甚短于下唇(毛地黄属 *Digitalis* L.) ……………………………… 6. 毛地黄 *D. purpurea* L.
7. 子房和果被长硬毛，萼裂片披针形；茎、叶上具细长柔毛 ……………………………… 7. 弹刀子菜 *M. stachydifolius* (Turcz.) Maxim.
7. 子房和果无毛，萼裂片卵形，端急尖；叶、茎无毛或具极细短柔毛 ……………………………… 8. 通泉草 *M. japonicus*(Thunb.) O. Kuntze.

99. 紫葳科 Bignoniaceae

1. 草本；叶互生，基部叶有时对生(角蒿属 *Incarvillea* Juss.) ………… 1. 角蒿 *I. sinensis* Lam.
1. 木本；叶对生 ……………………………… 2
2. 藤本；借气生根攀缘(凌霄花属 *Campsis* Lour.)；羽状复叶 ……………………………… 2. 凌霄 *C. grandiflora* Loisel. ex K. Schum.
2. 直立乔木；单叶，叶柄具长毛；黄白色花(梓树属 *Catalpa* Scop.) ……………………………… 3. 梓树 *C. ovata* Don.

102. 苦苣苔科 Gesneriaceae

牛耳草属 *Boea* Comm. ex Lam.　牛耳草 *B. hygrometrica* R. Br.

103. 狸藻科 Lentibulariaceae

狸藻属 *Utricularia* L.　狸藻 *U. vnlgaris* L.

106. 车前科 Plantaginaceae

车前属 *Plantago* L.

1. 具主根；叶为椭圆形、椭圆状披针形或卵状披针形 …………… 1. 平车前 *P. depressa* Willd.
1. 具须根；叶卵形、宽卵形或长椭圆形，两面无毛 ……………………… 2. 车前 *P. asiatica* L.

107. 茜草科 Rubiaceae

1. 草本；叶具柄；花 5 数；果肉质(茜草属 *Rubia* L.) ………………… 1. 茜草 *R. cordifolia* L.
1. 草本；叶无柄；花 4 数；果干质(猪殃殃属 *Calium* L.) …………… 2. 猪殃殃 *C. apurine* L.

108. 忍冬科 Caprifoliaceae

1. 果 2 个合生，外被刺状刚毛(蝟实属 *Kolkwitzia* Graebn) ……… 1. 蝟实 *K. amabilis* Graebn.
1. 果外无刺状刚毛 ……………………………… 2
2. 花辐射状，近对称，花柱短 ……………………………… 3
2. 花冠管状、钟状，近两侧对称，花柱伸长，雄蕊 5 ……………………………… 4

3. 羽状复叶；核果状浆果，果熟时黑紫色(接骨木属 *Sambucus* L.) ……………………………… 2. 接骨木 *S. williamsii* Hance.

3. 单叶，有时羽裂；核果(荚蒾属 *Viburnum* L.) …… 3. 香荚莲(探春) *V. farreri* W. T. Steam

4. 果为开裂的蒴果；花 1~6 朵成腋生聚伞花序(锦带花属 *Weigela* Thunb.) ……………………………… 4. 锦带花 *W. florida* A. DC.

4. 浆果；花成对，腋生或轮生(忍冬属 *Lonicera* L.) …………………………………… 5

5. 直立灌木；浆果红色 ………………………………………… 5. 金银木 *L. maackii* Maxim.

5. 木质藤本；浆果黑色 ………………………………… 6. 忍冬(金银花) *L. japonica* Thunb.

111. 葫芦科 Cucurbitaceae

1. 蒴果盖裂；叶长三角形，基部戟状心形(盒子草属 *Actinostemma* Griff.)；雄蕊 5 ……………………………… 1. 盒子草 *A. Lobatum* Maxim.

1. 瓠果或浆果状，不裂，雄蕊 3 ……………………………………………………………… 2

2. 花钟形，裂片裂至中部(南瓜属 *Cucurbita* L.) ………………………………………………… 3

2. 花辐形，5 深裂或花瓣完全分离 ……………………………………………………………… 4

3. 叶浅裂，具软毛；果柄上有浅棱沟，与果实接触处扩大呈喇叭状 ……………………………… 2. 南瓜 *C. moschata* Poir.

3. 叶 3~7 中裂或深裂，具糙毛；果柄上有深棱沟，与果接触处渐粗，并膨大呈 5 裂状 …… ……………………………… 3. 西葫芦 *C. pepo* L.

4. 花白色，雄花萼筒伸长，花药结合成头状；叶片基部有 2 个明显腺体(葫芦属 *Lagenaria* Ser.) ……………………………… 4. 葫芦 *L. siceraria* standl.

4. 花黄色，雄花萼筒短，花药不强固结合，雄花花柄上无盾状苞片 ……………………………… 5

5. 卷须不分枝(黄瓜属 *Cucumis* L.) ……………………………………………… 5. 黄瓜 *C. sativus* L.

5. 卷须分枝 ………………………………………………………………………………………… 6

6. 雄花成总状花序；果细长，柱形(丝瓜属 *Luffa* L.) …………… 6. 丝瓜 *L. cylindrica* Roem.

6. 雄花单生；果大，长椭圆形 …………………………………………………………………… 7

7. 萼裂片叶状，有反折锯齿(冬瓜属 *Benincasa* Savi.) ………………… 7. 冬瓜 *B. hispida* Cogn

7. 萼片小，全缘，直立；叶羽状深裂(西瓜属 *Citrullus* Neck.) … 8. 西瓜 *C. lanatus* Mansfeld.

113. 菊科 Compositae

1. 头状花序具管状花或兼有舌状花；植株不具乳汁(管状花亚科 Carduoideae Kitam) ……… 2

1. 头状花序全为舌状花；植株具乳汁；冠毛毛状(舌状花亚科 Cichorioideae Kitam) ……… 34

2. 花序只有管状花，有时呈二唇形 ……………………………………………………………… 3

2. 花序兼有管状花和舌状花 ……………………………………………………………………… 12

3. 叶对生；冠毛鳞片状，花序具多朵小花(胜红蓟属 *Ageratum* L.) ……………………………… 1. 胜红蓟 *A. conyzoides* L.

3. 叶互生或基生 ……………………………………………………………………………………… 4

4. 花序单性，无冠毛，雄花序总苞片分离(苍耳属 *Xanthium* L.) ……………………………… 2. 苍耳 *X. sibiricum* Patrin ex Widd.

4. 花序两性 …………………………………………………………………………………………… 5

5. 无冠毛，总苞片 1~2 层，等长，花冠淡绿黄色；瘦果有毛(石胡荽属 *Centipeda* L. our.) … ……………………………… 3. 石胡荽 *C. minima* A. Br. et Ascher.

5. 具冠毛，总苞片多层，外层短，向内渐长 ……………………………………………………… 6

6. 叶缘和总苞具刺，头状花序花托非肉质，基部无叶状苞叶，冠毛羽毛状；瘦果无毛(蓟属

Cirsium Mill.) ………………………………………… 4. 刺儿菜(小蓟)*C. setosum* Bieb.

6. 叶缘和总苞片不具刺 ………………………………………… 7

7. 总苞片边缘干膜质，头状花序在茎顶排成穗状、总状或狭圆锥状，常下垂，瘦果无冠毛(蒿属 *Artemisia* L.) ………………………………………… 8

7. 总苞片无干膜质缘，常草质；瘦果具冠毛，具茎生叶和基生叶 ………………………… 11

8. 花托具托毛，总苞直径4~6 mm ……………………… 5. 大籽蒿 *A. Sieversiana* Widd.

8. 花托无托毛，总苞直径仅1~2 mm ………………………………………… 9

9. 盘花不育，边缘雌花结实，花柱先端杯状，有画笔状毛；多年生草本或半灌木；茎生叶裂片毛发状 ………………………………………… 6. 茵陈蒿 *A. capillaris* Thunb.

9. 小花全部结实，总苞片多数，有绒毛 ………………………………………… 10

10. 一年生草本；叶3回羽状分裂，小裂片长圆状线形或线形；花冠鲜黄色，头状花序球形 ………………………………………… 7. 黄花蒿 *A. annua* L.

10. 多年生草本；叶羽状深裂或2回羽状深裂，小裂片线状披针形或线形，花紫红色；头状花序长圆状钟形 ………………………… 8. 蒙古蒿 *A. mongolica* Fisch. ex Dess.

11. 瘦果有平正的基底着生面，总苞片背面具龙骨状附片；冠毛1~2层，羽毛状(泥胡菜属 *Hhemistepta* Bge.) ………………………………………… 9. 泥胡菜 *H. lyrata* Bge.

11. 瘦果有歪斜的基底着生面，总苞片上端或边缘有睫毛状或篦齿状附器；叶线形(矢车菊属 *Centau-rea* L.) ………………………………………… 10. 矢车菊 *C. cyanus* L.

12. 冠毛存在 ………………………………………… 13

12. 冠毛无，或鳞片状、芒状或冠状 ………………………………………… 18

13. 花全为黄色，总苞片多层，外层短 ………………………………………… 14

13. 舌状花非黄色，与管状花不同色 ………………………………………… 15

14. 头状花序排成穗状、总状或圆锥状，柱头有三角形附器(一枝黄花属 *Solidago* L.) ……… ………………………………………… 11. 一枝黄花 *S. virgaurea* L. var. *dahurica* Kitag.

14. 头状花序聚伞状，柱头线形(旋覆花属 *Inula* L.)；叶缘不反卷 ……………………… ………………………………………… 12. 旋覆花 *I. japonica* Thunb.

15. 总苞片外层叶状(翠菊属 *Callistephus* Cass.) ……………………… 13. 翠菊 *C. chinensis* Nees.

15. 总苞片外层非叶状 ………………………………………… 16

16. 舌状花2轮或较多，其舌片极不显著(白酒菊属 *Conyza* Less.) ……………………… ………………………………………… 14. 小蓬草 *C. canadensis* Cronq.

16. 舌状花1层 ………………………………………… 17

17. 总苞1层，基部常有小外苞片(瓜叶菊属 *Cineraria* L.) ……………………… ………………………………………… 15. 瓜叶菊 *C. crunta* Mass. ex Luer.

17. 总苞数层，舌状花淡蓝紫色、淡红色或白色，管状花5裂，1裂片较长(狗娃花属 *Heteropapus* Less) ……………………… 16. 阿尔泰狗娃花 *H. altaicus* Novopokr.

18. 叶对生 ………………………………………… 19

18. 叶互生，或仅下部叶对生，有时仅具基生叶 ……………………… 27

19. 叶及总苞具透明油腺点；总苞1层，连合成筒状；栽培(万寿菊属 *Tagetes* L.) ………… ………………………………………… 17. 万寿菊 *T. erecta* L.

19. 叶及总苞无透明油腺点；总苞不连合，2至多层 ……………………… 20

20. 冠毛2~4，刺芒状，具倒刺，花柱分枝，有短附器 ……………………… 21

20. 冠毛非刺芒或缺 ………………………………………… 24

21. 瘦果具喙；舌状花粉红色、紫色或橙黄色；茎圆柱形(秋英属 *Cosmos* Cav.) ………………………………………………………………………………………… 18. 秋英 *C. bipinnatus* Cav.
21. 瘦果无喙；花黄色；茎四棱(鬼针草属 *Bidens* L.) ………………………………… 22
22. 瘦果倒卵状楔形，瘦果顶端2芒刺；叶3深裂或不裂；湿地生 ………………………………………………………………………………………… 19. 狼把草 *B. tripartita* L.
22. 瘦果线形；叶二至三回羽状全裂或深裂 ………………………………………… 23
23. 叶二回羽状深裂，小裂片卵状披针形；舌状花1~3，管状花冠5裂；瘦果顶端有芒刺3~4 ………………………………………………………………………… 20. 鬼针草 *B. bipinnata* L.
23. 叶二至三回羽状全裂，小裂片线形；无舌状花，管状花冠4裂；瘦果顶端有芒刺2 …… ……………………………………………………………… 21. 小花鬼针草 *B. paruiflora* Willd.
24. 舌状花宿存，随果脱落，总苞覆瓦状排列，内轮渐次增长；叶无柄，全缘(百日菊属 *Zinnia* L.) ………………………………………………………… 22. 百日菊 *Z. elegans* Jaeq.
24. 舌状花不宿存于果上 ……………………………………………………………… 25
25. 舌状花白色 …………………………………………………………………………… 26
25. 舌状花白色、红色或紫色(大丽花属 *Dahlia* Cav.) ………………………………… ……………………………………………………… 23. 大丽花 *D. pinnata* Cav. DC. et Descr.
26. 舌状花两轮，花托平，无冠毛(鳢肠属 *Eclipta* L.) ……………… 24. 鳢肠 *E. prostrata* L.
26. 舌状花1轮，5片，花托圆锥形或圆柱形，冠毛鳞片状(牛膝菊属 *Galinsoga* Ruiz. et Cav.) ………………………………………………………………………… 25. 牛膝菊 *G. parviflora* Cav.
27. 总苞片全部或边缘干膜质，无托片；瘦果无翅肋，具5~8条细肋，无冠状冠毛(菊属 *Dendranthema* Des Moul.) ………………………………………………………………… 28
27. 总苞片边缘非干膜质；草本 ……………………………………………………… 29
28. 栽培；舌状花有各种颜色，头状花序直径2.5~20 cm …… 26. 菊花 *D. morifolium* Tzvel.
28. 野生；舌状花黄色，头状花序直径1~1.5 cm ……………………………………… …………………………………………………… 27. 甘菊 *D. lavandulifolium* Ling. et Shih .
29. 头状花序单生于无叶花葶上；叶基生(雏菊属 *Bellis* L.) ………… 28. 雏菊 *B. perennis* L.
29. 头状花序生具叶茎上；叶茎生 …………………………………………………… 30
30. 舌状花淡蓝色、淡紫色，1轮，冠毛极短；叶全缘，边缘波浪状扭曲(马兰属 *Kalimeris* Cass.) ……………………………………………………… 29. 全叶马兰 *K. integrifolia* Turcz.
30. 舌状花黄色、橘黄色或橙红色，有时白色 ……………………………………… 31
31. 无托片(小苞片)，无冠毛；瘦果弯曲(金盏花属 *Calendula* L.) ……………………… ………………………………………………………………………… 30. 金盏花 *C. officinalis* L.
31. 有托片(小苞片)，冠毛鳞片状、冠状或缺 ……………………………………… 32
32. 花托平或稍突，冠毛有凋落的芒，无宿存的鳞片(向日葵属 *Helianthus* L.) …………… 33
32. 花托圆锥状或柱状，冠毛无或微睫毛或为齿状冠，花黄或白色(金光菊属 *Rudbeckia* L.) ………………………………………………………………………… 31. 金光菊 *R. laciniata* L.
33. 总苞片卵形至卵状披针形，密被纤毛………………………… 32. 向日葵 *H. annuus* L.
33. 总苞片狭披针形，微被纤毛 ……………………………………… 33. 瓜叶葵 *H. debilis* Nutt.
34. 叶基生；头状花序单生，总苞片多层；瘦果至少上部具瘤状突起(蒲公英属 *Tararacum* Weber) ……………………………………………… 34. 蒲公英 *T. mongolicum* Hand. -Mazz.
34. 具茎生叶；头状花序非单生，总苞片1~2层；瘦果无瘤状突起 ……………………… 35

35. 头状花序有80朵以上小花，冠毛有极细的柔毛杂以较粗的直毛(苦苣菜属 *Sonchus* L.)……………………………………………… 35. 苣荬菜 *S. brachyotus* DC.
35. 头状花序有较少的小花，冠毛有较粗的直毛或糙毛 …………………………………… 36
36. 瘦果极扁，具2肥厚的侧肋或翅(莴苣属 *Lactuca* L.)………………… 36. 莴苣 *L. sativa* L.
36. 瘦果纺锤形或披针形，背腹稍扁；花黄色(苦荬菜属 *Lxeris* Cass.) ……………………… 37
37. 茎生叶抱茎，最宽部分在基部，开花时有基生叶；瘦果黑色，喙短 ……………………………………………… 37. 苦荬菜 *I. sonchifolia* Hance.
37. 茎生叶不抱茎；瘦果棕红色或棕色，果喙与果近等长 ……… 38. 苦菜 *I. chinensis* Nakai.

114. 香蒲科 Typhaceae

香蒲属 *Typha* L. 香蒲 *T. angustiflolia* L.

115. 黑三棱科 Sparganiaceae

黑三棱属 *Sparganium* L. 黑三棱 *S. stolonferum* Hamit

116. 眼子菜科 Potamogetonaceae

1. 花两性，雄蕊4，穗状花序；叶常互生(眼子菜属 *Potamogeton* L.) … 1. 菹草 *P. crispus* L.
1. 花单性同株，雄蕊1，花单生或2~3朵腋生；叶对生(角果藻属 *Zannichellia* Kunth.) ……………………………………………… 2. 角果藻 *Z. palustris* L.

117. 茨藻科 Najadaceae

茨藻属 *Najas* L. 小茨藻 *N. minor* All.

119. 泽泻科 Alismataceae

1. 叶片椭圆形；花两性，花托小，雄蕊6(泽泻属 *Alisma* L.) ……………………………………………… 1. 泽泻 *A. plantagoaquatica* L. var *orientale* Sam
1. 叶片箭形；花单性或杂性，花托球形或长椭圆形，雄蕊9枚以上(慈姑属 *Sagittaria* L.)……………………………………………… 2. 野慈姑 *S. trifolia* L.

120. 花蔺科 Butomaceae

花蔺属 *Butomus* L. 花蔺 *B. umbellatus* L.

121. 水鳖科 Hydrocharitaceae

1. 叶浮于水面，叶片圆形，叶背有气囊(水鳖属 *Hydrocharis* L.) …… 1. 白萍 *H. dubia* Backer
1. 叶沉于水中，叶线形或线状长圆形 ……………………………………………… 2
2. 叶在茎上轮生，小型(黑藻属 *Hydrilla* Rich.) ………………… 2. 黑藻 *H. verticillata* Rich.
2. 叶在根茎的节上簇生，长线形，基部呈短鞘状，长可达1 m以上(苦草属 *Vallisneria* L.)……………………………………………… 3. 亚洲苦草 *V. asiatica* Miki.

122. 禾本科 Gramineae

1. 花序轴具明显分枝，分枝作指状排列、总状排列或圆锥状排列 ………………………… 2
1. 花序轴无明显分枝，形成穗状花序、总状花序、穗状圆锥花序或头状圆锥 …………… 14
2. 花单性，至少雌穗或雄穗成不分枝的花序，雌、雄小穗生于不同花序上 ……………… 3
2. 小穗两性，至少有一部分两性花 ……………………………………………… 4
3. 植株高大；雄花序顶生呈疏散圆锥花序，雌花序腋生、肉穗状(玉蜀黍属 *Zea* L.) ……………………………………………… 1. 玉蜀黍 *Z. mays* L.
3. 植株矮小；雌雄异株，雄花序短穗状，无柄小穗呈二行覆瓦状排列于穗轴一侧，雌花序短穗状或头状，具匍匐茎(野牛草属 *Buchloe* Engelm.)……… 2. 野牛草 *B. dactyloides* Engelm.

4. 穗状花序，小穗无柄，花序不分枝，小穗含多朵小花，若仅 1 朵小花，则在内稃后面具退化的刚毛状小穗轴 ······ 5
4. 穗状圆锥花序或头状圆锥花序 ······ 10
5. 小穗成 2 行排列在穗轴的一侧，穗轴扭转(草沙蚕属 *Tvipogon* Roem. et Schult.) ······ 3. 草沙蚕 *T. chinensis* Hack.
5. 小穗排列在穗轴的两侧，穗状花序顶生 ······ 6
6. 穗轴每节生 1 枚小穗，小穗以侧面对向穗轴，侧生小穗第一颖存在 ······ 7
6. 穗轴每节生 2~4 枚小穗 ······ 9
7. 外稃显具基盘且具长芒，小穗疏松排列在轴上，成熟时脱节于颖之上；野生(鹅观草属 *Roegneria* C. Koch) ······ 4. 纤毛鹅观草 *R. ciliaris* Nevski
7. 外稃无基盘；栽培 ······ 8
8. 颖锥形，具 1 脉(黑麦属 *Secale* L.) ······ 5. 黑麦 *S. cereale* L.
8. 颖卵形，具 3 至数脉，小穗压扁(小麦属 *Triticum* L.) ······ 6. 小麦 *T. aestivum* L.
9. 穗轴每节生 3 小穗，每小穗含 1 花(大麦属 *Hordeum* L.) ······ 7. 大麦 *H. vulgare* L.
9. 穗轴每节生 2~4 小穗，每小穗含 2 至数小花；具根茎，基部有残存的枯叶纤维(赖草属 *Leymus* L.) ······ 8. 羊草 *L. chinensis* Tzvel.
10. 小穗含 2~3 朵两性花，第二颖和第一小花近等长(溚草属 *Koeleria* Pers.) ······ 9. 溚草 *K. cristata* Pers.
10. 小穗含 1~2 朵两性花 ······ 11
11. 花序缩短呈头状或压扁，下面紧托 2 个苞片状叶鞘(隐花草属 *Crypsis* Ait.) ······ 10. 隐花草 *C. aculeata* Ait.
11. 花序伸长呈圆柱形穗状圆锥花序 ······ 12
12. 小穗下无刚毛或柔毛，外稃具芒；二颖互相连合，无芒(看麦娘属 *Alopecurus* L.) ······ 11. 看麦娘 *A. aequalis* Sobol.
12. 小穗下托有刚毛或长柔毛 ······ 13
13. 小穗下托有 1 至数个刚毛，且宿存(狗尾草属 *Setaria* Beauv.) ······ 12. 狗尾草 *S. viridis* Beauv.
13. 小穗基部具多数细长丝状柔毛(白茅属 *Imperata* Cyr.) ······ 13. 白茅 *I. cylindrica* Beauv. var. *major* C. E. Hubb.
14. 花序轴分枝呈指状或伞房状排列 ······ 15
14. 花序轴分枝呈总状或圆锥状排列 ······ 19
15. 外稃无芒 ······ 16
15. 外稃有芒 ······ 17
16. 小穗含 3~6 花，紧密排列在穗轴分枝的一侧(蟋蟀草属 *Eleusine* Gaertn.) ······ 14. 蟋蟀草 *E. indica* Gaertn.
16. 小穗含 1 朵两性花，小穗背腹压扁，成对或簇生于轴的一侧，其中下面 1 小穗无柄(马唐属 *Digitaria* Scop.) ······ 15. 马唐 *D. sanguinalis* Scop.
17. 小穗单生，含 2~3 花，排列在穗轴分枝的一侧，第一外稃的边脉上具长柔毛(虎尾草属 *Chloris* Swartz.) ······ 16. 虎尾草 *C. virgata* Swartz.
17. 小穗成对着生，只无柄小穗两性，能结实，有柄小穗为雄性或退化成一短柄，含 1(2)花 ······ 18
18. 外稃的芒近基部发出，第一颖脉上具瘤状突起或刺瘤；叶披针形或卵状披针形，基部略成心形(荩草属 *Arthraxon* Beauv.) ………………………………… 17. 荩草 *A. hispidus* Makino.
18. 外稃的芒顶生，颖无瘤状突起；叶基不为心形(孔颖草属 *Bothriochloa* Kize.) ……………
…………………………………………………………………… 18. 白羊草 *B. ischaemum* Keng.
19. 花单性同株，雄花序顶生，圆锥状(玉蜀黍属 *Zea* L.) …………… 19. 玉蜀黍 *Z. mays* L.
19. 小穗含两性花 ………………………………………………………………………………… 20
20. 小穗散生在穗轴的分枝上两性花超过 2 朵，如只有 1~2 朵，则上部有退化花 ………… 21
20. 每小穗含 1 朵两性花，如为 2~3 朵花，则下部小花退化 ……………………………… 32
21. 第二颖短于第一小花 ……………………………………………………………………… 22
21. 第二颖长于第一小花 ……………………………………………………………………… 31
22. 外稃基盘无毛，若有毛则短于外稃 ……………………………………………………… 23
22. 外稃的基盘延长，基盘上密生丝状柔毛(芦苇属 *Phragmites* Trin.) ……………………
……………………………………………………………… 20. 芦苇 *P. australis* Trin. ex Steud.
23. 叶鞘闭合 …………………………………………………………………………………… 24
23. 叶鞘开口；外稃无芒 ……………………………………………………………………… 25
24. 小穗柄弯曲成关节而使小穗整个脱落，小穗顶端的不育花聚集呈小球或棒状；外稃无芒
(臭草属 *Melica* L.) ………………………………………………… 21. 臭草 *M. scabrosa* Trin.
24. 小穗柄不弯曲成关节，小穗顶端的不育花聚集呈小球或棒状；外稃无芒(雀麦属 *Bromus* L.)
…………………………………………………………………… 22. 无芒雀麦 *B. inermis* Leyss.
25. 外稃背部具脊，基盘常具蛛丝状绵毛(早熟禾属 *Poa* L.) ……………………………… 26
25. 外稃基盘无毛，具 3 脉或不明显 ………………………………………………………… 27
26. 具匍匐根状茎；第一颖具 1 脉 ………………………… 23. 草地草熟禾 *P. pratensis* L.
26. 无匍匐根状茎；第一颖具 3 脉；顶生叶鞘长于它的叶片或稍短，秆细而坚实，叶舌长 4 mm 以上；小穗含 4~6 花 ………………………………… 24. 硬质草熟禾 *P. sphondylodes* Trin.
27. 外稃先端钝，脉不显，背部圆形(硷茅属 *Puccinellia* Parl.) …………………………… 28
27. 外稃具 3 脉，背部具脊；小穗含 4~10 可育小花；颖果小，包于稃内(画眉草属 *Eragrostis* Beauv.) ………………………………………………………………………………………… 29
28. 株高 30~60 cm；花药长 1 mm …………………… 25. 星星草 *P. tenuiflora* Scribn. et Merr.
28. 株高 10~30 cm；花药长 0.8 mm，小穗具 5~9 花，花序每节具 2~6 分枝；外稃长约 2 mm
………………………………………………………………………… 26. 硷茅 *P. distans* Parl.
29. 叶片边缘、小穗上都具腺体；秆圆筒形 … 27. 大画眉草 *E. cilianensis* Link. ex Vign-Lut.
29. 无腺体 ……………………………………………………………………………………… 30
30. 第一颖长 0.8 mm 以下，无脉；外稃侧脉不明显 ……………… 28. 画眉草 *E. pilosa* Beauv.
30. 第一颖长 1 mm，具 1 脉；外稃侧脉明显 ……………… 29. 秋画眉草 *E. autumnalis* Keng.
31. 外稃无芒或仅具小尖头；圆锥花序紧密作穗状而有间断；第一颖 1 脉，第二颖 3 脉(溚草属 *Koeleria* Pers.) …………………………………………………… 30. 溚草 *K. cristata* Pers.
31. 外稃无或有芒；圆锥花序疏散，子房有毛；小穗下垂，二颖等长，具 7~11 脉(燕麦属 *Aven* L.) ………………………………………………………………… 31. 燕麦 *A. sativa* L.
32. 小穗脱节于颖之上，颖宿存 ……………………………………………………………… 33
32. 小穗脱节于颖之下，随小穗脱落，含 1~2 花；如 2 花则退化花在下 ………………… 38
33. 颖存在，雄蕊 3 …………………………………………………………………………… 34
33. 颖完全退化或只余半月形遗痕，而有颖状的退化外稃；雄蕊 6，生水中或水边 ……… 36

34. 小穗含 3 花，下部 2 花为雄花，颖背部不具翅；植株有香味(茅香属 *Hierochloe* R. Br.) …
…………………………………………………………………… 32. 光稃茅香 *H. glabra* Trin.
34. 小穗含 1 花，两侧压扁或近圆柱形，小穗轴有时延伸到内稃后面成一细柄；外稃具芒且顶生
…………………………………………………………………………………………… 35
35. 外稃具 3 芒，侧芒较短(三芒草属 *Aristida* L.) ……………… 33. 三芒草 *A. adscensionis* L.
35. 外稃具 1 芒，芒下部扭转，外稃的基盘常较尖锐，芒和外稃顶端相接处有关节，外稃常具排成纵行的短柔毛(针茅属 *Stipa* L.) ……………… 34. 长芒草 *S. bungeana* Trin. ex Bge.
36. 小穗单性，雌小穗在花序上部，雄小穗在花序下部，生水中(菰属 *Iizania* L.) ……………
……………………………………………………………… 35. 茭笋(茭白)*I. latifolia* Stapf.
36. 小穗两性，两侧压扁，具脊 ………………………………………………………………… 37
37. 颖退化成二半月形的突起；2 退化花外稃为颖状的锥刺；栽培作物(稻属 *Oryza* L.) ……
………………………………………………………………………………… 36. 稻 *O. sativa* L.
37. 颖退化不见，无退化外稃(假稻属 *Leersia* Soland ex Swartz) ………………………………
……………………………………………… 37. 假稻 *L. hexandra* Swartz var. *japonica* Keng.
38. 小穗两侧压扁，颖半圆形，肿胀呈船形；小穗呈二行覆瓦状排列于穗轴分枝一侧(莔草属 *Beckmannia* Host) ……………………………………………… 38. 莔草 *B. Syzigachne* Femald
38. 小穗背腹压扁，颖不肿胀呈船形 ……………………………………………………………… 39
39. 成熟花的内、外稃膜质透明，较颖薄，第一颖常最长；成对小穗中无柄的能育，有柄的不育；秆实心(高粱属 *Sorghum* Moench.) ………………………… 39. 高粱 *S. vulgare* Pers.
39. 成熟花的外稃和内稃质地坚韧，较颖为厚；第一颖较小或退化 ………………………… 40
40. 小穗排列为开展的圆锥花序，小穗柄较长，不排列在穗轴分枝的一侧(黍属 *Panicum* L.)
……………………………………………………………………… 40. 黍(糜子)*P. miliaceum* L.
40. 小穗列在穗轴分枝的一侧，分枝为穗状或穗形总状花序；叶无叶舌(稗属 *Echinochloa* Beauv.) ………………………………………………………………………………………… 41
41. 圆锥花序较狭窄，软弱下垂 …………………… 41. 旱稗 *E. crusgallii* var. *hispidula* Honda.
41. 圆锥花序开展，直立而粗壮 ………………………………………………………………… 42
42. 小穗具较粗壮的芒；花序分枝开展 ………………………………………………………… 43
42. 小穗无芒或极短；花序分枝紧密或疏松 …………………………………………………… 44
43. 外稃具短芒；花序疏松，带紫色 ……………………………… 42. 稗 *E. crusgallii* Beauv.
43. 外稃具长芒；花序紧密，暗紫色 ……………… 43. 长芒稗 *E. crusgalli* var. *caudata* Kitang.
44. 花序分枝疏松，不作弓形弯曲；第二颖长于谷粒 ………………………………………… 45
44. 花序分枝紧密，作弓形弯曲；第二颖短于谷粒 ……………………………………………
………………………………………… 44. 家稗 *E. crusgallii* var. *frumentacea* W. F. Wight.
45. 花序分枝具小分枝；小穗无芒或具短芒，脉上具硬刺疣毛 ……………………………
…………………………………………………… 45. 无芒稗 *E. crusgalli* var. *mitis* Peterm.
45. 花序分枝无小分枝；小穗无疣毛，脉上无毛 ………………………………………………
…………………………………………………… 46. 西来稗 *E. crusgalli* var. *zelayensis* Hitch.

123. 莎草科 Cyperaceae

1. 雄花包于鳞片腋内，雌花具先出叶，先出叶在边缘合生成果囊，花单性(薹草属 *Carer* L.)
…………………………………………………………………………………………… 2
1. 花包于鳞片腋内，不具先出叶形成的果囊，花两性 ……………………………………… 3

2. 小穗两性，近无柄，密生呈一穗状花序，柱头2 ……………………………………………… 1. 细叶薹草 *C. rigescens*(Franch.)V. Krenz.
2. 小穗单性，有柄，雄小穗在上，雌小穗在下，不呈单一穗状花序，花柱3 ……………………………………………… 2. 异穗薹草 *C. heterostachya* Bge.
3. 小穗的鳞片呈螺旋状排列，具退化花被或缺 ……………………………………………… 4
3. 小穗的鳞片呈二行排列，无花被，具多花 ……………………………………………… 8
4. 小穗单一，顶生；上部叶鞘无叶片，具下位刚毛；花柱基部膨大(荸荠属 *Eleocharis* R. Br.) ……………………………………………… 3. 荸荠 *E. tuberosus* Roxb.
4. 小穗多个，常形成花序；茎上有叶 ……………………………………………… 5
5. 具下位刚毛；花柱基部不膨大(藨草属 *Scirpus* L.) ……………………………………………… 6
5. 无下位刚毛；花柱基部膨大，花柱有毛(飘拂草属 *Fimbristylis* Vahl.) ……………………………………………… 4. 光果飘拂草 *F. stauntonii* Debeaux et Franch. ex Debeaux
6. 总苞苞片不为秆的延伸，叶状；花序顶生 …………… 5. 扁秆藨草 *S. planiculms* F. Schmidt
6. 总苞苞片为秆的延伸，花序侧生 ……………………………………………… 7
7. 秆三棱形；花序具辐射枝 ……………………………………………… 6. 藨草 *S. triqueter* L.
7. 秆圆形，辐射枝不等长 ……………………………………………… 7. 水葱 *S. tabernaemontani* Gmel.
8. 柱头3；小坚果三棱形(莎草属 *Cyperus* L.) ……………………………………………… 9
8. 柱头2；小坚果双凸状或凹凸状 ……………………………………………… 10
9. 花穗中轴及小穗轴无翅；鳞片淡黄色；生湿地上 …………………… 8. 碎米莎草 *C. iria* L.
9. 花穗中轴及小穗轴具翅；鳞片红褐色，先端反曲 ……… 9. 阿穆尔莎草 *C. amuricus* Maxim.
10. 小坚果背腹扁压，面向小穗轴着生(水莎草属 *Juncellus* C. B. Clarke.) ……………………………………………… 10. 水莎草 *J. serotinus* C. B. Clake.
10. 小坚果两侧压扁，棱向小穗轴着生(扁莎草属 *Pycreus* Beauv.) ……………………………………………… 11. 球穗扁莎草 *P. globosus* Reichb.

124. 棕榈科 Palmae

1. 叶柄具硬刺，至少近基部有刺(蒲葵属 *Livistona* R. Br.) ……………………………………………… 1. 蒲葵 *L. chinensis* R. Br. Pradr.
1. 叶柄具细而不规则的锯齿(棕榈属 *Trachycarpus* H. Wendl.) … 2 棕榈 *T. fortunei* H. Wendl.

125. 天南星科 Araceae

1. 叶羽状深裂，各中脉间具长椭圆的穿孔(龟背竹属 *Monstera* Adans.) ……………………………………………… 1. 龟背竹 *M. deliciosa* Liebm.
1. 叶非羽状深裂 ……………………………………………… 2
2. 果包于佛焰苞内，花后苞变大(马蹄莲属 *Zantedeschia* Engl.) ……………………………………………… 2. 马蹄莲 *Z. aethiopica* Spr.
2. 果外露，花后苞脱落(广东万年青属 *Aglaonema* Schott.) ……………………………………………… 3. 广东万年青 *A. modestum* Schott. ex Engl.

126. 浮萍科 Lemnaceae

紫萍属 *Spirodela* Schleid.　紫萍 *S. polyrrhiza* Schleid.

127. 鸭跖草科 Commelinaceae

1. 叶背紫色(吊竹梅属 *Zebrina* Schnizl.) ……………………… 1. 吊竹梅 *Z. pendula* Schnizl.
1. 叶背非紫色 ……………………………………………… 2

2. 佛焰苞状总苞片，与叶对生，折叠状(鸭跖草属 *Commelina* L.)……………………………………………………………………………………………… 2. 鸭跖草 *C. communis* L.

2. 无佛焰苞状总苞片，广卵形花瓣3(紫露草属 *Tradescantia*) …… 3. 紫露草 *T. ohiensis* Raf.

128. 雨久花科 Pontederiaceae

凤眼莲属 *Eichhornia* Kunth.　凤眼莲 *E. crassipes* Solms-Laub.

129. 灯心草科 Juncaceae

灯心草属 *Juncus* L.

1. 外轮花被片比内轮花被片长，先端锐尖；一年生 ……………… 1. 小灯心草 *J. bufonius* L.

1. 外内两轮花被片近等长，先端钝；多年生…………………………………………………………………………………… 2. 细灯心草 *J. gracillimus* V. Krecz. et Gontsch.

130. 百合科 Liliaceae

1. 叶肉质，旱生多浆；花黄色(芦荟属 *Aloe* L.) ………… 1. 芦荟 *A. vera* L. var. *chiensis* Berg.

1. 叶非肉质，不为旱生多浆植物 …………………………………………………………… 2

2. 根状茎，不具鳞茎 ……………………………………………………………………… 3

2. 具鳞茎，球形、卵形或圆柱状 …………………………………………………………… 8

3. 叶退化成鳞片状，具叶状枝；浆果 ……………………………………………………… 4

3. 叶正常，基生，在茎上互生或轮生 ……………………………………………………… 5

4. 叶状枝狭长；花丝分离，花序腋生(天门冬属 *Asparagus* L.) ……………………………………………………………………………………………… 2. 天门冬 *A. densiflorus* Jessop

4. 叶状枝扁平；花丝合生，花自叶状枝脉上生出(假叶树属 *Ruscus* L.) ……………………………………………………………………………………………… 3. 假叶树 *R. aculeata* L.

5. 具地上茎和茎生叶，叶硬，剑刀状；花被分离，乳白色(丝兰属 *Yucca* L.)……………………………………………………………………………………………… 4. 凤尾兰 *Y. gloriosa* L.

5. 叶基生；仅具花葶；无地上茎 ………………………………………………………… 6

6. 叶具柄；总状花序，花白色(玉簪属 *Hosta* Tratt) ………… 5. 玉簪 *H. plantaginea* Aschers.

6. 叶无柄 ………………………………………………………………………………… 7

7. 叶短于花葶；花白色(吊兰属 *Chlorophytum* Ker. Gawl.) ………… 6. 吊兰 *C. comosum* Baker.

7. 叶等于或长于花葶；花黄色(萱草属 *Hemerocallis* L.) …………………… 7. 萱草 *H. fulva* L.

8. 花序为聚伞形花序，未开放时为膜质总苞所包；具葱蒜味(葱属 *Allium* L.) ……………… 9

8. 花单生茎顶；叶片2，茎生，带状披针形至卵状披针形(郁金香属 *Tulipa* L.)……………………………………………………………………………………………… 8. 郁金香 *T. gesneriana* L.

9. 叶圆筒形，中空 ………………………………………………………………………… 10

9. 叶扁平，带状线形；复鳞茎……………………………………………… 9. 蒜 *A. sativum* L.

10. 鳞茎卵形、球形或扁球形 ……………………………………………… 10. 洋葱 *A. cepa* L.

10. 鳞茎圆柱形……………………………………………………………… 11. 葱 *A. fistulosum* L.

131. 石蒜科 Amaryllidaceae

1. 具鳞茎；花茎上不具叶或叶自鳞茎上长出；花单生或伞形花序 ………………………… 2

1. 具根茎或根状茎；花为总状、穗状或圆锥形花序 ………………………………………… 6

2. 有副花冠(水仙属 *Narcissus* L.) …………………… 1. 水仙 *N. tazetta* L. var. *chinensis* Roem.

2. 无副花冠 ……………………………………………………………………………… 3

3. 花被筒部细长，与花被片等长或超过之(文殊兰属 *Crinum* L.) ……………………………………………………………………………… 2. 文殊兰 *C. asiaticum* L. var. *sinicum* Baker.

3. 花被筒部短或无，不与花被片等长 ………………………………………………………………… 4
4. 伞形花序，密集，但不成头状 ……………………………………………………………………… 5
4. 花单生(葱莲属 *Zephyranthes* Herb.) ………………………… 3. 韭莲 *Z. gradiflora* Lindl.
5. 叶宿存，常绿；具绳状根及不完全鳞茎(君子兰属 *Clivia* Lindl.) ………………………………
……………………………………………………………………………… 4. 君子兰 *C. miniata* Regel.
5. 叶非宿存及常绿；具鳞茎(朱顶红属 *Hippeastrum* Herb.) ……… 5. 朱顶红 *H. rutilum* Herb.
6. 叶革质，常大而有刺；花被具短筒部(龙舌兰属 *Agave* L.) …… 6. 龙舌兰 *A. americana* L.
6. 叶线形；花被具长弯形的筒部(晚香玉属 *Polianthes* L.) ………… 7. 晚香玉 *P. tuberosa* L.

132. 薯蓣科 Dioscoreaceac

薯蓣属 *Dioscorea* L. 山药 *D. opposita* Thunb.

133. 鸢尾科 Iridaceae

1. 具地下球茎(唐菖蒲属 *Gladiolus* L.) ………………………… 1. 唐菖蒲 *G. gandavensis* Houtt.
1. 具地下根状茎、鳞茎或匍匐茎 ……………………………………………………………………… 2
2. 花被管极短，不显著；花柱 3 裂非花瓣状(射干属 *Belamcanda* Adans) ……………………
…………………………………………………………………………………… 2. 射干 *B. chinensis* DC.
2. 花被管明显；花柱分枝成花瓣状(鸢尾属 *Iris* L.) ………………………………………………… 3
3. 叶线形；花淡蓝紫色，外轮花被片弯曲下垂，内轮花被片小而直立 ………………………
…………………………………………………… 3. 马蔺 *I. Lactea* Pall. var. *chinensis* Koidz.
3. 叶剑形；栽培 ………………………………………………………………………………………… 4
4. 外轮花被片中部具鸡冠状突起 ……………………………………… 4. 鸢尾 *I. teciorum* Maxim.
4. 外轮花被片中部具毛状突起 ………………………………………… 5. 德国鸢尾 *I. germanic* L.

134. 美人蕉科 Cannaceae

美人蕉属 *Canna* L.　美人蕉 *C. indica* L.

135. 兰科 Orchidaceae

1. 陆生草本 ……………………………………………………………………………………………… 2
1. 附生草本 ……………………………………………………………………………………………… 3
2. 叶边缘具细锯齿；单花(兰属 *Cymbidium* SW.) ……………… 1. 春兰 *C. goeringii* Rchb. F.
2. 叶边缘具不明显锯齿或全缘；花序具 4~7 朵花 ………………… 2. 建兰 *C. ensifolium* SW.
3. 侧萼片和合蕊柱基部联合呈囊状，花药 2 室，花粉块 4(石斛属 *Dendrobium* SW.) …………
…………………………………………………………………………………… 3. 石斛 *D. nobile* Lindl.
3. 侧萼片和合蕊柱基部不联合呈囊状 ………………………………………………………………… 4
4. 花大，萼片阔具网状脉，唇瓣中裂片先端具两条卷须(蝴蝶兰属 *Phalaenopsis* Bl.) …………
…………………………………………………………………………… 4. 蝴蝶兰 *P. aphrodite* Rchb. F.
4. 花黄色，萼片狭具棕红色斑点，唇瓣中裂片基部具脊状凸起(文心兰属 *Oncidium*) ………
…………………………………………………………………………………… 5. 文心兰 *O. hybridum*

附录3　植物检索表的编写和植物的鉴定方法

一、检索表的编制原理

检索表是根据法国人拉马克(Lamark，1744—1829)的二歧分类原则来编写的，即对一群植物，选用明显而相对的形态特征(即非此即彼的典型特征)分成两个分支，再把每个分支中的类群依据相对的性状分成相对应的两个分支，依次重复下去，直到将所有分类群分开为止。最后把分的过程和所用的性状，按一定的格式排列出来就成了检索表。

二、检索表的种类

按编写格式的不同，可分为定距检索表、平行检索表和连续检索表。其中常用的为定距检索表和平行检索表，如下为六大植物类群检索表。

(一)定距检索表

1. 植物体构造简单，无根、茎、叶的分化，无胚(低等植物)
　2. 植物体不为藻类和菌类所组成的共生体
　　3. 植物体内含叶绿素或其他光合色素，自养生活方式……………………………藻类植物
　　3. 植物体内无叶绿素或其他光合色素，寄生或腐生………………………………菌类植物
　2. 植物体为藻类和菌类所组成的共生体……………………………………………地衣类植物
1. 植物体构造复杂，有根、茎、叶的分化，有胚(高等植物)
　4. 植物体有茎、叶和假根…………………………………………………………苔藓植物门
　4. 植物体有茎、叶和根
　　5. 植物以孢子繁殖………………………………………………………………蕨类植物门
　　5. 植物以种子繁殖………………………………………………………………种子植物门

(二)平行检索表

1. 植物体构造简单，无根、茎、叶的分化，无胚(低等植物)……………………………2
1. 植物体构造复杂，有根、茎、叶的分化，有胚(高等植物)……………………………4
2. 植物体为菌类和藻类所组成的共生体…………………………………………地衣类植物
2. 植物体不为菌类和藻类所组成的共生体……………………………………………………3
3. 植物体内含有叶绿素或其他光合色素，自养生活方式……………………………藻类植物
3. 植物体内无叶绿素或其他光合色素，寄生或腐生…………………………………菌类植物
4. 植物体有茎、叶和假根…………………………………………………………苔藓植物门
4. 植物体有根、茎和叶……………………………………………………………………5
5. 植物以孢子繁殖………………………………………………………………蕨类植物门
5. 植物以种子繁殖………………………………………………………………种子植物门

按分类等级分有分科检索表、分属检索表、分种检索表等，分别用于鉴定科、属、种，所用的特征也分别为科、属、种的特征。一般植物分类文献中常用这3种检索表。

也有将某一地区的植物不按科、属系统而编制成的地区植物检索表，还有运用植物形态编制的树木冬态检索表、乔灌木检索表、生殖器官检索表等等。

三、检索表的编制

检索表的编制是根据检索表的原理进行编排，然后按规定格式排列出来。但要编制出一个在科学上正确、使用中方便的检索表却并非易事。要编一个好的检索表，首先要对被编的对象(各级类群)相当熟悉，才能选用典型特征来编制，所谓典型特征必须具备以下条件：

(1)对于编制对象(类群)来说，应用具有稳定的遗传性和主要的特征，也就是划分类群的主要依据；

(2)利用相对特征把编制对象(类群)分为两部分，每一部分依次再利用相对特征分为两部分，直至不能再分为止，切忌特征非此即彼，不可模棱两可；

(3)利用的特征必须是直观的，一般来说应能在标本或新鲜植物上直接观察出来。选定特征后，按照先分第一类，再第二类的路线分下去(即先分第一个1、2、3、4…，再第二个1、2、3、4…)，直到某一类不可再分(就一个编制对象)，即可在特征后面划虚线书写出名称了。

编制检索表应注意以下书写格式(以定距检索表为例)：

(1)相对项必须对齐，次一项必须与前一项向右移一字距离；

(2)描述的特征与编制对象之间用虚线连接(如果不能再分为两部分)；

(3)植物名称后一般书写学名(定名人可略)，且学名最后一个字母必须与书写框右侧边缘对齐；

(4)应用的相对项特征，必须为相同器官的不同特征(非此即彼)。

平行检索表的编制过程与定距检索表基本相似，只是书写格式和对齐方式不同。检测检索表编制正确与否，可根据：

(1)根据编制对象数量(n)，理想状态下最后用到的数字为($n-1$)；

(2)检索表中特征前的每一数字必须出现2次(既不能多，也不能少)；

(3)所利用的特征必须是相同器官的相反特征(非此即彼)；

(4)定距检索表中虚线数量与编制对象数量相同。

四、植物的鉴定(检索表的使用)

鉴定植物的关键，是能够用科学的形态术语来认识植物的特征。认识了植物特征就可以利用检索表进行检索查询了。

使用检索表前确定鉴定的对象与选用的检索表是否符合(地区相同或相近否，科、属等范围对否)。检索表是从大到小(门、纲、目、科、属、种)的采用，哪一分类阶层不知道，就从对应阶层的检索表查起。

无论何种分类阶层或类型的检索表始终从编号最小的第一行开始(即两个"1"查起)，确定符合那个"1"的特征，在对应"1"后面查询次一级的两个数字编号(定距式)或对应特征后面的数字编号(平行式)……如此认真观察分析被检索的标本同时，依次确定符合两条特征中哪条，直到具体的分类单位为止。

至此，我们还不能说标本查好了，而只能说：根据这个检索表，该标本与检索表上该名称的植物比较接近，接下去必须核对植物志、图鉴等文献资料中形态特征的描述与标本所具有的特征是否符合。如基本符合，才可以说该标本可能是这个种或说与该种接近。应该说不符的情况也是经常发生的，应努力去寻找原因。常见的原因一是查错，二是所用的检索表没有包括标本这个种(或属、或科)。无论哪种原因，都应重新仔细观察或解剖标本，再查一遍。对于判断不准的两条，可两边同时检索，再用植物志、图鉴等文献资料进行核对。如仍然不符，还要搞清在哪几条特征上，不符的程度如何，是否可能是地区或生境不同造成的变异(区分是否属于变异是十分复杂的)，然后才能有第二种的结论，此后应再找别的检索表和文献资料查对。至于新分类群，只有在查阅了大量的文献资料，特别是最近和专门的研究资料后才能下结论。

在查检索表中，常常会出现的情况是：检索表上用的特征标本上缺，这时可另找检索表，如果不方便更换检索表，可在现有的标本上推断看不见的东西，如从花推断果，从果推断花等。或者从前面所说的，两条相对特征两边查，然后用文献资料核对。有时可能还须请教有关专家。

附录4 植物标本的采集和制作

一、实验目的

学习采集和制作植物标本的方法。

二、实验用品

采集袋、标本夹、吸水草纸、掘根铲、枝剪、镊子、放大镜、采集记录本、标本记载签、号牌、铅笔、小排笔、台纸、白棉线、缝衣针、胶水、各种浸制溶液。

三、实验内容与方法

将一株植物或植物的部分组织器官采用压干、浸泡或其他方式，进行长期保存，以便供给教学和科研使用的过程，称为植物标本的采集和制作。

(一)浸制标本的采集与制作

植物浸制标本是指在适当时间采集新鲜植物材料(全株或部分组织器官)，浸泡保存于特定浸制溶液中，为较长时间的教学与科研使用，即植物浸制标本的采集与制作。

1. 一般浸制标本的采集与制作

使用采集工具采集新鲜材料(如花、果实、地下鳞茎、球茎等)，进行清洗处理后，浸泡在4%~5%的甲醛水溶液(即甲醛溶液)中，或浸泡在70%的酒精溶液中。此方法操作简便，成本较低，但浸制标本容易褪色，不宜长时间保存使用。

2. 保色浸制标本的制作

为减缓浸制标本褪色，采用保色溶液浸制，可以延长标本的使用年限。保色溶液配方较多，可根据浸制标本的色泽和浸制目的选择适宜的保色溶液。现介绍几种常用保色溶液配方，以供参考。

(1) 绿色标本浸制法

方法一：称取4 g硫酸铜粉末加入盛有100 mL 10%醋酸的烧杯中，放置酒精灯上加热煮沸，并使用玻璃棒不断搅拌直至全部溶解。将采集清理后的材料放入溶液中继续加热，待材料颜色由绿色变为褐色，再恢复绿色后，取出标本用清水漂洗干净，然后浸入4%~5%甲醛水溶液中长期保存。

方法二：主要针对一些比较薄嫩容易软烂的植物。将材料放入5%硫酸铜水溶液中，浸泡 1~3 天，取出用清水漂洗干净，然后浸入 4%~5%甲醛水溶液中长期保存。

(2) 红色标本浸制法

取硼酸 3 g、甲醛 4 mL、蒸馏水 400 mL 混合成浸制液，将植物材料放入此溶液中浸泡 1~3 天，取出后立即放入 25 mL 甲醛、25 mL 甘油和 1000 mL 水混合而成的保存液中。

(3) 黄色标本浸制法

将植物材料浸入到 6%亚硫酸 268 mL、80%~90%酒精 568 mL 和 450 mL 水混合而成浸制液中，便可长期保存使用。

(4) 黑色、紫色标本浸制法

使用甲醛 50 mL、10%氯化钠水溶液 10 mL、蒸馏水 870 mL 混匀沉淀，弃沉淀后制备浸制液。然后可先用注射器往标本(果实类)里注射少量浸制液，再把标本放入后长期保存，以供使用。

3. 浸制标本的保存

(1)封口

浸制标本装瓶后，一定要加盖，并用熔化的石蜡或凡士林密封。主要是防止浸制液挥发，以及标本发霉变质。同时，在瓶子口上方贴上标签，注明植物学名、采集地点、制作人及制作日期等。瓶子最好选用 250 mL 或 500 mL 的广口瓶。

(2)保存

标本瓶易存放于室温较低、无强光照射的陈列柜中保存。

(二)腊叶标本的采集与制作

腊叶标本又称为压制标本，属于干制植物标本的一种。对植物材料进行压干、消毒后，装订在 1 张台纸上，并贴上记录签和鉴定签，即可制作成腊叶标本。

1. 采集标本的时间、地点和路线的选择

(1) 采集时间

采集时间一般选择在植物花果期为最佳，春秋季节是采集的黄金季节。就一天而言，上午露水刚消退之后进行采集最好。

(2) 采集地点和路线

选择采集地点和路线一定要有代表性。宜选择植物种类丰富的地点和路线，要注意往返路线不能重叠，以确保在同样时间、同样人为条件下采集标本数量最多。由于生境多样性的差异，在采集标本时一定要确保将不同环境中的植物都尽力予以采集。

2. 采集标本的方法

(1)采集完整的植物标本

种子植物主要是依据各器官的形态特征进行分类，如果采集的标本不完整，会直接影响后续的鉴定工作。因此，标本采集要尽可能保证完整，具代表性。但所采集标本的尺寸会受台纸大小的限制，长宽应在 36 cm×30 cm 范围内，采集时可依据具体情况灵活掌握。

①草本植物，应采全株，并带根系。较大的草本植物，可将其叠成 V、N、W 形压制；大型草本植物，则可在同一株上选采有代表性的上、中、下三段。若地下具有肉质变态根、茎者，应用小铲全部挖出，并清洗处理。地上部分选择具有完整的花和果的枝条采集。

② 木本植物，应选择具有代表性、有花或果的枝条，用枝剪或高枝剪采剪。

③ 具异形叶的植物，应将各种类型的叶全部采集齐。有卷须的藤本植物应连同卷须采集。若果实、种子易脱落的植物，可用种子袋盛好。寄生植物要同采寄主。有毒植物，一定要注意不要使分泌物或浆汁碰触到皮肤，尤其是眼睛和口腔，以免发生意外。

(2) 采集份数

一般情况下，为便于使用和交换，每种植物采集标本份数为 3~5 份。若遇到珍惜、特有或具重要经济价值的植物，应多采集几份，但不能滥采，更不能致使该物种灭绝。

(3) 编号、记录

标本采集完成后，要及时记录和登记。整齐规范书写好采集号牌，并将号牌系于标本的中部，防止滑落丢失。同一时间同一生境所采集标本应同号，同种植物分段采集应同号；种子袋、肉质变态根、茎等分开采集的标本应与其他部分的标本同号；雌雄异株的植物，应分别采集编号，并注明两号之间的关系。标本与采集记录编号须一致，防止重号、错号等发生，以免混淆。

植物的观察和记录：植物的生态环境，根、茎、叶、花和果实的颜色、形态等必须仔细观察，并详细记录下来。观察与记录的内容见附图 4-1。现将记录本(签)中部分内容填写方法说明如下：

① 时间、地点(或产地)、采集记录人等是同一次记录的共有内容，不可漏缺。

② 环境：指路边、岸边、林下、林缘、水塘等基本生活环境，以及土壤、气候、海拔高度、坡向等。

③ 性状：是指乔木、灌木、木质藤本、几年生草本等，以及木本植物的胸高直径(一般指地面向上约 1.3 m 处树干直径)。而对于植株体型的大小，可使用"大型""小型"等词汇描述。水生植物，可使用"挺水""沉水""浮水"等词汇描述。

④ 形态学特征的观察和记录：

根：记录根系类型和发育情况。对于变态根植物，须记录变态的类型、大小、形状等。

茎：记录茎的形状、附属物、分枝类型、色泽等，木本植物还须记明树皮的颜色、开裂等情况。

叶：记录叶的质地、叶片背腹面的颜色、毛的有无和类型、乳汁的有无等，记录叶的组成、叶形、叶序、脉序、单复叶类型等内容。

花：记录花的颜色、气味、自然位置(如上举、下垂、斜向)及开花时间等，花的结构组成一般不用记录。

种子和果实：分清果实和种子的类型、形状、大小、颜色、成熟期等。

⑤ 植物名称：对已知的植物种名、别名应及时记明；对未知植物，应设法运用相关工具书查明或择时请专家鉴定并记明。

××植物标本室
日　　期：年　月　日 采集人及号数：
产　地：　省　县（区）　乡（镇）村
环　境：
经纬度： 海　拔：　m 性　状：　木　本
胸　高：　cm；体　高：　m；直　径：　cm。
叶：
花：
果实：
中文名：　　　科（属）名：
学　名：
附　记：

附图 4-1　植物标本采集记录签

(4) 标本的收集

采集的新鲜植物标本，先装入采集袋(箱)中。注意不要挤坏花、果实、种子和嫩叶。等至一定数量或袋中装满时，依次夹到标本夹中，并使用绳索捆好便于携带和运输。

3. 标本的压制

(1) 整形

对采集的植物标本进行修剪，去除多余的枝叶，剪至适当大小；保留适当多的花果，并去掉污泥等；挂好标签，同时将采集记录补充完整。若为肉质多浆植物，须用开水将其烫死；若为易落叶植物(如裸子植物)，也可以用开水烫死后再压制，以防止落叶；肉质变态器官烫后，宜用解剖刀将肉质部分分割开再进行压制。

(2) 压制

压制的目的是使标本干燥、平整和定形，不可采用晾晒和烘干的办法。标本整形后应压入带有吸水草纸的标本夹内。标本夹底层先垫放一定厚度的干燥草纸，然后将标本铺展其上，标本的枝叶须按一定的角度和位置平展，在同一面上的叶片应正反面均有，避免相互重叠。铺平标本后，再在其上铺压数层干燥草纸，如此依次向上压制。压制时注意使各层厚薄均匀，以免倾斜。到达一定厚度(约 30~50 cm)，将标本夹用绳索捆扎结实，置于室内干燥通风处保存。

(3)换纸翻压

翻压标本时，所使用的草纸须充分干燥。初期翻压的时候须进行适当整形，但标本彻底干硬后不宜再整形，以免断损。翻压频率为初期每天至少 1 次，4~5 天后隔天一次，1 周后 3 天一次，经 10~15 天，直至标本完全干燥为止。

4. 腊叶标本的制作

(1)消毒

使用升汞溶液进行消毒的传统方法因其对环境和人体的毒害性已较少使用。目前可使用低温冷冻法进行消毒，可选择-20℃冷冻 48h 或-40℃冷冻 24h 进行处理。

(2) 装订

预先备好台纸(40 cm×35 cm 白板纸)，将消毒后的标本采用粘贴、线订、纸条穿贴等方法，固定于台纸上，台纸的左上角粘贴采集记录，右下角粘贴鉴定标签，如有种子袋，可附贴于台纸的左下角。

至此，一份完好的植物腊叶标本即制成。

5. 腊叶标本的保存

腊叶标本应于干燥通风的专用标本室和密闭性能良好的标本柜中保存。标本柜内要设分多层多格，每层分放干燥剂与樟脑球，适时更换，并定期(2~3 年)使用消毒剂消毒，以达到防霉防虫的目的。标本柜的每格内存放的标本份数不宜太多，以免压坏。珍贵标本，还可在台纸上顶边粘贴与台纸等大的透明硫酸纸或塑料薄膜作盖纸，或将标本置于专门的透明袋内，以免磨损，以利于更好地保存。

四、作业

1. 以小组为单位(约 5~6 个同学)利用课外时间采集、压制及制作简易植物腊叶标本 25 份，平均每人 4 份，且同组内不得重复。每一份标本都须列出植物名录、描述每种植物的形态特征，并对所采集植物标本编制检索表。

2. 将压制好的标本进行消毒和上台纸，亲手制作腊叶标本 1~2 份。

3. 在有条件时制作各种保色浸制标本 1~2 份。

附录5　植物学研究常用制片方法简介

将植物材料通过不同的制作方法，做成适宜于在显微镜下或电镜下观察的薄片的方法，即植物制片法。植物材料、观察目的、使用的显微镜类型的不同使得制片方法也不同。根据制片保存的时间长短，又可分为临时制片法和永久制片法；根据对材料的处理方法不同，可以有切片法、整体封片法、涂片法和压片法；根据使用的显微镜不同，有光学制片法和电镜制片法之分。

一、徒手切片法

科研教学中常用的制片方法之一。具体操作是手持刀片把新鲜的植物材料切成薄片，所做的切片通常不经染色或经简单染色后，立即制成临时制片用于观察。由于徒手切片法操作简单，所需设备简单，能快速观察到所研究的植物材料的生活状态时细胞及各器官内部组织的状况和天然颜色等。徒手切片法得到的切片也可以经过染色、脱水、封片制成永久制片。

(一)实验用品与材料

1. 制片用品

载玻片、盖玻片、双面刀片、培养皿、镊子、毛笔、滴瓶等。

2. 制片材料

根据观察目的选择材料，如观察正常结构需选择生长正常无病虫害，且无机械损伤的植物器官；受限于刀片，所选材料应软硬适度，如需切嫩、软的材料时，可用马铃薯或胡萝卜等作为支持物，将欲切的材料夹在中间一起切，或将叶片类材料卷成筒状再切。

用于研究的材料首先要切成切面为3~5 mm^2 的长柱体为宜，切面平整且与长轴垂直，长度2~3 cm，便于手持切片。

(二)切片方法及注意事项

培养皿中盛上清水，将欲切材料断面沾水(整个切片过程中均应保持材料和刀面湿润)。用左手拇指、食指、中指捏住材料，置于操作者正前方，其中材料切面应稍高于食指，其余手指则略低于食指，以免切时损伤手指。右手执刀，将刀平放在左手食指上，刀口朝内指向材料切割面并与材料断面平行，然后以均匀快捷的动作自左前方向右后方以臂力带动刀片水平移动切割(手腕不必用力)。切时动作要迅速，材料一次切下，切忌停顿或拉锯式切割。连续切数片后，用湿毛笔将切下的薄片轻轻移入盛水的培养皿中备用。切片时注意应做连续切片，不应切一片看一片，否则切不出好的薄切片，反而浪费时间。切片过程中有时会因用力不均或刀不锋利而出现薄而透明的切片不必追求完整，只要材料的切片能反映结构即可。如辐射对称或两侧对称的材料，切片只要是过材料横切面中心的 1/4 或 1/2 即可。制成临时制片观察。

(三) 制作临时制片

用一定的方法(切片、整体装片、涂片、压片、撕片等)将植物材料制成可在显微镜下观察的材料，放在载玻片上的水滴中，加上盖玻片制成临时制片进行观察，即为临时制片法。针对徒手切片的临时制片操作步骤如下：

1. 将酒精浸泡过的载玻片和盖玻片用纱布擦净。擦载玻片时，用左手的拇指和食指夹住其边缘，右手将纱布包住载玻片的上下两面，反复轻轻擦拭；擦盖玻片时则更应小心，应将盖玻片置于两层纱布之间，然后右手拇指和食指从上下两面隔纱布轻轻夹住盖片擦拭，用力要均匀，以防盖玻片破碎。

2. 用滴管在载玻片中央滴 1 滴水，选取切好的一片或 2~3 片薄片放在水滴中。

3. 用镊子轻轻夹住盖玻片一侧，使盖玻片一侧边缘与水滴左边缘接触，然后慢慢放下盖玻片。这样可使盖片下的空气被水挤掉，以免产生气泡。如果水太多，材料和盖玻片易浮动，影响观察，可用吸水纸条从盖玻片一侧吸去多余水分。如果水未充满盖玻片，易产生气泡，且根据显微镜设计原理，不加盖玻片或材料未被水浸透不能得到清晰物像，因此要从盖玻片一侧用滴管补加水。

初学制片，盖玻片下易有气泡，此时要注意区分气泡和植物结构。气泡呈圆球体，中间亮，边缘有黑圈，且随着调焦旋钮的转动，黑圈的大小亦在变化。

如临时制片需保存一段时间，则可用 10%~30% 甘油水溶液代替清水封片，并将制片放在铺有湿滤纸的大培养皿中保存，或用指甲油封边。

对于其他处理方法得到的材料，如单细胞、丝状体或单层细胞组成的植物体、离析材料、撕片法得到的植物表皮、压片法得到的根尖、花粉均可依照上述步骤制作临时制片。

二、离析法

离析法是使用化学药品使植物细胞间的胞间层溶解，细胞彼此分离，从而得到单个、完整细胞的方法，便于研究不同组织的细胞立体结构。

(一) 铬酸-硝酸离析法

适用于木质化组织，如木材、纤维、导管、管胞、石细胞等。把材料切成长约 1 cm、横断面边长约 2~3 mm 的小条，放入小试管中，加入离析液，其量约为材料的 20 倍，盖紧瓶盖放在 30~40 ℃的温箱中离析。时间因材料性质而异，一般为 1~2 天。如 2 天后仍未解离，可换新的离析液，再放置几天。检查材料是否解离，可取出材料少许，放在载玻片上，加盖玻片后，用解剖针末端轻轻敲打，若材料分离，表明离析时间已够。这时移去离析液，用水冲洗干净，保存在 50%或 70%的酒精中备用。

(二) 盐酸-草酸铵离析法

适用于草本植物的髓、薄壁组织和叶肉组织等。把材料切成约 1 cm×0. 5 cm ×0. 2 cm 的小块，放入 3∶1 的 70%或 90%酒精和浓盐酸混合液中，若材料中有空气，应先抽气，后更换一次离析液。24 h 后，用水冲洗干净。放入 0. 5%草酸铵溶液中，每隔 1~2 天作检查。其余同上法。

得到的离析材料观察时按照上述临时制片法制成制片即可观察。

三、压片法

压片法是把植物的器官或组织经过处理后压在载玻片上，使细胞成一薄层，便于进行观察的一种制片方法。主要应用于植物染色体的观察和研究。

压片法的实验步骤，包括取材、预处理、固定、解离、染色、压片、镜检和封固等。

1. 取材

用双面刀片切取生长良好的植物根尖或茎尖 2~3 mm。

2. 预处理

将材料放入秋水仙素、8-羟基喹啉或对二氯苯等预处理液中进行预处理，使细胞分裂停留在有丝分裂的中期。此时的染色体粗而短，易于观察、计数。预处理的时间视不同植物而定。一般洋葱根尖用对二氯苯预处理液处理 4~5 h。

3. 固定

一般采用卡诺固定剂进行固定，固定时间通常为 2~24 h，以低温固定效果较好。材料经固定后，如不立即进行压片，可经酒精系列脱水到 70%的酒精并保存在 70%的酒精中，置于冰箱内长期保存。

4. 解离

用酶或盐酸处理固定后的材料，使细胞分离，便于压片。一般是将固定后的材料经 50%酒精处理 5 min，再入蒸馏水洗涤 5 min 后，转入 1 mol 盐酸中，置于 60 ℃恒温水浴锅中解离。时间一般 2~8 min，时间太短，细胞不易分离；时间过长，染色体染色浅或不着色。

5. 染色

常用卡宝-品红(即苯酚-碱性品红)或醋酸洋红等核染色剂进行染色。

6. 压片

按照临时制片方法，将材料放在干净的载玻片中央水滴中，盖上盖玻片，用解剖针或铅笔从上至下垂直地、轻轻敲击盖玻片，使细胞充分分散并压平。

7. 镜检

将压片置于显微镜下观察，选取染色体分散、清晰的细胞，用记号笔在载玻片和盖玻片上分别作记号。

8. 封固

好的压片可采用冷冻干燥后，用光学树胶封固保存。

四、石蜡制片法

石蜡制片法是将材料经石蜡渗透、包埋与石蜡合为一体，继而用手摇切片机进行切片，并制成永久制片长期保存、观察的一种制片方法。该方法的优点是能够得到薄而均匀的连续切片，便于器官结构的三维重构。

石蜡制片法的操作程序，包括取材、杀死、固定、脱水、透明、浸蜡、包埋、切片、粘片、脱蜡、染色和封片。

1. 取材、杀死、固定和保存

取有代表性的植物新鲜材料，根据材料特点及观察要求剪成合适的大小和形状(大小不超过0.5~1 cm^3)，然后立即投入装有固定液的小瓶中，回到实验室后立即抽出材料中的空气，使药剂能快速渗入材料，如此操作，可使植物的组织迅速被杀死和固定下来，使其保持生活时的自然状态。常用的固定剂有FAA和卡诺固定液等，这两种固定液的固定时间是2~24 h。FAA既是良好的固定剂，也是保存剂，材料可在其中长期保存。而卡诺固定液固定后，应尽快冲洗，并转入70%酒精中保存。

2. 脱水、透明

对固定好的材料进行脱水和透明。脱水的目的是除去组织内多余的水分，便于透明剂渗入组织。常用脱水剂为酒精，脱水的原则是从低浓度逐级过渡到高浓度，起始浓度与所用固定剂相关；透明剂常用二甲苯，目的是除去材料中的脱水剂，且增加材料折光系数，同时便于与水不溶的包埋剂(石蜡)渗入组织中。具体操作可按以下流程进行：

50%乙醇（FAA无须此步）⟶ 70%乙醇 ⟶ 80%乙醇 ⟶ 90%乙醇 ⟶ 95%乙醇 ⟶ 100%乙醇 ⟶ 100%乙醇 ⟶ 1/3乙醇+2/3二甲苯 ⟶ 1/2乙醇+1/2二甲苯 ⟶ 1/3乙醇+2/3二甲苯 ⟶ 二甲苯 ⟶ 二甲苯

脱水每级2~4 h(高浓度乙醇中时间要充足，充分去除水分，但纯乙醇中放置的时间不能过长，否则会使材料变得硬脆)，具体根据材料调整。材料在二甲苯中时间以1~3 h为宜，时间过长会造成材料收缩。

3. 浸蜡、包埋

材料进入最后一次二甲苯中透明后即可浸蜡，流程如下：将材料连同适量二甲苯放入具盖的玻璃瓶或试管中，逐渐加入碎石蜡，直至石蜡：二甲苯体积比为1∶1。然后将玻璃瓶放入36~40 ℃温箱中数小时，融蜡后移入56~60 ℃温箱中开盖挥发二甲苯。1~2天后将浸透石蜡的材料移入盛有纯石蜡液的玻璃瓶中，放置60 ℃温箱中至少4~6 h以上。充分浸透纯蜡后，即可包埋。

包埋前叠好大小适当的包埋纸盒，提前融化足够量的纯石蜡。包埋时，石蜡从纸盒的一个角落倒入，目的是赶走气体，然后迅速将材料放入其中并用加热的镊子赶走材料周围的气泡。根据切片的需要摆好材料，待上面的石蜡凝固后，将纸盒浸入冷水中，使蜡迅速均匀的凝固。注意仅下部浸入，待蜡表面完全凝固后才将纸盒全部浸没。石蜡块可长期保存也可马上切片。

4. 切片、粘片

包埋好的石蜡块经分割、修块，用融化的碎蜡将之切面朝上粘在载蜡器上，并放入冷水中(或冰箱中)充分冷却、粘牢，即可将载蜡器夹到切片机夹物部备用。切片时按切片机使用要求调整好蜡块切面与刀刃的角度(一般 5°~8°为宜)，即可切片。切片厚度一般为 10 μm 左右。切好的蜡片一般前后相连形成蜡带，将蜡带光面朝下放在洁净的纸上，选取有材料符合观察要求的蜡片进行粘片。

粘片是将切片粘在洁净的载玻片上的过程。粘片时将一小滴粘片剂甲液用小手指在载玻片上涂匀，再加 1~2 滴粘片剂乙液，最后把蜡片光面朝下放于液滴上(科研用时可多放材料)，在烤片台(36 ℃左右)上展开切片并烤干。

5. 脱蜡、染色、封固

待蜡片完全干燥后，即可进行染色工作。染色之前，先用二甲苯脱蜡，然后染色。石蜡切片有多种染色方法，可根据研究需要选择适合的染色方法。染色后材料重新脱水，经二甲苯处理即可进行封片、贴标签，完成制片过程。本书以植物学中最常用的番红-固绿对染方法为例，说明染色与制片过程。

二甲苯 → 二甲苯 → 2/3二甲苯+1/3乙醇 → 1/2二甲苯+1/2乙醇 ↓

100%乙醇 ← 100%乙醇 ← 1/3二甲苯+2/3乙醇

↓

固绿 ← 梯度乙醇（95%、90%、80%、70%、60%、50%）⇄ 番红

→ 95%乙醇 → 100%乙醇 → 100%乙醇 → 2/3乙醇+ 1/3二甲苯 ↓

二甲苯 ← 二甲苯 ← 1/3乙醇+2/3二甲苯 ← 1/2二甲苯+1/2乙醇

↓

加拿大树胶封片 → 贴标签

此处每个过程需要的时间短，二甲苯脱蜡时间每级 5~10 min，其他各级乙醇和二甲苯处理时间均较短，一般 1 min 左右。固绿染色后，95%乙醇分色时间不宜过长，一般 30 s，注意随时观察。番红染色时间 6~12 h，固绿染色 10 s 到 1 min不等，视材料而定。

五、电镜制片法

在植物学研究过程中，为了观察那些用普通显微镜不能分辨的细微结构常使用电子显微镜进行观察。电子显微镜又分为透射电子显微镜和扫描电子显微镜。透射电子显微镜主要用于观察材料内部结构，扫描电子显微镜主要用于观察样品表面结构。由于电镜成像原理不同于光学显微镜，其对观察材料的要求也不同，因此样品制备方法也有所不同。

(一)透射电镜超薄切片制备

对于透射电镜而言，要求标本是厚度小于0.1 μm以下的超薄切片，常用的厚度是50~80 nm，通常通过超薄切片制片法制备。其制作过程和石蜡切片相似，需要经过取材、杀死、固定、脱水、浸透、包埋聚合、切片及染色等步骤。但所用试剂等区别很大。

1. 取材、杀死和固定

制备超薄切片的材料体积要小，一般要求体积不大于0.5~1.0 mm^3。和石蜡制片一样，取材后材料要迅速投入预先放好固定剂的容器中。常用的固定剂有甲醛、戊二醛、锇酸(四氧化锇)、高锰酸钾及重铬酸钾等。通常采用戊二醛-锇酸双固定法，可用2.5%的戊二醛先固定2 h或过夜，用缓冲液充分清洗后再用1%锇酸固定2 h。

2. 脱水

为了包埋剂的渗透，常用乙醇结合丙酮对材料进行脱水，同样采用从低浓度到高浓度逐级脱水：30%→50%→70%→80%→90%→95%→100%乙醇→纯丙酮(2次)每次10~30 min。

3. 渗透与包埋聚合

常用的包埋剂有环氧树脂(如Epon812、Spurr氏等)和丙烯类树脂(如LR white)，可根据实验目的选择。包埋时材料同样须在低浓度到高浓度的包埋剂中逐级渗透，并过渡到纯树脂中，每步1~2 h，纯树脂需更换一次。渗透好的样品块与包埋剂共同放到适当的模具(如包埋板或胶囊)中，然后可按照该树脂的聚合要求选择合适的温度条件进行包埋聚合。聚合后树脂成固体包埋块，可进行下一步切片。

4. 切片

包埋块经解剖镜下精细修块、在普通切片机上用玻璃刀预切后即可利用超薄切片机进行切片。但切片前要准备好切片的刀(购买的钻石刀或自制特殊的玻璃刀)、承载切片的覆膜(如聚乙烯甲醛膜-方化膜)、铜网等物品。切片后根据切片的颜色判断并选择厚度合适的切片，捞至覆膜铜网上，置于干燥器中保存。

超薄切片需要掌握一定的切片技术，更需要长期的经验累积，且仪器昂贵，须专门培训后方能操作，一般单位都有专人负责。

5. 染色

切片中的材料直接在电镜下观察，往往因缺乏反差而观察效果不好，因此还需进行染色处理增加反差。电镜制片染色一般是利用铀、铅、锇、钨等重金属盐类中的重金属离子与组织中某些成分结合或被其吸附而达到观察时提高样品反差、增加图像清晰度的目的。使用较多的是醋酸铀和柠檬酸铅双染色。

6. 电镜观察

染色完成的样品即可上透射电镜观察，也可暂时放在干燥器中保存。

需要注意的是，透射电镜工作原理是利用电子射线(电子束)穿透样品，而后经多级电子放大后成像的，我们观察到的图像是黑白色系的。

(二)扫描电镜常规制片方法

扫描电镜样品制备通常也有取材、清洗、固定、脱水、干燥、粘样、镀膜等步骤。

1. 取材、固定

和其他制片方法一样，扫描电镜制样时取材、固定要迅速，尽量减少对材料的损坏。我们要观察的目标应暴露在样品表面上。如观察材料剖面结构时，可用锋利的刀片切出断面，还可采用冷冻断裂法等制备样品，观察植物内部甚至细胞内部的微细结构。样品大小在满足观察需要的前提下越小越好，并且确保样品表面清洁干净，不受污染，必要时可清洗，但对于观察样品表面自然结构的材料要注意不要损伤结构。

扫描电镜样品常用的固定方法和超薄切片类似，常采用戊二醛-锇酸双固定法。通过固定，尽量使观察到的样品结构类似生活时的状态。

2. 脱水

固定后样品经清洗之后，同样利用梯度乙醇逐级脱水。

3. 干燥

干燥是电镜样品制备中关键的步骤，一般采用临界点干燥法、冰冻干燥法、真空干燥法等。临界点干燥法既可完全去除样品中的液体成分，又可保持样品内部结构完好，采用较多。采用临界点干燥法常用的干燥剂是干冰或液态 CO_2。采用液态 CO_2时，如材料是经乙醇脱水的需进一步置换到丙酮中，然后再用乙酸异戊酯置换丙酮(乙酸异戊酯与液态 CO_2能互溶，使液态 CO_2容易渗入样品中)，继而进行临界点干燥。

4. 粘样

干燥好的样品需要用导电胶(常用银粉导电胶、石墨粉导电胶等)粘在特制的样品台上，并做好标记，方能进行下一步工作。

5. 镀膜(喷金)

把粘在样品台上的样品和样品台表面均匀喷上一层金属膜，使样品具有良好的导电性，这个过程就是镀膜。镀膜需使用专门的仪器在真空条件下进行。常用的是真空喷镀法，一般用金属金、铜、铝等在样品表面喷涂 10~20 nm 厚的金属膜。

镀好膜的样品就可以用扫描电镜进行观察了，也可将样品放入干燥器中保存。

附录 6　植物学绘图方法

虽然现在使用照相机，特别是智能手机记录观察植物的形态结构已经非常普遍，但在植物学研究中，用绘图方法记述植物形态结构的特征，依然是植物学研究中最基本、最方便的方法。另外，植物学绘图也是植物学实验要求掌握的基本内容。欲使所绘之图形态逼真、结构准确，并能如实反映特点，就要求掌握植物绘图方法，知晓植物绘图要求。

一、绘图用具

2H 或 3H 铅笔、绘图纸、削笔刀、橡皮、小尺等。铅笔削尖备用。

二、绘图方法

(一) 基本要求

1. 仔细观察标本，区分正常结构与偶然、人为的差异，选择典型和正常的部分认真观察。充分了解各部分的结构特点是绘图的前提。

2. 实验报告纸要保持平整、清洁，不得折褶、沾污。

3. 图和字一律用铅笔绘写，不得使用其他种类的笔。

(二) 基本方法

1. 合理布局。一次实验要绘的图，无论数量多少及大小，一般只能在一张实验报告纸的正面绘制。每幅图包括图和图注。绘图前，应根据要绘图的数量、大小、主次，在报告纸上做合理安排，使每一幅图在报告纸上的位置和大小适中，避免版面偏差。

2. 绘图一律用线条和点表示。各部分外围轮廓用线条表示，线条要一笔绘出，确保细致、清晰、光滑、连续。阴暗、深色部分用点的疏密表示，不能附加阴影，更不可涂抹。打点时，铅笔垂直，手腕均匀向下适当用力，使所打之点细小、均匀、圆正、不拖尾。

3. 绘图时，先将要绘部分的全形轮廓用铅笔轻轻勾出，内部各部分亦然，求得准确后，再逐一绘实。

4. 每幅图均应有图注，图注由注示线和注释文字组成。注示线一律用平行横线引至图的右侧适当的位置，右端上下要对齐，间隔距离保持相等。图中较为集中的部分，可先用直斜线向右引出，然后再接用平行横线引至右侧，横线与斜线间的夹角应大于 90°。注示线互不交叉，所指部位要清楚明确，一目了然。注释文字一律横向书写于注示线的右端，多字数名称紧缩字距，少字数名称匀开字距，使每一注释的首尾字上下对齐。文字力求用正楷或仿宋字体，书写工整，排列整齐。

5. 每幅图的正下方须横向标出详细图名和图示主题，并宜将该图的缩放比例准确标出。

(三)具体方法

1. 植物细胞图的绘法

细胞壁用双线条表示，线条间的距离表示壁的厚度，相邻细胞的一部分细胞壁应一并绘出，以示所绘细胞并非孤立。细胞器用单线条表示，细胞质、细胞核等结构因颜色较深，故用点的疏密表示。液泡一般不用线条绘出，留出较为透明的区域表示其存在的位置、大小和形状即可。绘图时，要不断观察显微镜，力求各部分结构的大小、形状以及与整个细胞的比例都要切合实际。

2. 植物器官结构图的绘法

植物各器官细胞数量较多，在绘详图时，薄壁细胞的细胞壁一般用单线条绘出，厚壁细胞用双线条表示细胞壁的厚度，细胞内的结构除特殊情况(如厚角组织细胞内的叶绿体)外，一般可以不表示。在绘纵、横切面简图时，可仅用单线条勾绘出各部分轮廓，而无须绘出细胞，色深部分适当用点的疏密表示。

3. 植物器官外形图和全株图的绘法

绘植物器官外形图和全株图，宜先用线条勾绘出外形轮廓，阴暗色深部分再用线条的多少、长短或点的疏密表示。

附录 7　植物学图片拍摄方法简介

在生物科学中越来越多地应用摄影技术来记录观察到的现象和实验结果，以此代替过去的描述方法。特别是现在智能手机的拍照像素已经可以满足日常记录的要求了。摄影不仅迅速而且准确，能够记录到许多用描述方法无法记录到的特殊现象。植物科学中，摄影主要分为显微摄影和形态摄影两方面。

一、植物显微图片的拍摄

显微摄影就是在显微镜上加装拍照的相机，拍摄显微镜下观察到的生物结构的图像。现在普遍用于显微摄影的装置主要有两种，一种是用显微镜与数码相机有机组合成的数码显微摄影系统，另一种是由显微镜、数码采集器、电脑和成像软件联合构成的数码显微成像系统。两者均已广泛地应用于生物学各领域。要获得清晰而明亮的理想图像，既要制作出厚薄均一、染色恰当、脱水透明彻底的玻片标本，也要正确使用显微镜和数码显微成像系统。

(一) 显微镜的配置要求与调节

显微镜是数码显微摄影系统的首要设备，所用的显微镜必须满足显微摄影的需要。在数码相机接口或数码采集器精确的前提下，显微镜的各项光学技术参数要达到一定的标准。使用时，要根据实际情况来协调各参数的关系，重点要对显微镜的光路系统进行调节，这样才能充分发挥显微镜应有的性能，得到满意的成像效果。

(二) 数码显微成像系统的运用

数码显微成像系统是将用显微镜观察到的图像再利用计算机软件进行成像。数码显微成像系统可以直观地通过预览来调节图像效果，及时获得高像素的图像，为科研和教学带来了很多便利。

成像软件的使用较简单，只要按照预设的操作流程操作即可。尽管不同成像软件的功能存在差距，但是通常的操作流程是：显微镜调节到位 → 打开软件 → 打开图像预览 →精确调节显微镜焦距与光路系统，使图像达最清晰状态 → 拍照。

图像可以采用 jpg、bmp 或 tif 格式保存，像素宜设在 1024×1280 以上。

(三) 显微图像拍摄的基本要求

植物显微图像要求能够清楚地展现植物内部各部分的细胞结构特点，拍摄时应遵循由整体到局部、先低倍后高倍的原则。在拍摄过程中要注意主体突出、结构清晰。首先可在较低倍数下拍摄整体结构，然后转换高倍镜下对具体细微结构进行观察、拍摄。拍摄时将所拍摄结构放在视野最中央位置，通过调节视野的明暗，使所拍摄结构与周围对比明显，准确聚焦，拍摄最佳图片。

二、植物形态图片的拍摄

(一)生物摄影的数码照相机类型

常用的数码相机类型大致可以分为单反相机、卡片相机、长焦相机以及智能手机 4 种。

单反相机：具有较大的动态范围、可调换的镜头、更加优秀的成像画质、更短的快门时滞、更快的操作和处理速度。它在取景、连拍速度和专业操控等方面的优势都是其他数码相机无法匹敌的。

卡片相机：俗称傻瓜相机。卡片相机轻、薄，拍摄便捷，适用于专业要求不高的摄影。由于智能手机的迅猛发展，目前卡片相机已逐渐被智能手机的照相功能取代。

长焦相机：是介于单反相机与卡片相机之间的数码相机。借助长焦甚至是超长焦距的镜头，能将远处的景物拍摄下来，而长焦配合适当的光圈参数，能使拍摄效果更出色。此类相机多具有超常的微距拍摄功能，拍摄较为微小的标本效果颇佳。

智能手机：目前价格较高的智能手机一般都配有非常好的摄影镜头，这些手机拍摄的植物图片的效果非常好，加上手机随身携带使用方便简单，已成为植物摄影最常用的工具。

(二)生物摄影的基本方法

野外摄影：在生物科学中的应用范围很广，它的方法与一般摄影相似。

室内摄影：在室内摄影主要注意光线的强弱，若室内光线足够明亮，则要注意选择拍摄角度和背景；若室内光线不足，有条件时可采用 2~3 盏辅助灯光，并注意灯光照射的角度，通常使相机与照明光线成 45°左右较为适宜。

生物学形态图片可以采用 jpg 格式保存，像素同样宜设在 1024×1280 以上。

(三)形态图片拍摄的基本要求

植物形态图片要求能够清晰地体现植物的形态及特性，拍摄时也应遵循由整体到局部的原则。首先应该拍摄一张完整的植株及其生境照片，然后再去拍摄各部分的特写。在拍摄过程中要注意：

拍摄完整植株及其生境时，可通过缩小景深使背景虚化的方式，使被拍摄植物更加突出。同时在拍摄时，要注意构图的均衡，可对被拍摄植株进行位置上的调整，不必过分居中，使拍摄出来的相片构图均衡，产生更美观、协调的视觉效果，从而更好地为表现主体服务。

拍摄叶、花、果等部分的结构特征时，要抓住各个器官的特点，对能够体现该植物特征的性状进行拍摄。拍摄时，可在植株上对这些结构准确聚焦，把它们放在视野近中央的位置，调整最佳拍摄角度进行拍摄；也可将叶、花、果各器官采摘下来，进行离体拍摄。离体拍摄时，应选择白色、黑色、红色、蓝色等合适的背景进行衬托，增加被拍物体与背景的反差，从而使拍摄主体更加突出。

附录8　植物学研究中常用显微镜类型简介

显微镜根据照明方式的不同，可分为光学显微镜和非光学显微镜。光学显微镜又可分为：明场显微镜（简称显微镜）、体视显微镜、暗场显微镜、相衬显微镜、偏光显微镜、微分干涉差显微镜、倒置显微镜、荧光显微镜和共焦激光扫描显微镜等。非光学显微镜有电子显微镜等。

一、光学显微镜

（一）暗场显微镜（Darkfield microscope）

暗场显微镜又叫暗视野显微镜，是通过特殊的聚光镜，使照射光只局限于样品而不能直接进入物镜，只有被样品表面反射或所衍射的散射光进入物镜，因而在黑暗的视场中形成明亮的像。它主要被用于观察未染色的活体微生物或胶体颗粒。

（二）相衬显微镜（Phase contrast microscope）

相衬显微镜是利用特殊的相衬装置，把光线通过样品后产生的相位差变为振幅差而成像，以增大透明物体的明暗反差，从而可用来观察未染色的活体组织和细胞结构的一种显微镜。相衬显微镜主要是在明场显微镜的基础上，添加以下装置：带有环状光源的聚光镜和具有相板的相衬物镜，以及用以调整环装光阑所造成的像与相板共轭面完全吻合的中心（合轴）调整望远镜。透明物体之所以不能为人眼所辨别，是因为当光线通过透明物体时，虽然其相位会发生变化，但振幅（明、暗差别）和波长（颜色差别）的变化不明显。而相衬显微镜是依靠装在物镜内的相位板，使照射物体点的直射光与衍射光发生干涉，将相位差转换成振幅差，使人们在显微镜下可以观察无色透明的标本。

由于相板镀膜情况不同，相衬显微镜可以有不同的镜检效果，可分为正相衬和负相衬。正相衬的观察效果是视场背景明亮，物体暗淡；负相衬的观察效果是视场背景暗淡，物体明亮。使用时可根据观察对象进行选择。

（三）偏光显微镜（Polarizing microscope）

偏光显微镜是一种在明场显微镜的基础上加装偏光部件构成的，以偏振光为光源的显微镜，可普遍用于矿物和岩石学中晶体的鉴定。在生物学领域，可用于对具有双折射性的物质（如淀粉）和结构（如细胞壁、染色体、纤维、纺锤丝等）的观察。

偏光显微镜的偏光部件主要是两个偏振片。偏振片就是允许沿某一个方向震动的光通过的薄片。一个偏振片安装在光源与被检物体之间，称"起偏镜"；另一个安装在物镜与目镜之间，称为"检偏镜"，二者皆可做水平旋转。光线通过起偏镜后称为偏振光，当检偏镜允许通过的光的振动方向正好与起偏镜的光垂直时，从目镜看到的视场是黑的。如果载物台上放有具双折射性的物体，通过物体的光的震动方向发生改变，部分光线可通过检偏镜进入目镜，观察者可以看到物象。

(四)微分干涉差显微镜(Differential interference contrast microscope)

微分干涉差显微镜是利用偏光干涉原理的一种显微镜。其结构主要有微分干涉组件和旋转载物台。它主要用于观察无色透明的活体标本，利用光学显微镜照明技术提高了未经染色的无色透明物体的反差，使之在显微镜下呈现为灰色背景下明暗反差不同的图像，而且图像呈现出浮雕立体感，能显示结构的三维立体投影影像。观察效果类似相衬显微镜，但克服了用相衬显微镜观察材料时图像存在的因衍射形成的光晕现象，具有相衬显微镜所不具备的优点。

(五)倒置显微镜(Inverted microscope)

倒置显微镜是一种把照明系统置于载物台的上方，把物镜置于载物台下方的显微镜。这种显微镜由于加长了载物台上放置样品的高度，使得可以放置培养皿、培养瓶等容器，适用于观察置于培养皿、培养瓶中的活体细胞和组织(如组织培养材料、细胞离体培养材料)的生长情况，及对活体细胞或组织进行显微操作(如显微注射等)。

倒置显微镜可以装配各种附属装置做多种用途使用。例如进行暗场、相差、荧光和微分干涉等观察。有的倒置显微镜具有自动恒温台和有机玻璃保温罩，可以在恒温条件下对培养的活体组织和细胞进行较长时间的定点动态观察和照相，还可以装上显微电影摄影机或电视摄像机拍摄缩时电影或录像。每隔一定时间拍摄一格，这样把发生在较长时间内我们不易观察的微观生命活动现象(如细胞分裂、生长、微生物的运动等过程)真实地记录下来，而在较短时间内把这一过程再现在银幕上，为开展生物学动态研究提供了绝妙的工具。

(六)荧光显微镜(Fluorescence microscope)

荧光显微镜是利用物质本身的自发荧光或通过荧光标记(如荧光剂等)使特定物质发出荧光而实现观察目的。

由于荧光显微镜需要特定波长的短波光作为光源，因此除具有普通显微镜的光学部件外(其物镜应为专用的荧光物镜)，还配置有荧光装置，主要包括高压汞灯、激发滤光片、分光镜、吸收激发滤光片等。荧光显微镜使用的激发光一般是紫外光、紫光、蓝光和绿光。

荧光显微镜在植物学领域应用广泛。通过特异荧光染色或免疫荧光标记，使特定的遗传物质(DNA、RNA)、蛋白质等分子带上特异的荧光，结合荧光显微镜观察，可以对细胞内特定的物质、结构(如染色质、微管、微丝及其相关蛋白)做定性和定量分析，了解他们的分布规律、动态变化及其相互关系。

(七)共焦激光扫描显微镜(Confocal laser scanning microscope)

由于传统荧光显微镜存在光晕等缺点，生物的精细结构观察效果不够理想，而共焦激光扫描显微镜的诞生弥补了传统荧光显微镜的不足。

共焦激光扫描显微镜是在荧光显微镜成像的基础上加装激光扫描装置，利用激光作扫描光源，逐点、逐行、逐面对标本进行快速扫描成像。由于激光束的波长较短，光束很细，所以共焦激光扫描显微镜有较高的分辨率。同时，系统每经过一次调焦，扫描限制在样品的一个平面内。调焦深度改变，扫描平面相应改变，因此可以对标本的不同深度平面逐层扫描，并将图像信息通过计算机软件叠加组合，三维重构，从而显示标本内部的三维立体结构。

共焦激光扫描显微镜由荧光显微镜、激光源、计算机控制系统(包括专用软件)和共焦扫描系统构成。

使用共焦激光扫描显微镜，不仅可观察固定的细胞、组织切片，还可对活细胞的结构、分子、离子进行实时动态的观察和检测。目前，共焦激光扫描显微技术已用于细胞形态定位、立体结构重组、动态变化过程等研究，并提供定量荧光测定、定量图像分析等实用研究手段。结合其他相关技术，共焦激光扫描显微镜在形态学、生理学、免疫学、遗传学和分子细胞生物学等领域得到广泛应用。

(八)万能显微镜(Universal microscope)

万能显微镜是指大型多用途、附件齐全、光学部件高级联机使用的显微镜，而且常是光、机、电的三结合体。它的性能除明场外，还能作暗场、相差、偏光、微分干涉和荧光显微术的观察和自动显微照相等功能。此外，这类显微镜还附有高分辨率投影屏、描绘器、共览电视及电影摄像等装置。

二、电子显微镜

电子显微镜(简称电镜)不是利用人眼可见光作为光源，而是利用电子束作为光源；另外电子显微镜不是利用玻璃作透镜，而是利用根据“轴对称的电磁场对电子束起透镜作用”这一理论制成的所谓“电磁透镜”，使电子汇聚到焦点上再发散，从而把物体的细节放大成像的显微镜。根据成像原理的不同，电子显微镜有很多种，这里仅介绍“透射电子显微镜”和“扫描电子显微镜”两种电子显微镜。

(一)透射电子显微镜(Transelectron microscope，简写为TEM)

透射电子显微镜的成像原理是基于入射电子与样品原子碰撞产生散射，样品的不同部位，由于结构、成分和致密程度的不同，对电子散射程度不同，由此就形成电子密度的高低，从而形成了图像。这种不同电子密度形成的图像通过荧光屏成为可见的图像，或把电子束射到感光片上拍下样品的照片，成为记录样品的结构图像。由于电子波比光波的波长短，从而大大提高了分辨率，其分辨率可达 0.1~0.2 nm(即 1~2Å)，放大倍率可达 80 万~120 万倍，其分辨率比光学显微镜大 1000 倍。透射显微镜主要用来观察生物样品的超微结构。

透射电子显微镜由真空系统、电子束照明系统(电子枪、聚光镜)、成像系统(物镜、中间镜、投影镜等)和记录系统组成。

由于透射电子显微镜的电子束穿透力很弱，因此对所观察的样品有特殊的要求。用于透射电子显微镜观察的样品厚度应小于 0.1 μm，样品需放置在特殊的金属网上。这样的薄片需要经过超薄切片机切出，并经过染色处理后才能观察。

透射电子显微镜主要用来观察生物样品内部的超微结构，鉴定病毒颗粒以及生物大分子的研究。此外，电镜细胞化学、免疫电镜、电镜同位素放射自显影等技术的出现，进一步扩大了透射电子显微镜在生物学领域中的应用范围，使其从单纯的用于细胞形态观察发展到对细胞的化学分析、化学成分定位和细胞生理功能综合研究。

(二)扫描电子显微镜(Scanning electron microscope，简写为 SEM)

扫描电子显微镜是一类以高能电子束扫描样品表面成像的电子显微镜。它利用极窄的加速电子束对样品表面进行扫描，电子束与样品的相互作用，其中在样品表面产生二次次生电子和背散射电子信号，通过接受系统和放大转换装置传送到电子设备的显示屏上形成图像。

扫描电子显微镜的优点是能获得有真实感的立体图像，主要用来观察生物样品表面或断面的超微结构，如植物的叶片、花、花粉、种子等的表面结构。用高分辨扫描电子显微镜结合处理样品的“冰冻蚀刻技术”等，可以清晰地分辨出植物细胞内的各种细胞器的细微结构，如内质网、线粒体、高尔基体、液泡等。

参考文献

[1]王文和，关雪莲．植物学[M]．北京：中国林业出版社，2015.

[2]姚家玲．植物学实验[M].3版．北京：高等教育出版社，2017.

[3]王丽，关雪莲．植物学实验指导[M].2版．北京：中国农业大学出版社，2013.

[4]梁建萍．植物学[M]．北京：中国农业出版社，2015.

[5]冯燕妮，李和平．植物显微图解[M]．北京：科学出版社，2013.

[6]中国科学院《中国植物志》编委会．中国植物志[M]．北京：科学出版社，2004.

[7]杨利民．野生植物资源学[M].3版．北京：中国农业出版社，2017.

[8]张宪省．植物学[M].2版．北京：中国农业出版社，2014.

[9]张宪省，李兴国．植物学实验指导(北方本)[M]．北京：中国农业出版社，2015.

[10]杨静慧．植物学[M]．北京：中国农业大学出版社，2014.

[11]丁春邦，杨晓红．植物学[M]．北京：中国农业出版社，2014.

[12]陈中义，周存宇．植物学实验及实习指导[M]．北京：中国农业出版社，2013.

[13]胡宝忠，刘果厚．植物分类学实验实习指导[M]．北京：中国农业出版社，2015.

[14]王幼芳，李宏庆，马炜梁．植物学实验指导[M]．北京：高等教育出版社，2007.

[15]周云龙．孢子植物实验及实习[M]．北京：北京师范大学出版社，2009.

[16]胡正海．植物解剖学[M]．北京：高等教育出版社，2010.

[17]丁春邦，杨晓红．植物学[M]．北京：中国农业出版社，2014.

[18]陈中义，周存宇．植物学实验及实习指导[M]．北京：中国农业出版社，2013.

[19]贺士元，邢其华，尹祖棠．北京植物志(上册)[M]．北京：北京出版社，1984.

[20]陆时万，吴国芳，等．植物学[M].2版．北京：高等教育出版社，2011.

[21]高谦，吴玉环．中国苔纲和角苔纲植物属志[M]．北京：科学出版社，2010.

[22]Akira Noguchi. Moss Folra of Japan[M]. Hiroshima, Japan：Hattori Botanical Laboratory, Digadu Printing Co., Ltd., 1988.